융합문명론

분석의 시대에서 종합의 시대로

나남
nanam

김문조 金文朝

서울대 화학과, 고려대 대학원 사회학과 및 미국 조지아대(University of Georgia)에서 수학한 후 1982년부터 고려대 사회학과에서 사회학 이론, 지식과 사회, 문화사회학 등을 가르치면서 노동·정보사회·문화·과학기술·현대사상 분야의 연구를 수행해왔다.
한국이론사회학회장, 한국과학기술학회장, 한국사회학회장을 역임하였고, 현재 동아시아사회학회장으로 일하고 있다.
논문으로 "Surveillance Technology, Privacy and Social Control"(2004), "數字隔構的 批判性 再檢討"(2005), "코스모폴리탄 사회학"(2009), "융합시대의 미디어 정책"(2011), "Social Unrest in Korea"(2012) 등이 있으며, 저서로는 《과학기술과 한국사회의 미래》(1999), 《韓國社會と日本社會の變容》(2005, 공편), 《한국사회의 양극화》(2008) 등이 있다.

나남신서 1717

융합문명론

분석의 시대에서 종합의 시대로

2013년 9월 5일 발행
2014년 6월 15일 2쇄

지은이 • 김문조
발행자 • 趙相浩
발행처 • (주) 나남
주소 • 413-120 경기도 파주시 회동길 193
전화 • (031) 955-4601(代)
FAX • (031) 955-4555
등록 • 제 1-71호(1979.5.12)
홈페이지 • http://www.nanam.net
전자우편 • post@nanam.net

ISBN 978-89-300-8717-9
ISBN 978-89-300-8001-9(세트)

책값은 뒤표지에 있습니다.

이 저서는 2011년도 정부재원(교육과학기술부 사회과학연구지원사업비)으로
한국연구재단의 지원을 받아 연구되었음(NRF-2011-330-B00121).

나남신서 · 1717

융합문명론

분석의 시대에서 종합의 시대로

김문조 지음

나남
nanam

The Coming of Convergence Civilization

From the Age of Analysis to the Age of Synthesis

by

Mun-Cho Kim

nanam

교직(敎職)의 가치를 알려주신 어머니께

이 책을 바칩니다.

머리말

지금까지의 인류 역사는 미분화 상태에 놓여 있던 사건이나 행동들이 분화나 전문화 과정을 거쳐 잘게 나뉜 '분할의 과정'이었다. 그러나 최근 과거 수천 년간 세계의 변화를 주도해온 분할적 힘이 융합적 힘으로 대체되는 조짐이 도처에서 드러나고 있다.

융합 활동의 진원은 디지털 기술이라고 할 수 있다. 다양한 정보를 일률적인 형식으로 전환해 수신·저장·가공·송출하는 디지털 기술의 특성, 나아가 무한복제나 변환을 가능케 하는 디지털 기술의 효능이 네트워킹 기술과 합류하여 소통양식의 일대 혁신을 초래하고 있기 때문이다.

디지털 기술로 문자적 지식뿐 아니라 시청각이나 촉각 등을 포괄한 감각적 체험이 거미줄처럼 연결된 통신 네트워크를 통해 서로 교류되고 접합됨으로써, '탈분화'(*de-differentiation*) 과정에 의한 융합적 사회질서가 창발하고 있다. 뿐만 아니라 융합은 기술적·매체적 수준을 넘어 경제정치적·사회문화적 차원으로 파급되어 산업, 권력, 사회구조 및 생활양식 전반의 변혁을 추동하고 있다. 이처럼 폭넓게 전개되는 융합적 전환에 관한 이해는 사회발전의 비전이나 행로를 탐지하기 위한 관건이 아닐 수 없다.

융합적 사회질서의 출현과정이나 특성을 파악하기 위해서는 고전적 인과율에 기초한 단선적 사고를 넘어 복합적 구성이나 역동성을 포착할 수 있는 새로운 시각과 방법론이 요청된다. 따라서 이 책에서는 ① 융합현상과 논리가 풍미하는 융합문명의 기원과 의의를 진단할 수 있는 새로운 관점을 정립하고, ② 교류, 혼합, 변성, 창발, 분리 및 교류를 되풀이하는 융합적 사회현실에 관한 접근법을 구축한 후, ③ 융합사회의 전개 과정, 특성 및 역동성을 규명하고, ④ 융합시대의 문제점과 대응책을 논구해보고자 한다.

대학원 재학 시절인 1970년대 말 종합시험을 준비하며 깊은 인상을 받은 책 중 하나가 다니엘 벨(Daniel Bell)의 저서 《후기산업사회의 도래》(*The Coming of Post-Industrial Society*)였다. 막스 베버(Max Weber)의 《경제와 사회》(*Economy and Society*)에서 루드비히 폰 베르탈란피(Ludwig Von Bertalanffy)의 《일반체계이론》(*General System Theory*)에 이르는 기라성 같은 독서목록에 추가된 책이었는데, 읽어갈수록 공감이 더하면서 '속편에 해당할 《후기정보사회론》은 반드시 내 손으로 써 보리라'고 다짐했던 기억이 새롭다.

정보사회 이후에 등장할 후기정보사회(*post-information society*)의 실체에 관해서는 유수한 학자들이 독자적 견해를 피력한 바 있다. 조지

길더(George Gilder)는 '텔레코즘'(*Telecosm*), 마누엘 카스텔(Manuel Castells)은 '네트워크 사회'(*Network Society*), 롤프 옌센(Rolf Jensen)은 '드림 소사이어티'(*Dream Society*), 다니엘 핑크(Daniel. H. Pink)는 '개념의 시대'(*Conceptual Age*), 제러미 리프킨(Jeremy Rifkin)은 '공감의 시대'(*Empathic Civilization*) 등으로 후기정보사회를 전망해왔다. '융합문명'(*Convergence Civilization*)은 바로 그에 대한 필자의 응답으로, 이로써 30여 년 전 스스로에게 약속한 마음의 짐을 다소나마 내려놓는 기분이다.

융합사회는 수렴과 혼융이라는 통합 과정뿐 아니라 분리와 분산이라는 분절 과정을 동반하는 '절합'(*articulation*)을 내재적 속성으로 한다. 절합의 변증법에 기초한 융합계는 SNS와 같이 언제 어디서 누구와 어떤 메시지든 자유로이 주고받을 수 있는 전재적 소통수단(*ubiquitous communication tools*)의 확산과 함께 날로 공고해지고 있다.

이처럼 지난날의 인과원리가 통용되지 않는 초(超) 복잡계로서의 융합계를 새로운 문명 단위로 설정하고 나면, 지금까지 '새로운 문명사적 전환'으로 회자해온 정보사회는 산업문명이 융합문명으로 교체되는 과도기적 상황을 규정하는 한시적 사회 유형으로 의미를 축소시킬 수 있다. 그렇다면 정보통신기술을 주축으로 한 기존의 정보문명론은 융합문명론으로 대체되어야 하며, 사회발전을 위한 실천전략이나 추진방안 역시 융합적 관점과 논리에 의해 재편되어야 할 것으로 본다.

학문세계에서의 통섭(*consilience*), 문화예술 분야에서의 혼성(*hybrid*), 일상계에서의 퓨전(*fusion*) 등을 포괄하는 융합(*convergence*)이라는 용어는 최근 현대사회의 동향을 대변하는 핵심어로 떠오르고 있다. 뿐만 아니라, 사회 일각에서는 그것이 모든 난제들을 일거에 해소할 수 있는 만능적 개념으로 간주되기까지 한다. 그러나 균형과 깊이를 갖춘 사유를 통해서만 '혼돈으로부터의 질서'를 찾아낼 수 있는 만큼, 지나친 열광이나 찬사로 일관하는 융합 물신주의에 대해서는 경계심을 늦추지 말아야 할 것이다. 교직생활 중에 김우창, 윤사순, 임희섭, 서진영, 진정일, 안문석, 김인환 교수님 같은 분들의 절제된 지성을 엿볼 수 있었던 것은 그런 점에서 큰 행운이었다.

이 책은 정보통신정책연구원이 추진한 '디지털미래사회 연구사업'에 힘입은 바 크다. 정보통신기술의 발전이나 그에 수반된 사회현실의 변화는 개별 연구자가 따라가기 벅찬 일이었다. 사업을 주관한 강홍렬, 황주성, 정국환, 손상영, 이호영, 최항섭, 이원태 박사님, 그리고 미래연구모임의 박형준, 김종길, 유승호, 정충식, 홍필기, 강정한 교수님과의 격의 없는 토론은 지적 편견과 세대적 한계를 극복하는 데 상당한 도움이 되었다. 아울러 근 8년간 과제연구팀을 이끌어온 김남옥 박사와 팀원 이혜수, 이한솔, 김미사, 구태형, 김세현, 신은보, 장안식, 송지연, 김혜민의 노고에 고마움을 전하며, 나남출판사 조상호 대표님, 방순영 편집장님 및 민광호 선생님의 후의(厚誼)와 열성에 감사드린다.

2013년 여름

김 문 조

나남신서 · 1717

융합문명론

분석의 시대에서 종합의 시대로

차 례

제1장

서론: 융합의 시대가 오고 있다

긴 호흡으로 인류의 발자취를 되돌아볼 때, 인간세계는 자연의 힘에 압도되던 고대사회에서 신의 위력이 풍미하던 중세사회로, 이어서 인간 이성에 의존하던 근대사회로의 변화를 거쳐 지식의 힘이 강조되는 현 단계에 이르렀다고 축약할 수 있다. 이러한 거시적 동향을 보다 확장된 '초(超) 장기적 관점'에서 바라보자면, 지난날 인류 역사는 미분화 상태에 놓여 있던 현상·활동·지식·관념들이 분화나 전문화 과정을 거쳐 잘게 나뉘어온 '분화의 시대'(*the era of differentiation*)로 규정할 수 있다. 이러한 동향은 인간활동이 진리, 도덕 및 아름다움, 즉 진(眞), 선(善), 미(美)의 추구라는 3대 영역으로 분리되어간다는 임마뉴엘 칸트(Immanuel Kant)의 비판서 논지 혹은 근대사회가 상이한 목적을 지향하는 다신주의(多神主義)의 단계로 전환되고 있음을 예고한 막스 베버의 시대 진단 등에서 감지할 수 있다(Kaulbach, 1992; Weber, 2002).

그러나 제 2의 밀레니엄 심포니 서주가 종지부로 접어드는 현 시점에서 우리는 과거 수천 년간 세계의 변화를 주도해온 분할적 힘이 융합적 힘으로 대체되는 대전환의 조짐을 엿볼 수 있다. 불과 10여 년 전까지만 해도 전문지식, 전문자격증 혹은 전문인은 의문의 여지 없는 성취나 신뢰의 대상이었다. 그러나 최근 전문성에 대한 일방적 찬양이 차츰 쇠퇴하는 대신 탈경계(*border-crossing*), 통섭, 혼성, 퓨전 등을 내세운 융합이 오히려 참신한 사회적 목표나 덕목으로 각광받고 있다. 융합에 대한 새로운 기대가치는 바이오메카트로닉스(*Biomechatronics*)나 바이오인포매틱스(*Bioinformatics*)와 같은 지식의 융합을 비롯해 학습과 놀이의 혼합을 강조하는 에듀테인먼트, 남성성과 여성성의 합류(合流)를 주장하는 유니섹스, 사람과 사물의 결합체인 사이보그, 사실(*fact*)과 허구(*fiction*)의 결합인 팩션(*faction*), 자연 보존과 경제 성장의 화합을 지향하는 녹색성장에 이르는 다양한 개념이나 주제에서 확인할 수 있다. 이처럼 세계는 바야흐로 원심력이 아닌 구심력에 의해 사회질서가 형성되는 '융합사회'(*convergence society*)의 길로 들어서고 있다.

융합의 논리는 탈근대론자 장 보드리야르(Jean Baudrillard)의 '내파'(*implosion*) 개념으로 잘 설명된다. 정보혁명과 더불어 시작된 경계 파괴의 바람은 제도, 문화, 의식 등 사회 전 영역에 걸친 변화의 근간이 되어 내부적 칸막이를 와해시키고 있다. 예컨대 놀이와 일, 오락과 뉴스, 대중문화와 고급문화, 정치와 과학, 문화와 산업 간의 경계막이 날로 이완되고 있다. 이는 마누엘 카스텔이 네트워크 사회의 도래를 예고하면서 네트워크를 '상호 연관된 결절의 집합'으로 개념화한 바와 일맥상통한다. 사회 전역에서 목격되는 경계 파괴는 새로운 합종연횡을 지향하는 융합 논리로 귀결되는데, 이 같은 융합 논리는 오늘날 '새로운 사회적 구성원리'(*new organizing principle of society*)로 주목받고 있다.

최근 10년은 '차이'(*difference*)에 대한 담론이 왕성한 시기였다. 이는 과학적 인과성과 이원론적 사유로 대변되는 근대성에 대한 회의를 반영하는 증좌라고 할 수 있다. 미래학자 앨빈 토플러(Alvin Toffler)는 근대의 물결을 일종의 '쐐기박기(*wedging*) 과정', 즉 사실상 하나인 현실을 강제적으로 양분해놓은 계기로 규정한 바 있다. 그 결과 이성과 감성, 정신과 육체, 합리와 비합리, 문명과 야만, 발전과 저발전, 서구와 비서구 등의 구분이 단행되어 한쪽은 바람직하거나 정상적인 것이며, 다른 쪽은 바람직하지 않거나 비정상적인 것으로 간주되어왔다(Toffler, 2002). 그러나 진보주의, 합리성, 이원론, 표준화, 단순화, 동시화, 집중화 등을 속성으로 하는 근대적 사유는 '문명화된 폭력'이나 '합리화의 비합리성'과 같은 역설적 폐해를 자초함으로써 다양성과 차이를 중시하는 대안적 발상을 요청하고 있다.

더구나 융합이 강조되는 새로운 시대에 태어나 융합적 생활환경에서 자라난 '융합 네이티브'(*convergence native*) 세대는 융합적 삶의 방식에 따라 시공간 제약 없이 이곳저곳을 자유로이 넘나들며 세상과 자신을 바꿔나가고 있다. 예컨대 지구 정반대편으로 해외여행을 가서 식사를 하며 사진을 찍어 페이스북에 포스팅하고, 축제에 참여해 넷북으로 감상을 적어 알리거나 스마트폰으로 트위터 중계를 하는 등 다중적 과업(*multi-tasking*)과 다중적 생활(*multi-lifing*)을 영위하면서 '융합인'으로 변신하고 있다. 따라서 시대가 변하고 세상이 변하며 인간마저 융합적 형태로 변모할 새 천년은 합의보다는 이의, 사실보다 가치, 논리보다

〈표 1-1〉 초장기적 시대진단

시기	인류의 탄생 ~ 20세기	21세기 이후
구분	분화 시대 (Age of Differentiation)	탈(脫)분화 시대 (Age of De-differentiation)
문명사적 성격	분화문명	융합문명
세계관	원자론적 세계관 (Atomism)	전체론적 세계관 (Holism)

직관, 설득보다 교감, 삶보다 꿈이 우선시되는 연성 문화(*soft culture*)가 성행할 '융합문명기'(*the age of convergence civilization*)로 기록될 공산이 크다(〈표 1-1〉 참조).

1958년 페르낭 브로델(Fernand Braudel)은 "역사와 사회과학: 장기지속"(1984)이라는 글에서 역사가는 사회적 창조물인 시간을 일의적으로 인식함으로써 역사적 안목을 그르치면 안 된다고 경고하였다. 시간대(*time-span*)를 길이에 따라 단기지속(*short-term*), 중기지속(*medium-term*) 및 장기지속(*long-term*)으로 구분한 브로델은 그들 각각을 사건사(*l'histoire événnementielle*: *event history*), 국면사(*l'histoire conjoncturelle*: *conjectural history*) 및 구조사(*l'histoire structurelle*: *structural history*)로 명명한 바 있다.

'언제'(*when*)라는 물음을 앞세운 육하원칙(5W1H)을 강조하는 개별기술적(*idiographic*) 연구가들이 진술하는 사건사는 단선적 연대기로 구현되는데, 거기서는 오직 관찰된 사실로 진술되는 사건들이 근간을 이룬다. 하지만 "역사의 시간은 동질적이지 않다"라는 진술과 함께 역사적 시간의 지속에 다층적 차원을 도입하고자 한 브로델은 "사건은 먼지에 불과하다"는 언명으로 개체적 사건의 역사적 의미를 축소하는 대신 국면사나 구조사의 중요성을 우리에게 환기시켰다. 가시적 활동영역에서 벌어지는 일시적 사건들의 저변에 내재하는 주기적 동학, 그리고 인류의 장기적 삶의 형태를 좌우하는 구조적 동학에 보다 큰 관심을 기울여야 한다고 역설하면서.

단기지속 시간에 대응되는 사건사는 종전의 정치사적 진술에 해당하는 것으로, 시시각각 발생하는 구체적 사건의 진술에 주력한다. 중기지속 시간에 대응하는 국면사는 역사과정에서 주기적으로 반복되는 현상들을 규명하자는 것이다. 인구사회학적 동향, 가격 및 임금 동향, 문화제도적 동향에 대한 연구들이 이에 속한다. 반면, 장기지속 시간에 대응되는 구조사는 인류 역사에서 오랜 시간에 걸쳐 드러나는 기후지리적 조건, 생산과 교역을 지배하는 경제관계, 사회적 위계구조를 규정하는 사회정치적 원리, 이념, 가치체계 및 문화와 같은 집합적 의식들을 중시한다. 이들 중 전체 역사과정에 가장 심대한 영향을 미치는 것이 장기지속적 구조들이므로, 개별적 사건이나 주기적 국면들은 지속적이고 거시적인 구조사적 맥락하에서 고찰되어야 한다는 것이다.

이 책은 최근 우리 주변에서 활발히 진행되고 있는 일련의 융합현상들(*convergent phenomena*)을 '문명론'이라는 초장기적 관점(*extra-long time span*) 하에서 조망하고자 한 것이다. 역사란 진행된 사건이나 사실에 기초한 학문인 까닭에 역사의 흐름을 속단하는 일이 본질적으로 위험하다는 것이 실증사학자들의 지론이었다. 그러나 사회적 복잡성이나 불확정성이 날로 증대하는 근자에 이르러 중장기적인 역사적 궤적에 준거해 미래사회의 향방을 추정해보려는 시야의 확장작업에 대한 관심이 날로 높아가고 있다(Heilbroner, 1959).

<그림 1-1> 지식체계의 거시적 동향

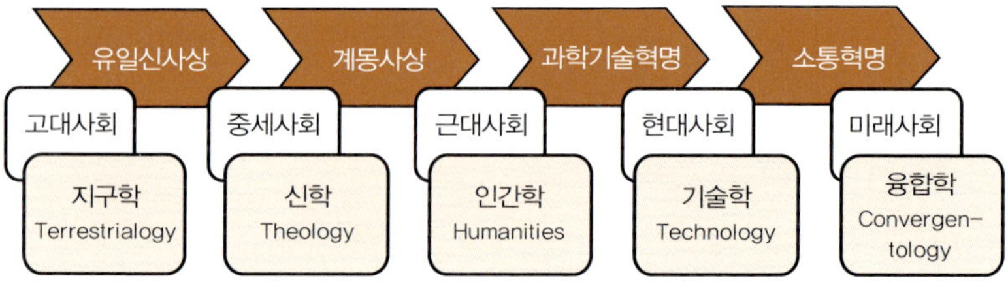

서구 지성사를 중심으로 인류 역사를 개관해볼 때, 인류사의 전개과정에서 주도적 역할을 담당해온 지식체계는 <그림 1-1>과 같은 형태로 이행되어왔다고 요약할 수 있다.

특히 제 2의 과학기술혁명이라고 할 수 있는 '소통혁명'(*communication revolution*)을 계기로 사람과 사람, 사람과 조직, 사람과 자연 혹은 사람과 사물 간의 원활한 소통이 삶의 질을 좌우하는 관건으로 간주되고 있으며, 공간적 경계를 초월한 저비용 의사전달을 가능케 하는 뉴미디어의 발전과 함께 새로운 소통질서가 날로 공고화하고 있다. 더구나 소통주체의 다변화, 소통대상의 확장, 소통영역의 증폭, 소통수준의 심화 등이 동시적으로 촉진되는 '만유소통(萬有疏通)의 시대'에 돌입한 금세기에 이르러 소통의 범역은 인간세계를 넘어 자연계나 사물의 세계로까지 확장되고 있다(Latour, 2009).

따라서 농업혁명이 미개사회를 농경사회로, 산업혁명이 농경사회를 산업사회로, 정보혁명이 산업사회를 정보사회로 전화시켰다면, 뉴미디어에 의한 소통혁명은 융합사회, 그것도 모든 물적, 정신적 요소들 간의 '자유결합'(*free association*)을 조장하는 융합문명으로 우리를 이끌어가고 있다고 말할 수 있다.

제2장

융합문명의 출현 배경 및 동향

1. 출현 배경

새로운 소통수단들이 속출하는 현대사회에서 기술, 매체, 콘텐츠를 중심으로 한 미디어 융합이 가속화하고 있다. 첨단 디지털 기술을 활용한 다양한 소통매체들이 공존하는 가운데 콘텐츠가 한 미디어에서 다른 미디어로 유동적으로 뒤섞여 흘러 다니는 상황을 '미디어 융합'으로 정의하는 미디어연구가 헨리 젠킨스(Henry Jenkins)는 미디어 융합이 개인의 일상세계로 확산될 미래사회에는 많은 사람들이 자신이 원하는 바를 실현할 수 있는 미디어로 자유로이 옮겨 다니는 이주적 행동이 성행할 것으로 예고했다(Jenkins, 2008a).

미디어 융합을 기축으로 한 사회체계의 융합은 세계화, 자본주의의 재구조화, 단선적 근대성의 쇠퇴 등과 같은 일련의 현상들에 의해 촉발되거나 동반되어왔으며, 그러한 사회문화적 전개는 유연화·유동화·다양화·다중화·혼성화 등과 같은 후속적 변화들과 함께 융합문명의 태동을 조장해왔다.

기술적·경제적·문화적·의식적 차원 등에서 폭넓게 타진할 수 있는 융합문명은 획일적 논리나 국지적 시각을 넘어선 다원적·종합적 관점에서 접근되어야 한다. 따라서 융합문명론의 서두에 해당하는 이 절에서는 융합문명의 출현 배경을 다음과 같이 다차원적으로 개관해보고자 한다.

1) 기술적 측면: 디지털화(Digitalization)

파형(波形)을 그대로 전송하는 아날로그 기술과 대비되는 디지털 기술은 0과 1의 이원적 분류체계에 준거한 전기부호의 조합으로 숫자, 문자, 음성, 영상 등의 모든 정보를 일괄 처리하는 기법이다. 디지털 기술은 정보의 유실 없이 무한복제가 가능하며, 재생과정을 통해서도 품질이 저하되지 않는 무한반복성을 속성으로 한다. 더불어 디지털 신호는 중간 중간에 암호를 넣어 사용하므로 중간 신호가 유실되었다 하더라도 원본을 복구할 수 있는 복원성을 가지며, 자유로운 조작과 변형이 가능하다는 가공성도 겸비한다(김문조, 2010).

동시적, 공존적 감각방식을 행사하는 디지털 기술은 쌍방향적 의사소통을 조장함으로써 미셸 푸코(Michel Foucault)가 일찌감치 통찰한 바 있는 '지식과 권력'의 관계구도에 일대 혁신을 조장해왔다. 디지털시대에 들어서면서 검색 능력과 정보접근성이 향상되고 무한복제가 가능해지면서 개인의 역량이 급등하고 있기 때문이다. 더구나 시공간의 제약을 벗어난 쌍방향 의사소통이 촉진되면서 매체 이용자들은 수동적 수용자에 머무르지 않고 정보의 생산과 유통에 적극 참여하는 '프로듀저'(*produser = producer + user*)로 거듭나고 있다. 따라서 디지털 기술 사용자들은 수동적 자아로부터 벗어나 강한 자기 존재감이나 자아정체성을 견지하면서 제도적 질곡을 뛰어넘어 자신의 욕구를 실현하는 '네트워크화된 개인주의'(*networked individualism*)의 실천자가 되고 있다(Wittel, 2001).

뿐만 아니라 디지털 기술은 상이한 기능을 행사하는 의사소통 기기를 필요에 따라 얼마든지 결합-재결합할 수 있다. '복합기'라는 것이 바로 그 방증의 하나에 속한다. 그런데 무선통신, 위성통신기술의 발달로 통신망과 방송망 간의 구분이 와해되어 컴퓨터, 전화, 신문, 책, TV, 영화 등 모든 것들이 개인이 손쉽게 다룰 수 있는 스마트폰이나 스마트패드와 같은 경박단소형(輕薄短小型) 신제품으로 수렴되는 새로운 기기융합이 촉진됨과 더불어, 개인의 사적 커뮤니케이션이 공적 커뮤니케이션을 양적으로나 질적으로 압도하면서 정보통신 환경을 지각적으로 변모시키고 있다.

2) 권력적 측면: 공동지배(Co-governance)

(1) 권력의 분산화

권력은 인류가 집단생활을 시작한 이래 사회활동의 핵심 개념이자 변인으로 간주되어왔다. 인간사회의 권력 획득은 원천적으로 타자와의 소통을 통해 이루어진다. 자신의 의사를 타인에게 강제할 수 있는 범위, 정도, 크기가 권력으로 규정되기 때문이다. 권력을 효율적으로 창출하거나 유지하기 위한 방편으로 조직화가 이루어지는데, 조직이라는 범주에 귀속시킬 수 있는 크고 작은 집단, 결사체, 제도, 국가 등 모든 것들이 권력의 점유나 관리와 연관된 기구에 해당한다.

융합사회에서는 국가나 대형 조직체들이 향유하던 막강한 권력이 심각한 도전에 처하게 된다. 디지털 기술을 활용한 다양한 소통매체의 발달로 모든 정보가 신경망 같은 네트워크를 통해 다수에게 신속히 전파된다. 특히 종전에 국가가 독점하던 정보에 네티즌들이 자유롭게 접근할 수 있으므로, 디지털시대의 권력은 산업시대에 비해 다수에게 분산된다. 다양한 정보의 접근으로 인한 분산적 권력은 과거의 관료적 · 권위적 권력체제를 해체시키고 공권력을 약화시키기도 한다. 이처럼 주요 정보에 대한 접근성이나 접속가능성이 분권화를 조장하므로 권력기구들은 자신의 입지를 위협하는 분산적 권력의 도전에서 벗어나고자 핵심 정보에 대한 차단이나 통제를 꾀하게 된다.

국가권력의 현대적 변화상은 바로 그러한 권력구조의 집중화에 대한 응전의 일환에 해당한다. 공공정보의 확산에 따라 국가 능력의 한계가 널리 인지되면서 중앙집권적 국가 역할의 당위성이 의문시되고 필요성도 감소되어, 지역사회나 시민사회의 자율성과 주체성을 강조하는 목소리가 고조되고 있다(김성국, 2005). 민간 부문에서도 유사한 현상이 초래되어, 민간조직체이나 기업체가 업계에서나 사회적으로 행사해오던 집중적 권력양식이 와해되는 정황을 도처에서 간파할 수 있다.

(2) 초국적 지배구조의 형성

디지털 기술의 발달은 정보의 확산을 통해 집중적 권력을 분산적 형태로 변화시킬 뿐 아니라 분산된 권력을 또 다른 방식으로 결집하기도 한다. 더구나 접속단계라고 지칭할 수 있는 디지털화 이후의 융합단계에서는 국경을 넘어선 권력구조의 분산화나 정보 이전에 의한 지구 권력의 재편이 상시적으로 일어난다.

미디어 융합시대에는 국가 간 경쟁과 교류가 동시적으로 전개되는 패러독스적 상황도 증가한다. 글로벌 네트워크의 발달은 과거 산업사회가 가진 지리적·물리적 한계를 극복하면서 국가 간의 글로벌(*global*)—로컬(*local*)의 연결성을 강화시켜 국내적·국지적 차원을 포괄한 세계적 차원의 의제화에 영향을 끼쳐왔다. 지구 차원의 의제에 대한 관심은 지역적·국지적 한계를 극복하고 공동의 평화와 번영을 지향하는 연합체 결성의 필요성을 자극해 많은 국가들이 이 같은 노력을 제도화하려는 시도에 동참해왔다. '리우선언', '생물다양성보존협약', '람사르협약', '몬트리올 의정서' 들이 그러한 사례에 속한다.

이처럼 디지털 정보의 확산은 국가 간 전쟁이나 외교의 양상을 획기적으로 변화시킬 뿐 아니라, 전통적으로 국가가 독점해오던 담화영역에 비(非)국가 행위자들이 적극적으로 개입할 수 있는 여지를 열어준다. 특히 인터넷의 등장은 국제적 무역과 금융 활동을 사이버 공간에까지 확대시키고 시민사회운동의 글로벌 네트워크 형성을 가능하게 함으로써, 국민국가를 중심으로 작동해오던 근대적 통치체제의 모습을 크게 바꿔놓고 있다.

3) 경제적 측면: 유연적 축적(Flexible Accumulation)

산업자본주의를 특징짓던 대량생산체제는 포디즘(*Fordism*) 생산양식의 과잉공급으로 인한 포화상태의 소비 장벽에 직면하면서 다품종 소량생산체제로의 전환을 초래했다. 또 경기 변동과 증대하는 불확실성에 의해 야기되는 사회정치적 쟁점들은 새로운 자본주의적 생존조건의 탐색을 자극하여 새로운 조직형태와 생산기술의 출현을 바탕으로 한 유연적 축적체제(*regime of flexible accumulation*)로의 이행을 촉진시켰다(Harvey, 1991).

유연성을 바탕으로 하는 새로운 경제질서는 정보기술의 발달을 계기로 공고화한다. 그 결과 근면, 성실, 경험, 관례, 신뢰가 중시되던 기존의 가치체계와 예측 가능성, 질서, 경직성, 피라미드적 관료조직을 특징으로 하던 산업자본주의 체제가 창의성, 민첩성, 자기주도적 개발의 가치체계와 불안정성, 비연속성, 수평적 조직구도 등을 바탕으로 한 연성적 형태로 대체되고 있다. 이러한 새로운 자본주의 질서를 '유연성 명제'(*flexibility thesis*)로 특성화한 리처드 세넷(Richard Sennett)은 유연적 자본주의는 끊임없는 변화를 요구함으로써 기존의 경험, 관례, 신뢰에 대한 가치가 노동시장에서 약화되고 있다고 말한다. 뿐만 아니라 불안정성에 긍정적 가치가 부여되고 그것이 새로운 규범으로 정착하면서 경험이나 관례와 무관한 임기응변적이고 위험감수적인 인간형이 환영받고 있다고 비판한다(Sennett, 1998).

유연사회를 장식하는 불안정성이나 불확실성은 정보사회를 낙관적으로 바라보든 비관적으로 바라보든, 대부분 사회과학자들로 하여금 기존의 가치체계의 일대 변환 내지 전복이 필요할 것이라는 결론에 이르게 한다. 예컨대, 제러미 리프킨은 《노동의 종말》(*The End of Work*)에서 정보기술의 발달로 기계가 인간의 노동을 대체함으로써 인간 소외 현상이 두드러질 것이라고 주장하며(Rifkin, 1996), 한스 피터 마틴(Hans-Peter Martin)과 하랄드 슈만(Harald Schmann) 역시 '노동 없는 사회'가 20:80으로 분화하면서 대다수의 사람들이 빈곤으로 내몰려 '빈곤의 세계화'가 가중되는 위험사회로 귀착될 것으로 전망한다(Martin & Schumann, 2003).

이렇듯 생산활동이나 노동시장의 불안정성과 불확실성은 과거 산업사회의 고정성이나 안정성에 반대되는 수평적이고 비고정적이며 유동적인 성격들을 강조하는데, 이들은 융합이라는 사회변동의 새로운 메가트렌드의 출현에 대한 인식적 토대 구축에 기여한 바 크다.

4) 문화적 측면: 다문화주의(Multiculturalism)

디지털 기술의 가장 두드러진 특성은 네트워크 기반의 융합기술이라는 점이다. 단일 기기가 아닌 다수의 기기 간 호환성, 콘텐츠의 공유와 확산, 개인 간 네트워크 확장을 가능케 한 디지털 기술은 기업, 산업, 서비스 영역 간 경계조차 와해시키는 융합적 양상을 조성한다.

이러한 융합현상은 이미 기술적 차원을 넘어 사회문화적으로 일상화되고 있는데, 그중에서도 방송의 디지털화는 정치, 경제, 사회, 문화적으로 많은 영향을 미치며 최종 소비자인 시청자들의 방송 소비형태와 삶의 방식에도 상당한 변화를 초래한다(유재천 외, 2005). 디지털 매체의 발달은 세계의 다양한 문화를 전파하여 지리적으로 떨어져 있는 국가라 할지라도 다른 나라의 문화를 실시간으로 향유할 수 있게 한다.

한 국내 방송의 다큐멘터리는 수년 전 아마존 오지의 생활과 문화를 특집 프로그램으로 기획 방영한 바 있다. 방송을 통해 시청자들은 생소하기만 한 아마존 유역의 생활상을 안방에서 체감할 수 있게 된 것이다. 그 이후 다른 방송사들에서도 우리에게 생경한 문물을 다룬 프로그램을 앞다투어 방영하였는데, 이처럼 융합사회에서는 단 1회의 방송으로 외래문화를 이해할 수 있는 인지적 지평이 현격히 확장되기도 하며, 자국의 문화를 타지로 전파시켜 혼성문화의 창출에 적극 기여하기도 한다. 이처럼 융합시대에는 특정 영토 위에 존립하는 한 국가의 구성원이라는 민족주의가 새로운 집단적·사회적 정체성을 획득할 수 있는 지구적 개방주의로 대체된다. 그 결과, 특정 국가에 대한 귀속을 초월하는 다국적주의(*multi-nationalism*) 혹은 초국적주의(*trans-nationalism*) 경향이 강화되는데, 이러한 지구화 경향을 가장 여실히 대변하는 것이 바로 다문화주의다. "차이를 만들어내는 놀라운 기계"라는 문화의 정의에서 짐작할 수 있듯(Warnier, 2008), 이질성이나 타자성에 대한 저항이 가장 강고한 것이 문화 영역이기 때문이다. 문화의 세계화 현상에 해당하는 다문화주의의 잠재적 효과는 실로 엄청나다. 최근 세계 여러 곳에서 일고 있는 한류 열풍도 다문화 시대의 한 가지 현상으로 간주할 수 있다.

5) 사상적 측면: 포스트모더니즘(Postmodernism)

근대성, 즉 모더니티는 이성의 보편적 지배를 전제로 한다. 이성이 지배하는 근대사회에서 사람들은 개별성·특수성·고유성·이질성보다 통일성·보편성·일반성·동질성과 같은 일원적 가치를 우선시한다. 그럼으로써 근대성은 보편적 가치를 전파하고, 개별화된 혹은 고유한 개체를 통합하고, 이질적으로 갈등하는 대립자들을 동질적으로 통일시키는 구심적 효과를 발휘해왔다.

그러나 이성 중심의 근대적 권위에 도전을 가하는 포스트모더니즘은 기존의 권위를 해체되어야 할 대상으로 간주한다. 포스트모더니즘의 상대주의는 보편가치란 존재하지 않는다고 공박한다. 세계를 획일적으로 질서화, 체계화하는 거대담론은 비판의 대상이 된다. 대신 무질서, 비일관성, 파편성, 우연성 혹은 인간의 자유의지나 자율적 실천 등이 중요시된다.

여기에 디지털 기술을 기반으로 한 각종 네트워킹은 사회 전 영역에서 제도·부문·국가의 경계 넘기나 경계 침투를 조장한다. 그에 따라 개인은 나를 통해 만들어지고 나를 통해 세계를 바라보는 능동적 주체로 변모하여, 자신의 인생관이나 세계관을 스스로 정립하면서 독자적 방식으로 삶을 만들어가는 창조적 의식의 소유자로 탈바꿈한다(윤성이·김용철, 2009).

융합사회의 사상적 차원에 해당하는 포스트모더니즘의 첫 번째 특징은 비결정성(*indeterminacy*)이다. 비결정성이란 현대문화의 제반 특성들—모호성, 단속성, 임의성, 반역, 곡해, 무작위, 해체, 변용—을 포괄하는 개념이다. 이는 세계의 분열을 거부하거나 외면하지 말고 그대로 받아들여야 한다는 입장이다. 융합적 세계관에서는 절대적 기준이란 성립하지 않아 삶의 다양성과 우연성을 오롯이 수용해야 하기 때문이다.

두 번째는 단편화(*fragmentation*) 경향이다. 근대적 의식이 통합적 사회질서에 대한 이상을 추구한 것이라면, 융합사회의 의식적 융합은 단편화 경향을 전제로 한 것이라고 말할 수 있다. 근대적 의식에서는 자본주의 생산관계 속에서 파편화되는 삶의 총체화를 시도한다. 그러나 융합시대의 탈근대적 사고에서는 단편화되는 사물과 현상의 해체와 재구성을 당연시한다.

세 번째는 탈정전화(*decanonization*) 현상이다. 장 프랑수아 료타르(Jean-François Lyotard)는 현대사회에서 서구의 전통적인 형이상학 체계인 진리, 주체, 초월성, 이성과 같은 기존의 보편적 가치를 대변하던 정전들이 크게 도전받게 된다고 전망했다. 기존의 정전들은 대중의 참여와 비평을 기반으로 하는 대중음악, 여성문화, 민중미술, 노동문학 등으로 교체되리라는 것이다(Lyotard, 1992). 료타르의 이러한 예측은 대중성의 실제적 발현이 기술로 가능해진 융합시대에 본격화한다. 따라서 고도의 유연성과 대중 참여를 바탕으로 한 '다양성의 인정'이 융합사회의 흐름을 이루게 된다.

2. 미디어 세계의 변화상

오늘날의 사회문화적 융합은 미디어 융합을 계기로 촉발된 것이므로 미디어 융합을 융합문명에 관한 논의의 실질적 기점으로 삼아 마땅하다. 그런데 미디어 융합은 소통질서의 변화와 직결된 현상이므로, 소통양식의 진전이라는 주제하에 고찰하는 것이 바람직할 것이다.

미디어 세계의 변화는 소통 기능의 확장을 견인해왔다. 이때 우리는 소통체계를 근본적으로 변화시켜온 미디어 세계의 변화는 소통의 내용 자체보다 소통수단에 해당하는 미디어의 특성에 의해 주도되어왔다는 미디어사상가 마셜 맥루언(Marshall McLuhan)의 주장에 주목할 필요가 있다. 맥루언은 우리의 일상적 생활양식뿐 아니라 사유방식에 이르기까지 속속들이 영향을 미치는 매체의 역할에 대한 중요성을 강조한 바 있다. 그런데 현대는 경계를 넘고 간극을 좁히는 시기이자 낡은 범주를 제거하는 시기로서, '융합'으로 축약할 수 있는 미디어 세계의 극적이고도 급진적인 변화에 따라 새로운 문화, 새로운 가치를 창개할 수 있는 소통양식의 변혁이 촉진될 것으로 예견된다. 과거를 돌이켜보면, 매체 발전을 중심으로 한 미디어 세계의 변화와 소통양식의 관계는 〈그림 2-1〉과 같이 요약할 수 있다.

디지털 기술을 통하여 문자적 지식뿐 아니라 시청각 지식 영역 등으로 확장되는 오늘날 인간의 감각은 최근 세계 도처로 확산하는 정보통신 네트워크를 통해 불특정 다수와 긴밀히 공유되기 시작한다. 개인의 사적 커뮤니케이션의 질과 양을 뛰어넘는 새로운 커뮤니케이션 형식이 대두되기 시작한 것이다. 이는 단순히 새로운 미디어에 의한 기존 미디

〈그림 2-1〉 미디어 세계와 소통양식의 관계도식

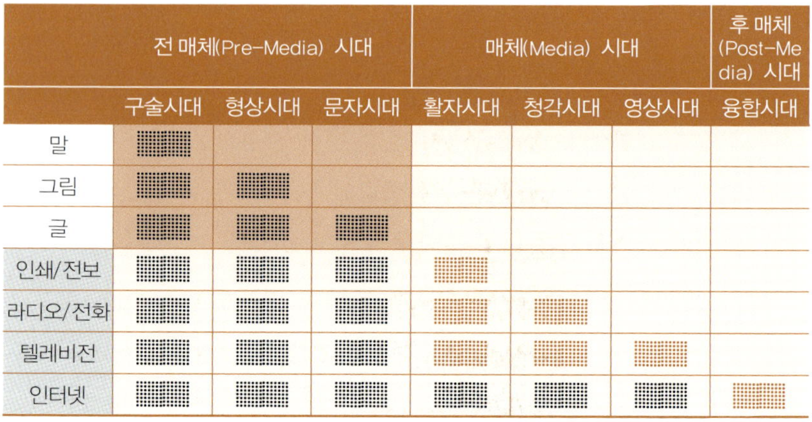

어의 교체 이상을 의미한다.

미디어학자 로저 피들러(Roger Fidler)는 새로운 미디어가 등장한다고 그에 상응한 새로운 소통질서가 순조롭게 출범하는 것이 아님을 역설한다. 미디어 변형과정을 추동하는 것은 다양한 사회문화적 요인들과 연결된 복잡한 과정으로서, 뉴미디어는 올드미디어의 붕괴 대신 복합적 상호작용을 통해 누진적이고 누적적인 발전을 도모해간다는 것이다(Fidler, 2002).

미디어 융합을 통한 소통양식의 변화는 올드미디어의 소멸을 뜻하는 것이 아니다. 앞서 제시한 미디어와 소통양식의 관계도식은 인류의 삶이 한 단계에서 다음 단계로 단선적으로 전환하는 것이 아니라 올드미디어와 뉴미디어가 서로 조우하고 접변하면서 매체정보의 송신자와 수신자의 위상과 성격이 뒤얽혀 공변하는 역동적 과정임을 명시적으로 알려준다.

3. 생활환경의 변화

융합사회는 삶의 조건들을 근본적으로 변화시킴으로써 기존 생활환경의 일대 변화를 초래한다. 융합문명은 산업사회 이래 장기간 존속되어 온 사회문화적 관행을 넘어선 새로운 삶의 방식이나 목표를 우리에게 요구하는데, 그 진원에 해당하는 외적 정향은 크게 다음 세 가지로 집약할 수 있다.

1) 접속화

미래학자 제러미 리프킨이 단언한 대로 21세기는 '접속의 시대'(*age of access*)이다. 접속의 주도자가 생명체이기에 접속이 끊긴다는 것은 곧 죽음을 의미한다(Rifkin, 2003). 즉, 융합 패러다임은 "나는 생각한다, 고로 나는 존재한다"는 코기토 명제를 "나는 접속한다, 고로 나는 존재한다"라는 언구로 대체한다. 융합사회에서의 접속성이란 실생활에 접속해야 비로소 존재성을 획득한다는 점을 뜻한다. 사람들은 다양한 기기들의 접속을 통해 시공간적 제약을 뛰어넘어 상호 접변한다. 따라서 융합시대에는 상상할 수 있는 거의 모든 물질이나 활동이 연동됨으로써 자질보다 연결을 중시하는 접속적 관계가 사회관계의 주축을 이루게 된다. '인터넷 최강국'이라 불리는 한국사회도 이 같은 접속화 과정의 예외 지역이 아니다. 따라서 오랜 기간 인간관계의 기축으로 작용해왔던 혈연 · 학연 · 지연과 같은 연고주의의 비중이 약화되는 대신, 보다 싸고 빠르고 용이한 교류를 조장하는 접속적 관계가 강화되는 접속시대가 급속히 도래하고 있다(강홍렬 외, 2006).

2) 탈중계화

융합사회에서는 생각의 속도, 의사결정의 속도, 정보교류의 속도, 구매 절차와 서비스의 절차 및 속도, 상품 생산의 속도 등에 민감하게 대처하지 않으면 경쟁에서 도태될 수밖에 없어 속도가 선택이 아닌 필수적 생활요건이 되어가고 있다. 그 결과 융합사회에서는 매개 과정이 축소되는 탈중계화(*dis-intermediation*)가 촉진된다.

탈중개화의 진전은 자유롭기를 갈망하는 인간에게 보다 큰 자율성을 부여한다. 과거에는 생산자와 소비자 사이의 관계를 이어주는 중개자의 존재가 매우 중요했다. 아무리 공급자가 만들어놓은 상품이 다양하다고 하더라도 소비자는 중개자가 제시하는 상품만을 고를 수밖에 없었으므로 선택의 폭이 크게 제한되었다. 그러나 첨단 디지털 기술의 적용이 고조되는 융합사회에서는 중개자가 존재하지 않아도 생산자와 소비자가 직거래를 할 수 있다. 그 결과 소비자는 생산자에게 자신의 구체적 요구를 제시할 수 있게 되고 생산자 역시 소비자의 의향에 부응하는 제품을 신속히 공급할 수 있다(Graham, 2008). 이 같은 융합시대의 새로운 시장상황은 시장을 넘어 기술적 환경을 공유하는 여타 사회 부문들로 급속히 파급되어 탈중계적 활동기회를 확장하고 있다.

3) 가상화

다양한 매체의 발전은 우리에게 가상공간이라는 새로운 세계를 제공한다. 가상공간은 기존의 현실적 공간의 대안으로, 많은 사람들은 이를 자신이 원하는 사회관계를 형성하는 교류의 장으로 적극 활용한다.

가상세계의 특성들은 현실세계의 새로운 변혁을 이끌기도 한다. 가상화는 사람들로 하여금 온라인 공간과 오프라인 공간을 자유롭게 이동할 수 있도록 한다. 이러한 가상화 효과에 관한 일상적 사례의 하나가 모델하우스이다. 모델하우스는 사람들에게 가상적 생활공간을 실재인 것처럼 보여줌으로써 허구가 아닌 현실적 공간으로 인식하게 한다. 이처럼 가상화는 과거에는 가능하지 않았던 물리적인 시공간을 뛰어넘는 다양한 관계에 대한 실현을 가능케 하는데, 가상화 효과가 전면적으로 이루어지는 곳이 다름 아닌 정보통신 공간이다(Steuer, 1992).

1990년대 초에 인터넷 사용이 확산되기 시작하면서 가상현실(*virtual reality*)이라는 새로운 세계가 우리 앞에 모습을 드러냈으며, 디지털 기술의 진전에 의해 그 기능, 내용 및 활용성이 배가되면서 가상현실의 영향력은 날로 강화되어왔다. 초창기 가상현실은 기술적 한계나 콘텐츠 빈곤 등으로 현실세계의 조잡한 모조품에 불과한 가짜임이 쉽게 식별되었다. 그러나 모사 기능의 발달로 실제 현실과 구분하기 힘든 가상현실이 개발되고, 인터넷과 모바일 기능을 통합한 스마트 기기들이 속출하면서 가상현실을 체험할 수 있는 정보통신 공간은 날로 그 영향력을 배가하고 있다. 특히 현실보다 더 현실적인 '초과현실'(*hyper-reality*)로서의 가상현실 혹은 실제 현실과의 융복합에 의한 혼합현실(*mixed reality*)이나 증강현실(*augmented reality*)이 보편화되면서 가상화는 우리의 일상적 삶에 견고히 뿌리내리고 있다.

4. 내적 의식세계의 변화

융합시대의 사회변화는 외적 생활환경뿐 아니라 조직, 제도, 문화, 의식에 걸쳐 전방위적으로 구현되며, 그러한 융합의 전면화는 객체뿐 아니라 주체마저 '융합적 인간'으로 전환시킨다. 즉, 기술, 사회 및 인간 모두가 전폭적으로 뒤섞이는 융합적 상황에서는 내적 의식세계의 변화가 동반되는데, 그것을 표층적 태도와 심층적 욕구의 차원으로 나누어 정리하면 다음과 같다.

1) 표층적 태도

(1) 개방성

융합사회에서의 표층적 태도 변화로서는 어디든 자유롭게 이동할 수 있는 개방성의 증가를 일차적으로 꼽을 수 있다. 디지털 기술의 발전은 물리적 시·공간의 한계를 극복할 수 있는 가능성을 열어줌으로써 지리적인 이동의 개방은 물론 정보의 다차원적 개방을 촉진한다.

사회적 개방성은 권력의 위계적 질서를 수직에서 수평으로 전환한다. 융합사회에서 매체를 이용한 기기 활용의 자율성과 응용성이 제고되면서 사회 전 영역에서 시민들의 참여가 권장된다(김문조, 2011b).

민주주의의 기본 전제로서는 시민문화의 성장이 자주 거론된다. 융합 시대에 활성화할 시민문화는 민주주의의 발전에 기여할 것임이 틀림없다. 그러나 융합사회의 개방화는 그 속도에 비례해 관할 영역이 확장될 여지가 크지만, 융합 격차, 의제에 대한 책임 소재나 평판체계의 편협성 등이 새로운 문제점으로 제기될 수 있다(류석진 · 조희정, 2009).

(2) 관용성

서구중심주의, 엘리트주의, 남성중심주의 등으로 점철된 근대사회에서는 지시적 · 수직적이며 통제적인 가치체계가 지배적이었다. 그러나 누구에게나 정보로의 접근을 가능케 하는 디지털 기술의 발달로 개인은 생성된 정보를 수동적으로 받아들이는 대신 보다 능동적으로 정보를 생산하거나 소비할 수 있는 기회가 커지게 된다. 또 다양한 주체들에 의해 생성되는 정보는 획일성을 지양한 다양성 및 역동성을 지니게 된다. 따라서 경과를 쉽게 속단할 수 없는 불확정성(*uncertainty*)이 융합사회의 주도적 특징으로 부각된다. 불확정성이 높은 융합사회에서는 기존의 지배 이데올로기를 서구중심주의, 엘리트주의, 남성중심주의의 획일적 표상이라며 비판한다. 따라서 삶의 다양성을 부여하는 관용성이 지향해야 할 새로운 사회적 가치나 목표로 대두하게 된다. 따라서 융합사회에서는 차이가 '그른 것'(*wrong*)이 아닌 '다른 것'(*different*)으로 받아들여지는 관용성이 확대되며, 그러한 요구는 국지적 혹은 일국적 차원을 넘어 세계사회로 파급될 전망이다(Sacks, 2007).

(3) 창의성

강한 사회적 유대를 견지하던 지난날의 공동체에서는 일사불란한 단합이 최고의 미덕으로 간주되었다. 그러나 차이나 다양성이 존중되어야 할 융합사회에서는 개인의 창의성이 보다 중시된다. 창의적 아이디어가 존중되는 융합사회에서는 개개인이 스스로 새로운 것을 깨우쳐 알거나 만들며, 아는 것을 종합하거나 재구성해서 그것을 슬기롭게 활용할 줄 아는 '융합적 인식능력'이 필수적이다. 따라서 융합사회에서는 단순히 무엇을 기계적으로 암기하는 능력보다 널려 있는 기존의 정보나 지식을 재구성하여 새로운 것을 창안해내는 '종합적 사고'(*synthetic thinking*)가 각별히 요구된다(김문조, 1999). 그러나 언론학자 니콜라스 카(Nicholas Carr)는 다양한 아이디어가 혼재하는 융합시대에는 개인이 깊은 생각에 골몰할 수 있는 기술사회적 인프라가 날로 약화되고 있다고 우려하면서, 얄팍한 생각이 지배하는 그러한 상황에서는 창의적 상상력이 배태될 수 없다고 비판한다(Carr, 2011). 하지만 이질적 요소들을 재구성하여 새로운 것들을 창조하고 표현할 수 있는 물적 기반이 마련되었다는 점에서 디지털 융합의 긍정적 가치는 기본적으로 인정되어야 할 것이다(이종관 외, 2011).

2) 심층적 욕구

(1) 주체주의

산업사회에는 자기만의 의사를 표현해줄 매체가 전무했기 때문에 개인은 제도권으로부터 주어지는 정보를 일방적으로 받아들일 수밖에 없었다. 때문에 자신의 고유한 의사는 제도권 정보에 묶인되었고, 개인의 힘은 거대한 사회를 바꾸기에 태부족했다. 이처럼 산업사회의 자아는 주어진 정보를 수직적으로 받아들이는 수동적인 존재였다. 따라서 산업사회의 개인은 견고한 사회의 프레임 속에서 사회가 구성한 지배적 이데올로기들을 수용하며 수동적으로 살아가는 것을 미덕으로 여겼다(Wrong, 1999).

그러나 융합적 생활환경에서 개인은 정보를 적극적으로 생산하고 소비하는 능동적 주체로 변모한다. 따라서 개인은 하나의 독립적 구성체로 여겨진다. 그들은 타인과의 관계 속에서 자신들의 힘을 극대화하고자 하며 자신의 의사와 존재를 인정받고자 한다. 더구나 융합사회의 개인들은 자신만의 새로운 세상을 구성할 수 있는 가상공간 속에서 현실적 제약을 벗어난 자유로움을 만끽하고자 한다. 특히 최근 성행하는 SNS는 그러한 욕구를 간편하고 즉각적으로 실현함으로써 개인의 주체성을 표출하고 공유할 기회를 풍성하게 제공한다(김동욱 외, 2012).

(2) 표출주의

자율성 및 창의성이 강조되는 융합사회에서는 자신을 타인에게 드러내려는 표출적 욕구가 고조된다. 그런데 융합사회 특유의 표출적 속성은 특정 부류에 한정된 것이 아닌 보편적 기풍이 되어 사회체계의 변혁을 추동하는 데 적극 활용되고 있다. 즉, 융합사회에서의 표출의 욕구는 사회를 고정된 상태나 무질서한 상태에 빠져들지 않고 보다 높은 수준의 새로운 질서를 끊임없이 형성하도록 인도한다. 요컨대 과거의 소비자들이 예측 가능하고 제작자가 의도한 대로 움직이는 수동적인 존재였다면, 융합사회의 소비자들은 네트워크를 통해 끊임없이 자신의 의도를 표출하면서 연대적 역량을 강화하는 능동적인 존재로 변모해간다. 즉, 과거의 소비자들이 조용하고 보이지 않는 서로 고립된 개인들의 집합이었다면, 융합사회의 소비자들은 사회적으로 보다 긴밀히 연결되어 자신의 의사를 당당하게 표출하고 공론화하는 적극적 존재로 탈바꿈한다(김종길, 2008).

(3) 탈주주의

융합사회에서의 매체 발전은 우리를 가상공간이라는 새로운 세계로 인도한다. 특히 가상공간은 현실세계의 단순한 대체제가 현실공간과 교합해 현실적 욕구와 가상적 욕구를 동시적으로 충족시킬 수 있는 혼합적 현실을 창출, 현실적 질곡에서 벗어나기를 원하는 사람들의 탈주적 욕망을 충족시킬 수 있는 호기를 제공한다.

장 보드리야르의 초과현실 개념에 따르면 이제 우리는 현실보다 더 현실적인 이미지의 과잉현실을 향유하며 살아간다. 즉, 우리는 존재하지 않는 인공현실 속에서 살고 있는데, 이는 첨단 미디어 기술이 우리의 생활현실을 사실적 논리로는 이해 불가한 '한계 없는 세상'(*limitless world*)으로 인도하기 때문이다. 따라서 현실 속의 사물보다 더 실재적이고 더 우월하여 현실을 압도하는 장관(*spectacle*)으로서의 초실재가 융합사회에서 보다 강력한 모습으로 대두할 전망이다(Kellner, 1989).

이에 따라 융합시대에는 질 들뢰즈(Gilles Deleuze)와 펠릭스 가타리(Felix Guattari)의 '유목민'처럼 고향이나 일정 영역에 갇혀 있지 않고 새로운 가능성의 흐름을 찾아 끊임없이 영토를 벗어나고자 하는 탈주족이 급증하리라 예상된다. 들뢰즈는 배치를 전담하는 모든 기계류를 '욕망하는 기계'(*machine desirante*) 라고 지칭한 바 있다. 이때의 욕망은 '차이를 생성하고자 하는 성향'을 뜻하는데, 그는 모든 개체들에 이런 욕구가 내재해 있다고 주장한다. 요컨대 '차이의 생성'이 모든 개체의 레종데트르(*raison d'etre*: 존재의 이유) 라는 것이다. 욕망하는 기계들의 배치는 그 욕망 때문에 끝없이 변화할 수밖에 없다. 배치가 이루어지는 것이 '영토화'(*territorialization*) 이고 배치가 풀리는 것이 '탈영토화'(*de-territorialization*) 로서, 자유분방한 융합사회에서는 탈영토화가 강조되어 탈주적 행태가 성행할 것으로 예견된다(Deleuze & Guattari, 1994; 〈한겨레〉, 2008. 1. 25.).

(4) 변신주의

산업사회에서는 단선적이고 논리적이며, 위계적인 단일 정체성이 표준이었지만, 융합사회에서는 그것이 탈중심화되고 유동적이며, 비단선적이고 불투명한 복합적 형태로 바뀌게 된다. 즉, 융합사회에서의 개인은 다른 삶, 다른 존재방식 혹은 지금의 나를 규정하는 울타리 너머를 바라보며 꿈꾸게 된다. 변화하거나 탈피하고 싶은 욕망, 바로 그것이 현대적 삶을 지탱하거나 활기를 부여하는 활력의 원천이 된다.

'코스프레'라고 알려진 코스튬 플레이가 바로 그 적절한 사례에 속한다. costume과 play의 합성어인 코스프레는 원래 죽인 이를 기리기 위해 그들이 입은 옷을 똑같이 만들어 입는 놀이에서 유래한 것이다. 그것이 오늘날 자신이 관심 있는 만화나 애니메이션 및 게임의 캐릭터 등 가상의 존재나 가수, 영화배우, 역사적 인물 등 현존 인물을 의상, 소품, 동작 및 상황의 묘사를 통해 재현하며 즐기고 공연하는 놀이문화의 하나로 변하여 성행하고 있다(Winge, 2006).

인간이 벌레로 변하는 사건을 주제로 한 프란츠 카프카(Franz Kafka)의 소설 《변신》(*Die Verwandlung*)의 충격이 차츰 우리 뇌리에서 사라져가는 이즈음 코스프레가 이처럼 부활하는 이유로 우리는 융합시대 특유의 변신주의를 꼽지 않을 수 없다. 코스프레의 매력은 갇힌 현실 속에서 벗어나 내가 원하는 또 다른 내가 되어볼 수 있다는 사실에 내재한다. 코스프레를 통한 변신은 현실에 적응하지 못하여 똑같은 일상을 탈피하고자 하는 융합사회의 개인들에게 따분한 현실적 질곡을 벗어난 일탈의 희열을 맛볼 수 있게 한다. 더구나 코스프레는 '되기' 행위를 통해 다양한 정체성을 실현하고자 하는 또 다른 욕구를 충족시킬 수 있는데, '대통령 되기', '여성 되기', '아이 되기', '연예인 되기' 등과 같은 일련의 코스프레는 흔히 다중인격성이라고 불리는 융합적 현실세계에서의 다중적 변신 욕구를 충족시킬 수 있는 손쉬운 방법의 하나로 꼽힌다.

5. 시간적 · 공간적 인식의 변화

지금까지 논의한 외적 세계와 내면세계의 변화는 궁극적으로 세계관의 기축을 이루는 시간과 공간에 관한 관념을 변화시킨다. 시공간에 대한 인식 변화는 세상을 이해하는 새로운 사유의 토대를 제공한다는 의미에서 각별한 중요성을 지닌다. 특히 정보통신기술이 제시하는 찬란한 비전은 창조성에 기초한 무한성장의 지평까지를 포괄함으로써, 개인의 행동반경을 내적 자아로부터 외적 우주에 이르는 광활한 영역으로 인도하면서 시공간관의 획기적인 변혁을 고취한다(Castells, 2001).

1) 카이로스적 시간관의 대두

기계적이고 단정적인 시계시간은 산업자본주의를 구성하는 핵심원리라고 할 수 있다. 산업사회는 '밥 먹을 동안', '소 젖 짜는 동안', '주기도문을 외는 동안'과 같은 이전의 막연한 시간 대신 시·분·초와 같은 정밀한 시간 단위들을 요구했다. 새로운 시간 단위들은 계절·공동체·지역적인 차이에 관계없이 규격화되고 표준화된 시간 개념에 근거한 것으로, 산업문명은 시간을 소정의 정확한 단위로 나눌 뿐 아니라 나누어진 시간을 일직선으로 획선화함으로써 진보와 발전이라는 산업사회의 테제를 실현했다(Toffler, 2002).

이렇듯 산업화라는 '제 2물결' 시대에서는 시간이 기계적 리듬에 의해 유지되었다면, 융합사회에서의 시간 개념은 카이로스(*kairos*) 형태로 바뀌게 된다. 즉, 융합사회에서는 기계와 템포를 같이하는 시계적 시간관은 점차 반복적 기계운동과는 무관한 새로운 시간관으로 대체된다. 이러한 카이로스적 시간관은 플렉스타임제, 파트타임제, 야간작업의 증가 등과 같이 유연적 근무형태의 산업활동을 촉진할 뿐 아니라, 식사시간, TV 시청시간, 사교시간 등의 유연화를 초래함으로써 일상생활에 엄청난 파급효과를 유발한다.

2) 장소귀속 의식의 탈피

장소는 추상적인 개념이 아니라 3차원 공간에 거주하는 사람들에게 자신의 위치를 파악하고 이해하는 기틀을 제공하는 것이라고 말할 수 있다(Castells, 2003). 융합사회가 가져오는 사회환경의 변화는 공간 개념과 밀접한 연관성을 지닌다. 산업사회에서의 산업화가 주로 거점도시의 한정된 공간에서 이루어진 것임에 반해, 융합사회로의 이행이 진행될수록 우리의 삶은 한정된 장소를 벗어남으로써 장소귀속성이 약화된다.

예컨대 자택근무나 온라인을 이용한 원격근무의 증가는 기존의 일터나 직장이라는 개념을 무너뜨리고 있다. 더불어 온라인과 오프라인 공간의 경계를 허무는 인터넷 쇼핑은 접속이 가능한 곳이라면 어디서든지 물건을 구매할 수 있게 함으로써, 쇼핑공간에 대한 기존 관념을 변경하고 있다. 이처럼 디지털 기술의 발달로 기인한 장소귀속 의식의 탈피는 이미 우리 사회의 대다수 영역에서 급진전되고 있다. 융합사회에 있어서의 장소귀속 의식의 변화가 지닌 중요성은 지난날 장소귀속 의식이 인간에게 삶의 환경을 조성하고 의미를 부여하는 데 결정적 역할을 수행해왔다는 사실에 비례해 커지고 있다.

3) 시·공간관의 동반적 변화

지리학자 데이비드 하비(David Harvey)가 근대적 시공간 경험의 변화가 모더니즘의 탄생을 야기해 시공간적 의식과 관련된 여러 측면들에 혼돈을 가중시켰다고 지적한 바와 마찬가지로(Harvey, 1990), 카이로스적 시간 개념과 장소귀속 의식의 약화를 특징으로 하는 융합사회의 등장은 새로운 시공간관의 변화에 상응한 일련의 후속적 변화를 초래한다. 이 같은 동반적 변화를 예시하는 좋은 사례의 하나로서는 휴대폰 보급으로 인한 '모바일 공간'이라는 새로운 실시간 생활세계의 창출을 꼽을 수 있다. 휴대폰은 공간적으로 고정된 전화기와 이를 위해 설치해야 하는 케이블 선을 불필요하게 한다. 또한 휴대폰의 이용은 어느 곳에 위치하든지 동시적 의사소통을 가능하게 할 뿐만 아니라, 근접한 장소에서나 멀리 떨어져 있는 지역에서나 동일한 가격체계를 적용함에 따라 통신비용과 통신시간을 기본적으로 거리와 무관하게 만들었다(최병두, 2002). 더불어 휴대폰의 기능 중 문자메시지는 본인의 의지대로 확인하고 저장할 수 있어 물리적 시간이라는 개념을 크게 약화시켰다.

일본 청소년층의 모바일 커뮤니케이션 활용공간을 연구한 인류학자 미즈코 이토(伊藤瑞子)의 보고에 의하면, 일본의 젊은 연인들은 서로 멀리 떨어져 살고 한 달에 몇 번밖에 만나지 못할지라도 다양한 모바일 기기 덕분으로 온종일 서로 연락을 취할 수 있을 뿐만 아니라, 함께 일어나고, 함께 일하며, 함께 먹고, 심지어 함께 잠자리에 드는 텔레코쿤(*telecocoon*)족으로 변하고 있다고 한다(Ito, 2005; Jenkins, 2008b). 인터넷 커뮤니티 디시인사이드(www.dcinside.com)를 중심으로 우리나라에서 2000년대 초반부터 확산된 폐인 문화 역시 이와 유사한 양상을 보인다. 서로 얼굴도, 이름도 모르는 사용자들은 모바일 기기로 갤러리 게시판에 접속해 온종일 정보를 공유하고 수다를 떤다. 여타 일상생활의 경우에 있어서도 마찬가지다. 언제나 그들의 손에는 스마트폰이들려 있다. 그들은 아침에 일어나자마자 게시판에서 '아침 셔터'를 올리며 서로 인사를 하고, 새벽이 되면 '새벽 셔터'를 내리며 잠자리에 든다.

시공간의 동반적 변화는 사회구성원들의 생활양식, 가치관 및 정체성 등 여러 주요 측면에서의 변화를 선도한다. 특히 도시공간에서의 시공간 동반효과는 시간과 공간의 효율성을 높이는 동시에 이에 대한 인식 자체를 전폭적으로 변화시키기도 한다. 이처럼 시공간 공변효과는 사회구조적 변화는 물론이요 기존의 가치체계와 라이프스타일에 초대형 후폭풍을 유발한다.

6. 소결: 융합적 질서를 찾아서

지금까지의 우리 사회가 한마디로 지식정보에 의해 주도되어온 지식정보의 시대였다면, 앞으로는 그 어떤 것도 단일 이론으로는 설명할 수 없는 혼성적 문명틀로 재구성된 융합문명의 시대가 도래할 것으로 예견된다. 융합문명의 시대에는 사회의 모든 요소들이 헤쳐 모일 수 있으므로 그곳에서는 보다 큰 차원의 '혼합효과'가 초래될 수 있다. 그러나 융합적 혼돈과 복잡성이 가중되는 가운데 사회가 하나의 생활단위로 존속하기 위해서는 소정의 내재적 질서가 보장되어야 하는바, 이는 물적·정신적·신체적 차원 등 모든 차원에 있어서의 재정비를 필요로 한다.

하지만 융합문명기의 사회적 복잡성이나 혼돈은 이전 시기의 그것들에 비해 보다 대폭적이고 심원할 것이므로, 융합사회에서는 통상적인

‘혼돈 속의 질서 찾기’(*searching for the order out of chaos*)를 넘어선 보다 적극적이고도 전면적인 질서추구적 행위를 필요로 한다.

제 3 장

융합시대의 문명론적 이해

1. 문명론적 시각

모든 문명은 발생, 성장, 쇠퇴, 소멸의 보편적 순환과정을 겪는다. 역사가 아널드 토인비(Arnold Toynbee)의 견해에 따르면, 문명의 발생은 정적 상태로부터 동적 단계로의 이전(移轉)으로 이루어진다. 이 자생적 이전은 과거 문명의 영향과 붕괴를 통해 발생한다. 문명 발생의 기본 패턴을 '도전과 응전'의 교호작용으로 인식한 그는 자연적 또는 사회적 환경의 도전이 사회 성원들의 창조적 응전을 자극해 문명사적 전환을 초래한다고 말한다. 또한 도전에 대한 응전이 성공을 거둔 후, 주체

* 이 장은 2011년 〈한국사회학〉 45권 5호에 실린 김문조 · 김남옥(2011)의 논문 "융합시대의 문명론적 진단"을 수정 · 보완한 것임.

세력이 강성해져 평형상태를 넘어선 초(超) 균형 상태에 이르면 다시금 새로운 도전을 유발하여 문명의 순환이 반복된다는 것이다(Toynbee, 1987). 문명에 대한 토인비의 통찰은 인류 문명의 흐름을 도전과 응전이라는 간명한 설명 도식에 의해 파악할 수 있게 할 뿐 아니라, 그것이 발생-성장-쇠퇴-소멸이라는 과정을 거듭한다는 순환적 문명사관을 우리에게 각인시켜준다.

이처럼 인류 문명의 변천은 기계론적 인과율에 따르는 것이 아니고 일정 방향으로 향진하는 것도 아닌, 수많은 요소들이 상호작용하며 이루어내는 복잡하고 혼돈스러운 과정으로 인식되어왔다. 그러한 인식은 역동성을 전제로 인류사회의 모습을 진단한 주요 사회사상가들의 견해와 상통한다. 인류 역사를 위기와 기회가 교체하는 일련의 과정으로 바라본 생시몽(Saint-Simon), 통합과 분화의 연속으로 본 허버트 스펜서(Herbert Spencer), 정립과 반정립이 고차원적으로 종합된다는 변증법적 세계관을 제시한 프리드리히 헤겔(Friedrich Hegel) 등은 모두 문명을 끝없는 변혁과정으로 보았다. 인류사회의 역동적 차원을 중시한 이들 사상가들의 문명관은 "상승작용을 일으키는 관계의 응축적 체계(*coherent system*)로 발견물을 통합한다"는 카스텔의 언명으로 귀착되는데(Castells, 2009a), 이는 수많은 사회적 요소들이 개입되는 역동적 문명사에 모종의 패턴이 내재해 있으리라는 전제를 시사한다.

이 장의 목적은 오늘날 새로이 태동하는 융합사회가 지속적 사회변동 과정의 일환이자 거시적 차원에서 미시적 차원에 이르는 사회체계의 전면적 변혁을 야기하는 문명사의 새로운 단계임을 알리는 것이다. 즉, 개인의 의식구조와 생활양식이 사회구조와 내밀한 관련성을 지니면서 새로운 물질적, 정신적 패턴을 구성하는 역동적 과정을 융합문명이라는 개념틀에 준거해 파악해보고자 한다. 그러기 위해 우선 문명 개념에 관한 기존 논의를 비판적으로 개관해 문명론적 동학을 이해할 수 있는 관점을 정립하고 그에 입각해 지금까지의 인류 문명사를 재고한 후, 최근 우리 사회 도처에서 발견되는 일련의 융합현상들을 새로운 문명론적 관점으로 풀이하면서 새로운 문명 단계의 사회조직 원리를 색출해보도록 하자.

2. 문명의 동역학

16세기의 '시빌리테'(*civilité*) 개념에서 발원한 문명이라는 용어가 18세기 프랑스 계몽주의자들에 의해 세간에 알려지기 시작한 이후, 문명에 관한 논의는 여러 분야에서 다양한 방식으로 이어져왔다. 탈냉전 · 지구화 시대를 배경으로 등장한 새뮤얼 헌팅턴(Samual P. Huntington)의 '문명충돌론'은 문명에 관한 최근 논의의 전형으로 꼽을 수 있는데, 기존의 대부분 문명 담론들은 사실상 19세기 진화사상가들의 문명론에 힘입은 바 크다.

문명 개념에는 인류가 자연적 생존 상태를 벗어나 자연을 삶의 편익에 맞게 개조해 보다 개선된 생활을 지향하려 한다는 진화의 의미가 내재해 있다. 문명 담론은 정치 · 경제 · 사회 · 문화 · 종교 · 도덕 · 기술 등 인간활동의 정신적 · 물질적 차원 모두를 망라한다는 점에서도 고전적 진화사상과 입장을 같이한다.

문명 개념에서 판독할 수 있는 또 한 가지 보편적 요소는 문명이란 일련의 연속적 과정, 즉 지속적으로 전개되는 진행형 상태를 뜻한다는 사실이다. 노베르트 엘리아스(Norbert Elias)의 문명화 과정론에서 명시적으로 드러나는 문명의 과정론적 속성은 막스 베버의 합리화 명제(*rationalization theses*)에서 질 들뢰즈와 펠릭스 가타리의 영토화 이론(*territorialization theses*)에 이르는 신구 학자들의 사회이론에도 두루 반영되어 있다.

이처럼 공통된 인식에도 불구하고 문명은 접근방법에 따라 상이한 방식으로 이해되어왔다. 그러나 문명론 자체가 아닌 융합문명 논의를 위한 관점 개발이 기본 목표인 이 절에서는 기존의 문명 담론들을 상술하기보다, 그들을 다음 세 범주로 나누어 서로의 차이점을 간략히 식별하는 작업으로부터 논의를 시작해보자.

1) 기존 문명연구의 개관

(1) 진보로서의 문명

대부분의 고전적 문명 담론들은 진보로서의 문명관을 내포하고 있다. 그들은 인류가 자연과 직접적인 관계를 맺고 살아가는 '야만적' 삶의 방식에서 벗어나 육체적 · 정신적 노력을 통해 자연을 변형하고 재창조함으로써 보다 진전된 '문명적' 삶을 영위할 수 있게 되었다는 논지를 공유한다.

하지만 이항대립적 도식에 준거해 문명을 야만의 대비적 개념으로 파악하고자 한 진보적 문명관은 서구사회가 야만적 전통사회에서 문명적 근대사회로 이행해왔다는 서구중심적 사고를 견지해왔다. 에드워드 사이드(Edward Said)의 오리엔탈리즘 비판, 새뮤얼 헌팅턴의 보편문명 비판, 제임스 블로트(James M. Blaut)의 역사학적 유럽중심주의에 대한 비판 등은 근대 서구문명의 우월성을 자연스럽고도 당연한 것으로 여겨온 서구중심주의가 어떻게 형성되고 보편화되어왔는가를 다양한 각도에서 일깨워준다(Said, 2007; Huntington, 2009; Blaut, 2008). 서구 근대사회의 성립을 합리화 과정으로 인식한 막스 베버도 이러한 진보적 문명관의 입장에서 자유롭지 못하다고 본다. 학문의 진보를 지성화를 통한 세계의 탈주술화로 인식하거나, 세속적 금욕주의를 바탕으로 한 사회적 소명의식이 서구 근대화를 견인한 자본주의 정신의 원천이라고 본 그의 주장에는 서구중심주의의 잔흔이 엿보이기 때문이다(Weber, 2000).

(2) 퇴행으로서의 문명

계몽주의가 절정에 달한 시기에 자연에 대한 문명의 파괴적 속성을 간파해 문명의 폐해를 경고한 퇴행적 문명관의 열렬한 대변자로는 프랑스 근대사상가 장 자크 루소(Jean-Jacques Rousseau)를 우선적으로 꼽지 않을 수 없다. 《학문과 예술론》(*Discours sur les Sciences et les Arts*)에서 모든 학문과 예술은 도덕적 타락에 연원한 것이라고 주장한 루소는 문명을 인간의 악덕에서 유래한 것으로 보았다. 《인간불평등 기원론》(*Discours sur L'origine et les Fondements de L'inégalité parmi les Hommes*)이나 《사회계약론》(*Du Contrat Social*)과 같은 저작에서 되풀이되는 그의 부정적 문명관은 자유로운 자연상태에서 벗어난 예속과 복종의 문명기를 극복하기 위해서는 "자연으로 돌아가라"는 선언으로 귀결된다.

지그문트 프로이트(Sigmund Freud)를 포함한 프로이트론자들도 문명이 인간 본능에 대한 억압에 기초한 것이라는 퇴행적 문명관을 제시한다. 프로이트는 본능적 욕구의 자유로운 충족은 문명사회와 양립할 수 없으므로 만족의 포기나 유예가 문명적 진보의 필요조건이라고 주장한다. 따라서 문명사회의 행복은 부단한 학습과 조련, 열성적 노동, 일부일처주의적 재생산, 확립된 법과 질서의 체계 등에 예속되어야 한다는 것이다. 현실원리에 부합하는 사회활동의 수행을 위한 리비도의 규제나 굴절이 곧 문화로 규정되는 까닭이다(Marcuse, 1996). 따라서 개인은 국가나 사회제도와 같은 사회적 통제장치들이 금하는 것들을 수용하거나 추종함으로써 문명인으로 완성되어간다.

퇴행적 문명론의 면모는 광기에 대한 금제제도의 발달이나 처벌에서 감시로의 통제양식의 변천을 논한 미셸 푸코를 위시해 '사회적 정신분석가'로 통칭할 수 있는 들뢰즈와 가타리, 자크 라캉(Jacques-Marie-Émile Lacan)이나 슬라보예 지젝(Slavoj Žižek)과 같은 사상가들의 저작에서도 널리 발견할 수 있는데, 그들 모두는 자연적 본능이나 욕동에 대한 통제를 통해 이성적 인간형을 주조해내는 사회화 기능의 강화를 문명사회의 퇴보적 사태로 경원시한다.

(3) 과정으로서의 문명

노베르트 엘리아스는 자신의 문명론에서 다양한 사회세력들 간의 역학관계와 더불어 사회구조와 개인 행위자 간의 역동적 관계성을 각별히 중요시한다. 그는 개인과 사회는 서로 별개의 존재가 아니라 인간세계의 분리 불가능한 두 가지 측면에 해당한다는 전제와 함께, 양자는 모두 과정적 성격을 공유하므로 과정론적 문명관이 불가피함을 역설한다(Elias, 2002). 개인과 사회 간의 역동적 상호의존관계를 파악하기 위해 그는 '결합태'(*figuration*)라는 개념을 제시한다. 상호의존적 결속 욕구를 지닌 개인들이 서로 모여 구성하는 미시적 인간관계가 결합태로서, 그것은 개인이 타인과 인간관계를 형성하는 과정에서 살피고 유념해야 할 거시적 관계구도이기도 하다는 것이다(Krieken, 2001).

이 같은 논지하에 엘리아스는 개인의 행동과 감정이 특정 방향으로 변천하는 과정으로서의 문명을 추적한다. 오랜 기간에 걸친 문명화 과정은 주변 여건에 의해 역동적으로 변모하지만 거기에는 소정의 질서가 내재해 있다는 것이다. 이와 연계된 사회변동 역시 마찬가지이다. 개인의 계획과 행동, 감정적·이성적 충동 등은 우호적 또는 적대적 방식으로 끊임없이 서로 얽혀 돌아가는데, 수많은 사람들의 개별적 계획과 행동들로 짜인 조직망은 어떤 개인도 계획하거나 창조하지 않은 변화들을 산출해낸다. 그 결과 개인들 간의 상호의존성을 넘어선 독자적 질서, 요컨대 원초적 구성단위에 해당하는 개인의 주관적 의지나 이성보다 더욱 견고한 질서가 도출된다. 이것이 역사변동의 경로를 결정하고 인간의 충동과 투쟁이 뒤얽혀 만들어내는 관계망의 질서, 요컨대 문명화 과정의 토대를 이루는 결합태 질서라는 것이다(Elias, 1998).

엘리아스는 문명화 운동의 장기적 추세는 일관적이라고 본다. 어떤 경우든 변화는 타율적 통제에서 자율적 자기감시의 방향으로, 단기적 충동을 습관화된 장기적 시각의 요구에 예속시키려는 방향으로, 그리고 복잡하고 안정된 초자아 장치가 형성되는 방향으로 흘러간다는 것이

〈그림 3-1〉 문명 담론의 개관

1. 진보로서의 문명	계몽사상가들의 문명론 – 자연상태의 야만성 극복
2. 퇴행으로서의 문명	자연주의자 / 프로이트론자들의 문명론 – 자연질서의 타락이나 억압
3. 순환으로서의 문명	순환적 역사가들의 문명론 – 생성 / 성장 / 융성 / 소멸의 주기적 운동체
4. 과정으로서의 문명	엘리아스의 문명화 과정론 – 새로운 '결합태'로의 진화과정

다(Elias, 2002). 이 같은 엘리아스의 과정론적 문명관에서 문명은 이음새 없는 연속적 흐름의 일환으로 간주된다(〈그림 3-1〉 참조).

2) 새로운 문명론의 정립: 패러다임으로서의 문명

문명은 사회적 상태이자 과정이다. 이런 점에서 문명은 여행 중 일순간 포착되는 경관인 동시에 행로를 따라 이어지는 여정과 같은 이중적 의미를 지닌다. 영화의 순간적 컷에 해당하는 경관은 진보적/억압적 문명론이 지시하는 문명 개념에 가깝다고 할 수 있다. 이들은 '향진이냐 퇴행이냐'라는 진전방향에 있어서만 견해를 달리할 뿐, 야만 → 문명, 본능 → 문명이라는 진행과정의 특정 단면에 관심을 기울인다는 점에서 크게 다를 바 없다. 반면 낱장의 정지화면들을 이어붙인 동영상으로서의 영화에 비견할 수 있는 것이 과정으로서의 문명관이다. 진보적/억압적 문명론은 주어진 사회상황의 진단에 유용하며, 과정적 문명론은 역동적 변화에 관한 이해에 적실하다. 그런데 문명은 하나의 속성이 다른 하나의 속성으로 바뀌어가는 단면적 경관들의 연속체이므로, 현황중심적 전환성과 과정중심적 연속성을 대변하는 진보론, 억압론 및 과정론은 택일의 대상이 아니라 지적 통합의 자원으로 삼는 것이 바람직하다.

자연환경에서 인간, 자원, 권력, 조직, 문화, 신념 등에 이르는 수많은 구성요소들(*building block*)이 동일 시간대에 중첩되어 있는 하나의 문명적 경관은 주요 사건들을 계기로 새로운 문명적 경관을 축조한다. 그러나 혁신된 문명 경관은 전래적 사고, 인습, 가치 및 이념들과 충돌하게 되어 새로 진전된 문명세계는 새로운 개념화를 필요로 한다. 그러므로 신(新) 문명은 구(舊) 문명의 위기에서 배태하여 경쟁적 각축을 통해 완성되는 패러다임적 전환의 소산으로 간주해 마땅하다. "과학자 사회가 공유하여 적합한 문제와 해결책들을 강구하는 데 사용되는 업적들—개념, 가치, 기술 등—의 총체"로 정의되는 토마스 쿤(Thomas Kuhn)의 패러다임 개념을 사회적 패러다임(*social paradigm*)으로 전형한 프리초프 카프라(Fritjof Capra), 쿤의 아이디어를 기술의 사회적·경제적 형성과정에 적용한 크리스토퍼 프리먼(Christopher Freeman)과 카를로타 페레스(Carlota Perez)의 패러다임 개념을 차용한 마누엘 카스텔의 논의들은 모두 교체적 연속체로서의 문명 현상을 파악하는 데 유용한 통찰을 제공한다.

카프라는 "사회적 패러다임이란 한 공동체가 공유하는 개념, 가치, 인식 그리고 실천으로 이루어지는 총체로, 이것이 해당 공동체가 스스로를 조직하는 방식의 기본이 되는 실재에 대한 특정한 관점을 형성한다"고 말한다(Capra, 2004). 따라서 사회적 패러다임은 고착된 개념이

〈그림 3-2〉 새로운 문명론의 모색: 문명 패러다임론

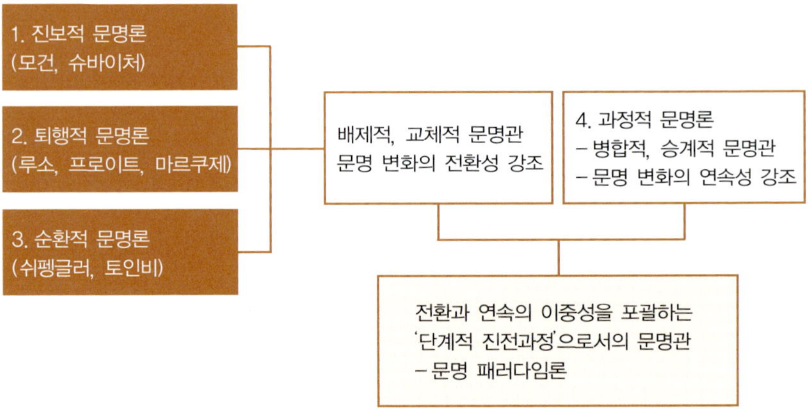

아니라 기존의 사회적 장(場)이 위기에 처하는 순간 새로운 장으로서의 도약이 촉발되는 역동적 성격을 담지한 것으로 간주할 수 있다. 패러다임을 제반 사회적 실행들의 표준을 설정하는 준거틀로 정의하는 카스텔 역시 사회적 패러다임을 개별 구성요소들이 상호작용을 통해 전체 사회의 부가가치를 높여나가는 자기조직적 응집계(*coherent system*)로 간주한다(Castells, 2009a). 이렇듯, 문명에 대한 패러다임적 접근은 지속적 과정으로서의 문명화에 관한 이해와 더불어 그러한 과정의 단면적 성격을 파악할 수 있는 이중적 인식틀을 제공한다.

엘리아스가 주장하듯, 문명화 과정은 합리적으로 기획되어 진행되는 것이 아니지만, 그렇다고 전혀 무질서한 경로를 밟아나가는 것도 아니다. 전체적으로 그것은 고도의 복잡성과 역동성을 담지한 일련의 흐름으로 표상화하나, 그런 와중에 소정의 단계를 상정할 수 있는 전회적 성격을 노정한다. 문명화 과정의 연속성을 인정하되 전회를 통한 문명

의 진전 단계를 개념화하는 통합적 관점으로서의 패러다임적 문명관은 융합문명을 이해하는 데 크나큰 효용성을 발휘할 것으로 본다(〈그림 3-2〉 참조).

3. 인류 문명의 패러다임적 재조명

신(新) 문명 패러다임에서 가장 우선적으로 고려되어야 할 요소는 기술이다. 최근 기술혁신이 경제체계의 변혁을 매개로 사회체계 전체에 가장 강력한 영향을 행사해왔기 때문이다. 이 점에 관해서는 인류 역사를 생산력을 포함한 생산양식의 변화로 추적한 칼 마르크스(Karl Marx)의 사적 유물론은 물론이요, 인류사를 농업혁명, 산업혁명, 정보혁명으로 구분한 앨빈 토플러의 물결론, 생산양식 외에 발전양식이라는 개념틀을 도입해 인류 문명의 전개를 농업주의, 산업주의, 정보주의라는 세 단계로 파악한 카스텔의 기술경제적 발전모형들이 뜻을 같이한다.

그러나 융합이 사회 전 부문에 걸친 시대적 대세로 등장하고 있는 오늘날 전환성과 연속성을 동시적으로 수용할 수 있는 패러다임적 문명론의 기본틀은 준용하되 기술경제적 요인에 천착해온 기존 논의의 폭을 보다 확장해, 지난날의 문명적 경관을 현재와 미래의 그것과 연동시켜 문명화 과정을 일련의 단계적 연속체로 파악할 수 있는 새로운 문명 패러다임론을 정립할 필요성이 있다. 더구나 새로운 사회질서나 규칙이 안정화되기 이전의 패러다임 교체기에는 신-구 문명 패러다임의 혼재·충돌·갈등이 상존할 것이 당연한 만큼, 패러다임 이행기의 혼돈

〈그림 3-3〉 문명 패러다임의 단계

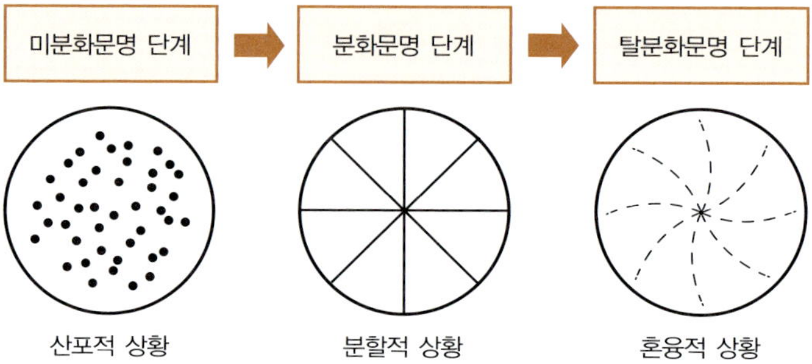

상황까지 해명할 수 있는 중첩적 단계 설정이 가능한 문명 패러다임의 개발이 절실하다고 본다. 이상과 같은 요건들을 두루 충족시킬 수 있는 방안으로 제시할 수 있는 것이 미분화-분화-탈(脫)분화 단계를 단위로 하는 새로운 문명론이다(〈그림 3-3〉 참조).

1) 미분화문명 단계: 농업문명기

문명의 제 1단계는 먹이를 찾아 떠돌면서 사냥·목축·어로·채집 등으로 삶을 영위하던 유목생활에서 정주생활로 전환한 농경시대라고 할 수 있다. 정주적 삶을 가능케 한 농업혁명은 농업문명이라는 사회적 경관을 만들어냈는데, 그 구성요소는 경작에서 토지, 촌락, 집합가족(*joint family*), 가부장권 및 가산제에 이르기까지 다양하다. 하지만 무엇보다 주목해야 할 점은 '경작'이 유목적 떠돌이 생활을 종식시켜 안정된 삶을 전제로 하는 문명을 정립하였다는 사실이다. 농업문명은 잉여의 증식과 함께 신분체계를 중심으로 한 사회분화를 통해 분화적 문명으로의 이행을 예비하게 되나, 어떻든 그것은 원초적이나마 이전의 무(無) 문명 상태와 비견되는 역사상 최초의 문명 단계로 설정될 수 있다.

유목적 생활양식이 정주적 생활양식으로 교체된 농업문명의 특징은 새로운 생산수단의 획득으로 정착지나 경작지가 생기고 마을이 형성되었다는 점이다. 경제・정치・사회・문화・의식 등 총체적 변화를 수반하는 문명의 시원(始原)은 혁신적 발명에 기인하는 것이 통례로, 농업문명의 출현 역시 곡물 재배를 주축으로 한 농업혁명에 의해 촉발된 것이라고 하겠다. 그러나 새로운 문명이 탄생된 농업문명 단계에서도 연령 및 성을 중심으로 한 원초적 역할 구분만이 암묵적으로 존재했을 뿐 대다수 사람들은 가정과 경작지를 오가며 농사라는 동질적 작업을 수행했다는 점에서 농업문명기는 미분화문명 단계로 규정할 수 있다.

2) 분화문명 단계: 산업문명기

분화문명은 효율성과 합리성을 강조하는 근대사상과 새로운 동력원을 근간으로 하는 산업혁명이 상호작용하며 산출해낸 산업문명적 경관에 해당한다. 상기 코드들은 문명의 전(前) 산업사회에서는 극히 생소한 것으로, 이는 인류 문명사의 제 1차 패러다임 전환에 의한 결과라고 할 수 있다.

이성과 진보에 대한 믿음과 자연관의 변화로 압축할 수 있는 산업문명의 기점은 과학혁명의 시대로 일컬어지는 16~17세기로 소급할 수 있다. 당시는 산업문명의 지적 기반이 조성된 시기로, 신 중심의 세계관이 인간 중심의 세계관으로 교체되기 시작한 문명사의 역치기(*liminal period*) 라고 할 수 있다. 코페르니쿠스, 갈릴레이 및 뉴턴에 의해 추동된 물리학과 천문학의 혁명적 변화, 데카르트의 발상으로 촉발된 추리 방법(연역적 방법)과 프랜시스 베이컨(Francis Bacon)에 의해 주창된 새로운 탐구방법(귀납적 방법)은 종전의 유기체적 세계관을 기계론적 세계관으로 대체시키는 데 결정적 역할을 담당했다. 자연질서를 이해하고, 자연과의 조화로운 생활을 영위하는 지혜를 만드는 것, '신의 영광을 위해' 추구되었던 과학적 목표가 자연을 지배하고 통제하는 지식을 획득하기 위한 것으로 전환된 것이다(Capra, 1984).

즉, 신의 마법에서 깨어난 인간은 스스로를 주체로 자각하기 시작하여 자연과 지배하기 위해 자연을 이용하는 법을 배우고, 계산 가능성 및 유용성의 범주에 귀속되지 않는 것은 의문시하며, 양화된 화폐 논리에 의한 등가원칙을 우선시하는 새로운 생활규범을 갖춰나가게 되는데(Adorno & Horkheimer, 2001), 여기에 산업혁명이라는 기술혁명이 가세해 분화를 기본 속성으로 하는 새로운 문명 단계로의 진전이 이루어졌다.

이 같은 새로운 문명의 출현을 '제 2의 물결'로 명명한 토플러는 산업혁명에 방점을 두며 인류의 두 번째 문명기를 진단한다. 새로운 사회체제의 출현은 새로운 발전양식의 출현과 관련이 있다고 본 카스텔 역시 산업적 발전양식의 등장을 산업주의로 요약되는 새로운 문명의 요체로 간주한다. 이러한 인식은 그들이 문명의 전제조건으로 간주하는 에너지 활용에 관한 설명으로부터 재확인된다.

새로운 에너지원의 발굴이나 사용양식은 잉여 증가의 근원이 되어 생산력 증가나 경제 성장을 추동한다. 인간이나 가축의 근력과 같은 생체적 힘(*animated power*) 이나 태양, 바람, 물 등과 같이 재생 가능한 자연 에너지를 활용했던 농업문명기와는 달리 산업문명기에는 석탄, 가스, 석유 등 일회적 화석연료에 대한 의존도가 높아졌다. 이때 특기해야 할 점은 새로운 에너지원의 사용이 산업혁명의 결정적 사건으로 알려진 증기기관이 발명되고 난 이후의 일이었다는 사실이다. 새로운 에너지 체제로의 이행이 엄청난 후폭풍을 야기한바, 화석연료의 활용 이후 톱니바퀴 · 나사 · 벨트 · 베어링 · 모터 · 기계 등이 생겨나 생체적 활동에 대한 의존도를 낮추는 생력화를 촉진시켰다. 또 산업문명은 기술적인 감각기관을 만들어 사람보다 훨씬 잘 듣고, 보고, 접촉하는 정밀도 높은 기계도 창조해냈고, 기계를 만들어내기 위한 기계, 즉 공작기계를 생산해냄으로써 기술의 모태 역할을 담당했다. 그럼으로써 한 지붕 아래 여러 가지 기계를 모아놓은 대규모 생산체제가 구축된 공장이 탄생하게 된다(Toffler, 2002; Castells, 2003).

뿐만 아니라 공장이라는 새로운 생산체제는 거대한 공업도시를 배태했고 새로운 제도, 새로운 문화 창출의 강력한 동인이 되었다. 그러나 산업문명기에 무엇보다 강조되어야 할 점은 테일러리즘(*Taylorism*) 및 포디즘의 등장과 함께 산업문명 패러다임이 정상(頂上)의 길로 접어들었다는 사실이다. 요컨대, 15~18세기에 걸쳐 이성과 진보에 대한 믿음, 기계론적 자연관과 명판성의 원리 등을 핵심으로 하는 계몽사상 및 과학혁명에 의해 태동한 산업문명은 추후 산업혁명, 자본주의의 발달 및 과학기술혁명에 의해 지속적으로 보강된 후, 테일러리즘 및 포디즘을 계기로 절정에 이르게 된다.

3) 탈분화문명 단계: 융합문명기

20세기의 끝자락은 새로운 혁명 담론으로 소란스러운 시기였다. 기계공장·정유공장·자동차공장·제철소, 공장 조립라인과 공장 노동자들, 용접과 압착기계들의 쉼 없는 움직임 등으로 상징되는 산업문명이 새로운 기술혁명과 더불어 밀려오는 새로운 조류들과 격돌하는 시기였다. 포스트모더니즘 담론, 탈산업사회론, 소비사회론, 정보사회론, 포스트포디즘 등과 같은 다양한 언설들은 새로운 문명 패러다임의 도래를 알리는 전령이자 징후라고 할 수 있다.

확정적 인과율이 지배하는 사회, 과학기술의 도구적 사용, 정확히 계산되고 측정되는 물질세계, 예측 가능한 미래, 확실한 경계 구분을 특징으로 하던 산업문명 양식이 이제 개방성 및 그에 동반한 복잡성·부정형성·비예측성·돌발성·우연성 등을 속성으로 하는 대안적 문명양식으로 대체되고 있다. 따라서 이원적 세계관의 해체에서부터 시공간의 변형, 지식의 통섭, 분할된 부문들 간의 경계 파괴 등을 특징으로 하는 새로운 문명적 경관이 현시되고 있다.

경계 짓기로 대변되는 분화적 패러다임에서 내파(*implosion*)를 근간으로 하는 융합적 패러다임으로의 문명사적 대전환은 근대성에 대한 성찰, 포디즘적 산업자본주의의 위기에 따른 자본주의의 재구조화 및 정보기술혁명이라는 사태들로 인한 결과라고 할 수 있다. 그러나 이들 중 융합문명 도래의 가장 결정적 요인 한 가지를 꼽자면 정보혁명을 들지 않을 수 없다. 정보혁명을 계기로 물질노동이 가치로 직결되던 산업주의 패러다임이 유효성을 상실하면서, 교환가치로서의 희소성을 대변하게 된 정보지식이 가장 중요한 사회적 자산으로 간주되는 새로운 시대가 출범했기 때문이다. 즉, 상품가치가 생산수단에 투여된 노동시간에 의해 평가되는 것이 아니라 해당 과정에 투여된 정보의 양에 따라 결정되는 시대로 전환된 것이다(Bell, 2006; Toffler, 2006).

나아가 무한한 접속을 가능케 한 디지털 기술의 확산으로 융합은 기술분야 전반에 걸쳐 본격화되기 시작하였다. 정보기술(IT)에 나노기술(NT), 생명기술(BT), 인지기술(CT) 등이 유기적으로 결합하는 기술의 전면적 융합은 기술적 차원을 넘어 조직·산업·제도·문화·의식 등의 기술 외적 영역으로까지 파급됨으로써, 융합문명으로의 패러다임적 전환을 가속화시켜왔다(NSF, 2002).

융합문명은 이질적 문명 요소들이 뒤섞여 혼재하는 잡탕 상황이 아니되, 그렇다고 다양한 문명 요소들이 균질적 상태로 귀일하는 동질화 경향을 지향하는 것도 아니다. 미디어 컨버전스의 사회문화적 파장을 탐구한 젠킨스는 융합이 단순한 결합을 의미하는 것이 아니라는 점을 각별히 강조한다. 합류적 힘이 지속적으로 작동하는 것이 사실이나, 동시에 그것은 항시 해체-분할-분절이라는 분화 과정과 역동적 순환관계를 견지한다는 것이다(Jenkins, 2008b). 따라서 융합은 분화와 통합의 변증법적 순환을 속성으로 한 일련의 절합(*condivergence = convergence + divergence*) 과정을 뜻한다고 말할 수 있다(최양수, 2005; 김문조, 2008).

4. 소결: 융합 논리의 재구성

현대사회의 화두는 융합이다. 기술·경제적인 차원뿐만 아니라 문화적인 차원과 의식적인 차원, 심지어는 신체적인 차원에 이르기까지 융합은 인류사의 한 장면인 새로운 문명 시스템을 통합할 수 있는 키워드로 떠오르고 있다. 이는 거시적인 사회구조 또는 체계의 변화와도 밀접한 관련성을 지닌다. 기술적 변화를 기축으로 하는 경제구조나 그와 상호의존적 관계에 있는 국가와 개인의 행위나 감정구조 등이 서로 조우하고 공변하면서 새로운 규범을 구축하고 있는데, 새로운 문명의 규범에는 융합 논리가 핵심을 이루고 있다고 말할 수 있다. 이때 재차 강조되어야 할 사항은 융합이 단순한 통합의 의미에 그치는 것이 아니라는 점이다. 융합은 통합이나 수렴이 아니라 오히려 양자 모두를 포괄하는 초분화 과정으로 해석됨이 적절하다. 그러므로 융합문명은 산업적 패러다임의 규범인 명확한 경계 설정을 지양해 초분화적 특성들을 널리 포괄하는 포섭적 개념으로 이해되어야 할 것이다.

따라서 융합문명기의 사회체계는 '융합적 논리'로 재구성될 필요가 있다. 융합문명에서 사회 속 개인들의 결합태들은 날로 복잡하고 다양한 양태를 띨 것이며 인간과 마찬가지로 여타 생명체, 사물, 그리고 기술체계 등도 융합문명의 진화과정에 중요한 주체로 포함될 것이다. 이런 점에서 융합의 논리는 무한한 개방성을 전제로 구성되어야 하되, 자명성의 상실로 인한 불확실성의 위험을 최소화하는 방향으로 정립되어야 할 것으로 본다.

제4장

융합문명의 시원

1. 정보혁명

1) 융합문명의 기술적 토대

탈근대 사회사상가 지그문트 바우만(Zygmunt Bauman)은 '유동성' 또는 '액체성'의 은유로 새로운 인류사적 변화의 물결을 포착한다. 이는 융합사회의 도래를 시사하는 표상어(表象語)이자 탈분화적 사회경관을 대변한 지시어라고 할 수 있다. 유체(*fluid*)는 쉽게 이동하는 속성을 지닌다. 그것은 흐르고, 쏠리고, 부어지고, 튀고, 뿌려지고, 엎질러지고 새어나온다(Bauman, 2009). 이러한 속성들을 함축하는 유동성이나 액체성은 고형성, 무거움, 견고성, 확정성 등으로 연상되는 이전의 고정적 관념이 이동성, 가벼움, 가변성, 편향성 등으로 연상되는 새로운 시대정신으로 대체되고 있음을 함축하는 표현이라고 하겠다.

'유동성 테제'(*mobility thesis*)로 응축할 수 있는 이 같은 거시적 동향은 그동안 높고 견고하게 쌓아올렸던 분리적 장벽을 허무는 내적 경계의 파괴, 요컨대 내파 효과의 소산으로 간주할 수 있다. 주체/대상, 공/사, 생산/소비, 일/놀이, 노동/여가, 일/학습, 인간/기계, 몸/정신, 가상/현실, 환상/실제 등, 이분(二分) 모형을 규정하는 담장을 허물어 용해되고, 흐르고, 흩어지고, 다시 섞이고, 재구성하고, 창발하는 움직임을 만들어내는 것이 바로 내파의 위력인 것이다. 이렇듯 내파라는 경계 해체의 물결이 개방성, 복잡성, 부정형성, 비예측성, 돌발성을 증대시킴으로써 새로운 문명 형태로서의 융합사회를 형성하게 된다.

앞에서 소개한 바와 같이, 융합사회는 사상적 차원에서의 새로운 움직임과 더불어 자본주의의 재구조화, 권력의 분산화, 문화적 다양화, 근대적 가치의 쇠퇴 등과 같은 다양한 요인들에 의한 복합적 결과로 풀이된다. 하지만 이들보다 더 원천적인 동인은 정보기술혁명이라 할 수 있다. 정보기술혁명이 일련의 기술적 상승효과로 이어졌고, 그것이 인류사적 궤도 수정과 새로운 판 짜기로 외연되는 강력한 파급력을 행사했으며, 정보기술에 내포된 기술적 논리가 당대의 표준을 설정하는 위력을 발휘하면서 사회구성적 원리의 기축으로 작용했기 때문이다.

2) 정보혁명의 역사적 의의

인류사회의 전환점을 마련한 주요 혁명들은 오랫동안 존속해왔던 기존 가정들에 도전하고 새로운 기법, 규범, 가치, 관계 및 생활방식을 요구하면서 사회구조를 재편성하는 위력을 발휘하였다. 농업적 생산양식으로의 변화를 초래해 노동과 자연자원(특히 토지)의 양적 증대 및 잉여적 농업생산물의 원천을 마련한 농업혁명은 땅이 모든 경제, 생활, 문화, 가족구조 및 정치 등의 기본이 되는 사회구성 원리를 만들어냈다. 또 필사문화를 인쇄문화로 탈바꿈시킨 커뮤니케이션혁명은 인간이 지식을 조직하는 방식을 재정의함으로써 인간의식의 성격을 전면적으로 변모시켰다. 한편, 증기기관이나 전력 등으로 상징되는 산업혁명의 물결은 생산과 소비의 분리뿐만 아니라 일과 여가, 학습과 노동, 성의 분리 등 인간의 삶을 양분하는 영향력을 끼쳤다(Toffler, 2002; Castells, 2003; Rifkin, 2003).

정보기술혁명은 산업문명을 구성하던 옛 가정들에 도전을 가해 인류사의 궤적을 뒤바꿔놓았다는 점에서 이전의 기술혁명과 기본적으로 다를 바 없다. 그러나 섬광과도 같이 즉각적으로 행사되는 파급력의 규모나 정도의 측면을 놓고 볼 때, 정보기술혁명은 과거의 기술혁명과는 변별되는 '특별함'이 있다. 그 특별함이 곧 융합을 핵심으로 하는 새로운 문명 패러다임의 출범 요건이 된다.

정보기술은 빛의 속도로 언제, 어디서나, 누구와도 연결되고 소통할 수 있는 생활혁명을 이끌었다. 정보기술은 물질적 존재인 인간이 임의로 넘나들 수 없던 시·공간의 제약과 소통조건의 제약을 해제하고, 세계를 더욱 조밀하고 촘촘하게 연결해 '네트워크 사회'를 축조했으며, 존재방식이나 생활양식을 신이나 인간이 아닌 컴퓨터 리듬으로 재조직함으로써 오랫동안 유지해왔던 세계관, 가치, 규범의 퇴출을 선언하고 나섰다.

정보기술혁명이 몰고 온 새로운 세계는 네트워크와 시・공간 압축 테제로 요약될 수 있는 정보기술 기반 사회라고 할 수 있다. 전술한 일련의 개념들로 미루어 알 수 있듯 정보기술은 경계를 해체함으로써 흐르고, 만나고, 섞이고, 재분화하고, 재구조화하고, 창발하는 속성들을 근원으로 하는 기술인바, 그러한 기술적 논리가 사회구성의 원리로 확산되고 있음은 정보기술의 역사를 통해 명백히 인증할 수 있다.

카스텔에 의하면 '정보 발생・처리・전송'은 정보기술의 핵심 요소이자 특성으로, 첨단 기술들이 정보기술 패러다임으로 수렴될 수 있는 근거가 된다는 것이다. 그러므로 전자공학에 기초한 기술의 역사를 구성하는 주요 기술 분야, 즉 극소전자공학, 컴퓨터, 원격통신 분야에서 일어난 혁신의 단계를 추적할 필요가 있다(Castells, 2003).

1947년에 발명된 트랜지스터는 마이크로전자기술혁명의 발단이 되는 대용량・고밀도 집적기술 발달의 단초가 된다는 점에서 우선적으로 언급할 만하다. 트랜지스터는 간섭과 증폭이라는 2진법 방식을 통해 빠른 속도로 전자신호를 처리할 수 있으며, 이로 인해 기계 내부와 기계들 간의 논리와 통신을 코드화할 수 있다. 이 처리장치는 흔히 반도체 칩이라 불리는 것으로, 이는 1951년 접합형 트랜지스터의 발명 → 1954년 최초로 실리콘 재료를 사용한 트랜지스터의 완성 → 1957년 집적회로의 개발 → 1957년 평면처리를 사용한 IC의 제조로 이어졌다. 또 다른 중요한 비약적 발전은 1971년 극소전자공학 보급의 핵심 기기인 마이크로프로세서의 발명을 통하여 나타났다. 집적회로보다 더 복잡한 마이크로프로세서는 수많은 회로 요소들을 통합하여 한 개의 칩으로 한 대의 컴퓨터를 감당할 수 있도록 만들었다(Castells, 2003; Hughes, 2008).

컴퓨터의 개념적 모태는 제 2차 세계대전 당시 튜링, 노이만, 위너로 대변되는 일군의 학자들이 내놓은 새로운 이론들이다(이에 대해서는 2절에서 자세하게 논의될 것임). 최초의 범용 컴퓨터는 1946년에 탄생한 에니악(ENIAC)으로 알려져 있다. 그러나 우리는 현대 컴퓨터의 논리적 구조를 확립한 노이만(John von Neumann)에 주목할 필요가 있다. '노이만 구조'(*Neumann Architecture*)는 중앙처리제어장치(CPU)를 중심으로 중앙집권식 명령처리를 하는 컴퓨터의 기본구조이다. 여기에서 그는 연산장치, 제어장치, 메모리, 입력장치, 출력장치 등의 5가지 구성요소와 2진수 사용, 전자식 작동, 순차적 연산실행 등 효율적 작동을 위한 방법을 핵심으로 하는 프로그램 내장방식을 주창함으로써 현대 컴퓨터 모델을 제시했다. 이러한 이론적 토대에 힘입어 1949년 EDSAC을 거쳐 1951년에 최초의 상업용 컴퓨터 UNIVAC이 만들어졌으며, 그로부터 2년 후 IBM사에서 진공관을 활용한 컴퓨터가 개발되었다(김남옥, 2012).

그런데 컴퓨터의 발전에 있어서도 1971년 극소전자공학 분야에서 일어난 마이크로프로세서의 발명은 '혁명 중의 혁명'으로 지칭할 수 있는 결정적 사건이다. 모든 곳에 정보처리 기능을 장치할 수 있는 마이크로프로세서는 1970년대 중반부터 확산되기 시작했다. 마이크로컴퓨터가

1975년에 개발되었고, 개인용 컴퓨터(PC)가 애플사에 의해 시판되었으며, 같은 시기에 마이크로소프트사에 의해 마이크로컴퓨터 운영체제가 생산되기 시작한 것이다. 또한 1981년에는 IBM이 새로운 마이크로컴퓨터를 소개하면서 개인용 컴퓨터(PC) 시대의 개막을 알렸다. 이후 개인용 컴퓨터의 성능은 급속히 향상된 반면 가격은 반감되면서, 정보기술은 급속하게 세계 전역으로 파급되었다(Castells, 2003).

그런 점에서 마이크로프로세서의 발명 시점인 1970년대를 정보기술 혁명의 태동기로 간주해야 한다는 카스텔의 입장 혹은 집적회로와 마이크로프로세서가 컴퓨터 및 소프트웨어의 발전과 상호작용하면서 실현되기 시작했다는 휴즈의 주장은 타당하다고 본다. 초기에는 과학자들이 거대한 계산기로서 제한적으로 사용했던 컴퓨터는 곧 무기와 산업 시스템을 위한 통제장치로 쓰였고 정보처리기로서 민간 영역에 확산되었다. 또 20세기의 마지막 20년에는 칩의 기능이 지속적으로 향상되면서 마이크로컴퓨팅 성능이 극적으로 향상되었다. 이처럼 마이크로컴퓨터는 디지털네트워크에서 컴퓨팅 능력을 공유함으로써 메모리와 처리 용량을 늘리는 능력을 갖게 되었는데, 그것은 1990년대의 컴퓨터 시대를 자료가 중앙집중 방식으로 저장·처리되는 시기에서 네트워크화된 쌍방향 컴퓨터의 성능을 공유하는 시기로 바꿔놓았다(Hughes, 2008; Castells, 2003).

요컨대 집적능력, 비트로 측정되는 기억용량, 메가헤르츠로 측정되는 마이크로프로세서의 속도의 결합에 의해 그 가치가 평가될 수 있는 칩 성능의 향상과 소형컴퓨터 및 개인용 컴퓨터의 발전과정은 긴밀하게 연동되어 있다고 볼 수 있다. 이러한 발전과정과 더불어 논의될 사항은 바로 디지털 스위치와 라우터 같은 '노드'(*node*) 기술과 전송 기술의 결합으로 혁명을 겪게 된 원격통신이다(Castells, 2003). 다양한 전자기술이 쌍방향 커뮤니케이션으로 융합하면서 정보시대의 가장 혁명적인 매체인 인터넷의 창조로 이어진 것은 이런 선상에서 이해될 수 있다.

인터넷의 기원이라고 할 수 있는 미 국방부 고등연구계획국(ARPA: *Advanced Research Projects Agency*)의 작업은 정보기술의 혁명적 파급효과를 증폭시키는 동인이 되었다. 아르파의 자금 지원으로 소형컴퓨터와 개인용 컴퓨터의 기능들을 아르파넷(ARPANET) 시스템과 상호 연결할 수 있는 새롭고 혁명적인 전자 커뮤니케이션 네트워크가 만들어진 것이다. 그것이 지속적 성장을 거듭해 현재의 인터넷이 되었다. 인터넷은 무엇보다도 TCP/IP의 사용으로 가능하게 되었는데, 이것이 향후 '게이트웨이' 기술로 발전하게 될 서로 다른 유형의 네트워크를 연결해 주는 상호연계 네트워크 프로토콜이었다. 여기에 랜(LAN: *Local Area Network*)의 등장은 컴퓨터 간의 쾌속한 연결을 가능케 하여 월드와이드 웹(WWW: *World Wide Web*)의 기초가 마련되었다. 이에 따라 1991년 이후 인터넷 사용이 급격하게 확대된 것이다(배식한, 2000; Hughes, 2008).

이처럼 정보기술의 주요 분야인 극소전자, 컴퓨터, 원격통신기술의 발전은 '정보 발생 · 처리 · 전송'의 기술적 논리를 공유하며 쌍방형 커뮤니케이션으로 융합하면서 그와 관련된 정보기술의 파급효과를 상승시켰다. 바로 이런 점에서 1970년대는 기술 발전의 중추적 전환점으로 간주되는데, 그 연장선에서 정보기술은 화학이나 생물에 기초한 나노기술을 사용해 칩을 만드는 작업이나 바이오컴퓨터의 개발로 이어졌다. 이러한 일련의 사실은 정보기술이 고립적이고 완결적인 기술이나 도구가 아니라 유연성, 확장성, 연결성, 창발성을 속성으로 하는 포섭적 기술이라는 점을 우리에게 각인시켜준다.

그러한 정보기술의 내재적 특성은 카스텔이 상정한 기술 패러다임 개념과 부합된다. 패러다임은 실행의 표준을 설정하는 개념 유형으로, 이는 상승작용을 일으키는 포섭적 성격을 지향하는 응집적 체계(*coherent system*)로 발견물을 통합한다. 말하자면 시스템의 개별 요소가 시스템의 부가가치가 되는 특성을 만들어내는 것이다. 기술 패러다임은 일정 노드를 중심으로 하여 일련의 새로운 기술적 발견과 개별 특수기술의 실행을 향상시키는 관계시스템을 조직하는데, 극소전자공학에 기반한 정보기술 패러다임이 소프트웨어나 유전공학 등에서 파생된 혁명으로 가능하게 된 정보가공과 의사소통 역량을 강화시킨 것들이 그 사례라고 하겠다. 어떻든, 컴퓨터와 디지털혁명은 정보기술혁명의 가장 직접적인 구현이라고 할 수 있는바, 극소전자, 소프트웨어, 컴퓨터, 정보통신, 디지털 커뮤니케이션 등이 사실상 동일한 통합시스템의 방계 요소들이라고 할 수 있다(Castells, 2009a; 김남옥, 2012).

따라서 정보기술혁명은 독립적이고 고립된 개별 기술에 한정되거나 완결된 결과가 아니라, 확장적, 진행적인 '과정지향적' 기술이라는 점이 강조될 필요가 있다. 때문에 그것을 끊임없이 연계되고, 해체되고, 재구성되는 개별 기술들의 유연한 복합적 시스템, 곧 정보기술을 중심으로 조직되는 새로운 '기술 패러다임'으로 인식함이 적절하다. 이렇게 볼 때 현재 우리가 경험하는 정보기술혁명은 극소전자공학 보급의 핵심기기인 마이크로프로세서가 발명된 1970년대를 기점으로 태동했다고 말할 수 있다. 즉, 엄청난 메모리 능력과 정보처리의 정확성 및 신속성을 특징으로 하는 마이크로프로세서가 주도한 디지털 기술혁명이라는 사건을 분수령으로 한 기술사회적 변혁으로 간주함이 마땅하다.

3) 정보기술의 특성

정보혁명은 그 바탕이 비록 지적인 것이라 하더라도 구상적(具象的) 인 것으로 상징화된다. 다니엘 벨(Daniel Bell) 은 탈공업화 사회를 특징짓는 것이 컴퓨터라는 점을 분명히 한다. 전기가 19세기 후반을 변화시킨 동인이라고 한다면, 컴퓨터는 20세기 후반을 변화시킨 상징물이라고 할 수 있다. 전기가 빛, 동력, 통신의 원천으로서 인간의 사회적 결합이나 상호작용의 범위를 확대함으로써 사회적 밀도를 증대시켜 대중사회를 만들었다면, 컴퓨터는 사회적 상호관계의 증대에 따라 지수적 신장세를 보이는 여러 가지 거래를 명령하고 처리함으로써 대중사회를 관리하는 도구가 되었다고 말할 수 있다(Beniger, 1986; Bell, 2002).

전자정보화나 전자 커뮤니케이션은 정보기술혁명의 단초가 된 새로운 기술 시스템의 급속한 진화과정에 발을 딛고 살아가는 인류의 현대적 삶의 모습을 명증하게 드러내는 압축적 사례이다. 이는 마이크로전자 기반의 정보기술이 일으킨 사회적 파장뿐만 아니라 정보기술만이 내재하는 특별함에 대한 표현이기도 하다. 물질적, 정신적 삶의 영역에 일대 변화를 몰고 온 정보기술의 파급력은 예전의 기술혁명과 다를 바 없다. 그러나 새로운 정보-커뮤니케이션 기술은 인쇄, 전신 또는 아날로그 전화와 같은 이전의 정보와 커뮤니케이션 기술과는 근본적으로 다른 특별함이 있으며, 그것이 우리 삶의 조건, 관계 방식 및 세계관을 재조직하는 원리가 되고 있다. 그런 점에서 정보기술혁명의 특별한 능력에 대한 고찰은 융합사회의 기원과 진전과정에 대한 분석으로 이어지는 가교가 될 것으로 본다.

카스텔은 정보기술혁명의 특별함을 다음 세 가지로 요약한다. ① 디지털 전자기술 덕분에 정보용량뿐만 아니라 정보가공 속도가 유례없이 증가하였다는 점, ② 디지털로 된 것은 무엇이든 어디서나 연결시키고 재결합할 수 있는 접속적 능력을 지니고 있다는 점, ③ 그리고 정보기술혁명이 배태하고 있는 유연성이 그것이다(Castells, 2009a). 이 같은 정보기술의 특이성은 이 패러다임의 구조와 진화에 주요한 역할을 하며, 혁신과정과 사회조직의 과정 간 접합에 그 내적 논리의 물질성을 부여한다. 카스텔을 원용해 정보기술이 지니는 이 같은 특성들을 기술적 시스템으로 확장하면, 그 특징은 다섯 가지로 요약된다. ① 정보가 이 기술 시스템의 원재료라는 것, ② 신기술의 파급성 — 창조적 상승작용을 발생시킨다는 점, ③ 네트워킹 논리와 관련된 것으로 복잡성과 불확실성의 증대, ④ 유연성, 즉 재구성 능력, ⑤ 특정한 기술들이 정보 시스템으로 통합되고 있다는 점이다(Castells, 2003).

실제로 극소전자공학, 원격통신, 광전자공학, 컴퓨터는 대부분 디지털 정보 시스템으로 통합되고 있다. 또 재료나 방법론 측면에서 생물학적 혁명과 극소전자공학 혁명이 상호의존하게 되면서 기술의 수렴현상이 확대되고 있다. 즉 엄청난 컴퓨팅 덕분에 인간 유전자 혹은 인간 DNA 환절(環節) 해독과 같은 생물학 연구에서의 결정적 진보가 이루어질 수 있고, 나노 테크놀로지 덕분에 인간을 포함한 살아 있는 유기체 안으로 미세한 마이크로프로세서를 투입할 수 있게 되었다. 근자에 생물학의 논리가 점차 전자기계에도 도입되고 있는데, 박테리아를 해킹하여 재생 능력이 있는 전자회로로 기능할 수 있게 하는 시도들, 인공신경네트워크 이론에 기초한 온라인상의 임의적인 뇌전도(EEG) 신호를 통해 정신 상태를 감지하는 적응적 두뇌 인터페이스의 이용에 의존하는 인간-컴퓨터 상호작용에서의 최신 연구 분야 등은 정보 패러다임에서 상이한 기술 영역 간에 수렴이 진전되는 양상을 알려주는 적절한 사례들이라고 하겠다(Castells, 2003; 김남옥, 2012).

이처럼 마이크로전자기술에서 촉발된 정보기술 패러다임은 점차 그 범역이 확대되어 거대 규모의 기술 시스템을 이루고 있다. 그런데 이러한 정보 패러다임에서 상이한 기술 영역 간에 수렴이 지속될 수 있는 것은 정보 발생의 논리를 공유하는 데서 비롯된다고 할 수 있다. 우선 텔레커뮤니케이션과 텔레프로세싱이 하나의 형태로 융합되고 있는 미디어 영역에서 식별할 수 있듯, 컴퓨터가 통신 네트워크에서 교환장치로 이용되고 전자통신시설이 컴퓨터 자료처리 서비스의 실제적 요소가 됨으로써 정보처리와 통신은 서로 구분하기 어려워지고 있다. 위성(기상, 정보 탐색 등), 라디오/TV 송신기, 원격 라디오/TV 수신, 이동무선전화, 원격통제, 원격검침, 원격사진전송, 텔레타이프, 신문, 컴퓨터를 통합하는 컴퓨니케이션 네트워크는 기술 융합을 알리는 전형적 사례에 속하는데(Bell, 2002), 이는 무선 신호나 유선을 통하여 전달되는 코드화된 정보를 공유할 수 있다는 점 때문이라고 할 수 있다. 이러한 논리는 특히 DNA 작동과의 관계에서 명증하게 드러난다. 칩, 컴퓨터, 소프트웨어가 속도, 저장능력 혹은 여러 처소에서 출원한 정보를 유연하게 처리할 수 있는 최첨단 능력을 갖추게 되면서, 이것이 유기체의 정보 시스템에 복제되고 있다. 수십억 개의 회로와 비교할 수 없는 재구성 능력을 통해 인간두뇌를 복제하려는 시도는 아직은 공상과학소설에서나 찾아볼 수 있는 일이다. 하지만 시시각각 향상되는 컴퓨터의 능력은 언젠가 이러한 시도가 성공하는 날이 도래할 것이라는 기대감을 높여주고 있다. 이는 "컴퓨터는 경제자원이기보다 관리와 조정의 '언어'이다"라는 리프킨의 언명을 뒷받침하는 근거가 된다. 가공되지 않은 유전자 자원을 분리, 다운로드, 조직, 번역, 편집, 그리고 프로그램 하는 데 정보기술이 긴밀히 연관될 것이 확실하기 때문이다(Castells, 2003; Rifkin, 2003).

그런 점에서 정보기술혁명은 미디어 기술의 융합뿐만 아니라 생명공학기술, 나노기술, 나아가 각 개별 기술 내부나 그들의 접점에서 파생되는 많은 개별 기술들을 수렴하는 것들, 또 그와 관련된 '사회적인 것'들로 얽힌 거대 규모의 기술 시스템을 구성하고 있다고 볼 수 있다. 특히 상이한 기술들이 만나고, 섞이고, 변화하고, 거듭날 수 있는 기술적 토대는 정보를 부호화하고 코드화하는 공통의 디지털 언어가 그들의 공유지인 디지털 영토를 구축해가는 능력에 기인한 것이다.

디지털 기술 특유의 언어구조와 논리구조는 정보기술 시스템이 확장되고 창발할 수 있는 잠재력이며 기술포화적 사회를 구축하는 데 가장 큰 힘으로 작용했다. 그들은 튜링의 추상기계의 상상과 노이만의 구체적 실현, 그리고 현재 우리가 사용하는 정보의 개념, 피드백과 소통이라는 사이버네틱스 논리에 함축되어 있다. 따라서 오늘날 정보기술혁명의 지적 기초가 되는 컴퓨터의 본성이자 정보패러다임을 움직이는 핵심논리, 곧 정보기술사회의 규약이라고 할 수 있는 디지털 기술의 특성들을 면밀히 살펴볼 필요가 있다.

2. 디지털 기술

1) 추상적 개념기계의 현실적 구현

먼저 정보기술혁명의 전령에 해당하는 컴퓨터 기술의 유래와 본질부터 개관해보자.

찰스 배비지(Charles Babbage)가 '지능을 갖춘' 정보기계를 만들어낼 수 있다는 아이디어를 제시한 후 클로드 섀넌(Claude Shannon)의 디지털 논리회로 등을 포함한 수많은 발견과 발명이 후속되었다(Postman, 2001; 김남옥, 2012). 그러나 오늘날 통용되는 컴퓨터가 제작될 수 있는 결정적인 돌파구를 마련한 사람은 앨런 튜링(Alan Turing)이다. '튜링 머신'이나 '튜링 테스트'로 대변되는 튜링의 새로운 착상은 정보기술혁명의 신호탄이었다고 할 수 있다. 그것은 현대의 컴퓨터에 이르는 결정적인 돌파구요, 인공지능의 서막이었다고 평가되기 때문이다.

우선, 튜링은 단 두 가지 기호, 0과 1로 구성되는 코드가 무한정한 프로그램을 고안하고 수행할 수 있다는 '튜링 머신'을 가정함으로써 현대적 컴퓨터를 개념화했다. 이 순수이론은 세계대전 기간 동안 암호분석법, 메시지의 인코딩·디코딩 이론에 투자하던 영국 정부의 비밀정책에 접목되어 독일인의 암호 해독에 활용되었고, 그 과정에서 탄생한

많은 장치들로부터 최초의 일렉트로닉 2진법 디지털 컴퓨터('맨체스터 MK1')의 생산으로 이어졌다. '추상에서 표상으로'의 이행이 단행된 것이다. 튜링의 개념적 구상의 구체적 실현은 미국에서 더 많이 이루어졌다. 미국은 제 2차 세계대전 중 컴퓨터 프로젝트 과정에 연구력을 투자함으로써 최초의 컴퓨터 에니악(ENIAC)을 개발했는데, 이 과정에 참여한 폰 노이만에 의해 현대식 컴퓨터(프로그램 내장방식)가 구현되었으며, 그것을 계기로 컴퓨터의 혁명이 후속되었다.

'튜링 테스트'는 '인공지능[1]의 개념화'라는 점에서 큰 의미를 지닌다. 튜링은 '지능기계'에 관한 보고서(1948)에서 지능을 갖춘 컴퓨터를 예견, 이를 확신시켜줄 실험으로 '튜링 테스트'를 제안했다. 이는 인간과 기계의 커뮤니케이션을 기준으로 기계의 지능 존재 여부를 판별하려는 것이었다. 따라서 컴퓨터의 반응을 인간과 구별할 수 없다면 컴퓨터는 지능적이라 할 수 있다는 결론에 이르게 된다. 이는 뇌의 작용모델에 대한 다양한 연구와 마음의 논리적 과정에 대한 연구에 영향을 주었고, 이후 디지털 기술의 잠재적 능력과 함께 발전해갔다(Gere, 2006).

단순한 계산기에서 '지능 있는 기계'로의 도약을 위한 튜링의 꿈은 개인용 컴퓨터와 인터넷의 창조, 그리고 여러 정보처리 기기를 통한 전면적인 컴퓨팅 등 핵심기술 간 상승작용을 촉발, 기술적 발전과 확산을 가져왔다. 그리고 이는 생명공학기술이나 나노기술 등과 접목되어 강력한 기술혁명을 이끌고 있다(김문조, 2011b).

1) 실질적으로 인공지능이라는 용어가 등장한 것은 1956년이다. 수학자 존 맥커시가 "인공지능 하계 연구 프로젝트"라는 컨퍼런스를 기획한 것이다.

2) 정보이론과 사이버네틱스의 만남

제 2차 세계대전은 2진법 디지털 일렉트로닉컴퓨터의 발명뿐만 아니라 사이버네틱스, 정보이론, 일반시스템이론, 분자생물학, 인공지능, 구조주의 등 주목할 만한 연구를 발전시킨 기폭제였다. 그들은 컴퓨터 기술이 이해되는 방식 대부분을 향도했으므로 컴퓨터의 발전사에서 실로 중요시된다(Gere, 2006). 특히 클로드 섀넌에 의해 발전된 정보이론과 노버트 위너(Norbert Wiener)가 대중화시킨 사이버네틱스 이론은 정보-커뮤니케이션 시대, 즉 정보 패러다임의 논리를 이해하는 데 중요한 의미를 지닌다. 그들은 상이한 기술들 사이를 응축하고 세계를 조직화하는 방법과 세계를 개념화하는 방법들을 결집시킴으로써 새로운 기술시스템의 형성에 결정적인 영향을 끼쳤다(김남옥, 2012).

클로드 섀넌에 의해 창안된 정보이론 역시 정보기술 시스템의 작동원리를 이해하는 핵심적 요소로 간주된다. 소음과 잉여성의 대립 속에서 엔트로피와 정보의 개념을 수학적으로 정의한 섀넌은 메시지의 원천, 전송을 위해 메시지를 인코드하는 장치, 메시지를 전송하는 채널, 그 메시지를 디코드하는 장치, 그리고 메시지의 도착 같은 요소들로 구성되는 커뮤니케이션 과정의 선형적 도식을 개발했으며, 모든 통신기술의 전송 속도를 측정 가능하게 하는 정보량의 단위인 '비트'(*bit*)를 처음으로 제시했다. 그의 정보이론이 끼친 영향 중 하나는 '명백한 의미를 전달하는 합리적 진술, 즉 사실(*fact*)'을 지칭하던 것에서 '통신 채널을 통해 전송되는 코드화된 모든 것'으로 정보의 의미 변화를 선도했다는 점이다. 즉 정보란 그 대상이 지닌 의미와 상관없이 코드화된 메시지 교환의 양적 단위인 비트들의 조합에 불과한 것으로 인식되어, 전달된다는 이유만으로 모두 동일한 정보로 여겨지게 되었다. 그럼으로써 우주에 존재하는 모든 것들을 정보로 간주할 수 있게 된 것이다. 다른 하나의 영향은 섀넌의 정보이론이 기술 개발을 촉진하는 강력한 도구가 되었다는 점이다. 컴퓨터의 급속한 발전에서 텔레커뮤니케이션, 전보, 라디오, 텔레비전 테크놀로지의 발전뿐만 아니라 피드백 신호를 사용하는 서보-기계 장치와 컴퓨터의 진보와 확산 과정에까지 섀넌의 정보이론이 매우 유용하게 활용되었다. 특히 2진법 논리에 대한 그의 강조는 효과적인 커뮤니케이션 시스템을 구축하는 데 기여했으며 인지과학, 생물학, 언어학, 심리학, 경제학, 물리학 등에서 응용되었다(Gere, 2006; Roszak, 2005).

섀넌의 정보이론 공식에 따르면 뇌와 신체기관 사이의 연결도 일종의 커뮤니케이션이며, 나아가 사회를 이루는 인간들 간의 소통도 결국 정보의 교환과정으로 볼 수 있다. 처음에 정보통신 영역에 국한되었던 정보이론은 이러한 방식으로 점차 자연과학의 다른 분야, 나아가 인문과학, 사회과학 및 미학에까지 파급되는 등 그 적용 범위를 확장시켰다. 이는 찰리 기어가 섀넌의 정보 개념으로부터 정보 테크놀로지 관념을, 나아가 그 관념으로 인해 발생한 정보사회 관념을 얻는다고 주장하는 근거가 된다(川野洋, 2008; Gere, 2006).

정보이론과 거의 동시적인 발전사를 지닌 사이버네틱스 또한 정보기술 시스템을 구성하는 핵심원리의 하나에 해당한다. 사이버네틱스 이론은 섀넌이 만들어낸 새로운 학문 분야, 메시지를 연구대상으로 하는 정보이론을 흡수, 확장시켰다.[2] 전체 세계를 재조직하기 위한 통합 이론과 방법론적 도구로 사이버네틱스를 파악한 위너는 통제, 피드백, 소통과 관련된 이론들을 '사이버네틱스'라는 이름으로 정리했다. 1948년 동물과 기계의 소통 문제를 다룬 《사이버네틱스 혹은 동물과 기계에서의 통제와 소통》(*Cybernetics: Or, Control and Communication in the Animal and the Machine*)에서 드러나듯 위너가 특히 큰 관심을 가지고 있었던 것은 기계 명령어와 인간의 언어 및 행동의 유사함이었는데, 그는 자동화를 '피드백'(*feedback*) 개념의 출발점으로 삼았다. 피드백이란, 간단히 말해 어느 기계의 행동 결과를 그 기계에 다시 집어넣을 때 얻게 되는 결과를 말한다. 피드백을 통하면 기계가 어떤 고정된 명령만을 다루는 것이 아니라 상황에 따라 대응할 수 있기 때문에 대개의 경우 피드백은 매우 바람직하다 할 수 있다. 기계와 인간이 메시지를 매우 유사한 방법으로 처리한다는 위너의 피드백 개념이 매우 중요한 개념으로 자리 잡게 된 것이다. 위너가 사이버네틱스에 대한 설명에서 사이보그를 일종의 중계국으로 설명하고, 인간의 몸을 기계장치를 성공적으로 조작하기 위해서 정확한 신호를 재생산하는 통신네트워크로 상정한 것으로 미루어 볼 때, 그에게 사이버네틱스란 무엇보다 인간과 기계의 행

2) 실제로 컴퓨터 개발과 정보이론, 사이버네틱스 이론은 상호 연관성을 지닌다. '은유'가 이들이 만날 수 있는 연결고리인데, 이는 정보 발생을 낳은 원동력이다. 정보 발생은 코드화된 정보의 상호교환과 커뮤니케이션, 자기조직의 논리로 모아지며, 이는 또 컴퓨터라는 도구의 효율적인 운용원리로 작용한다는 점에서 서로 중첩적 · 소통적 관계에 있다는 것을 말해준다. 또 인공두뇌학 혹은 통제라는 개념을 연구하면서 그것을 보급하는 데 선도적 역할을 한 사이버네티션 그룹은 학제적 성격을 띠고 있었는데, 위너, 노이만, 섀넌 등도 여기에 참여하였던 사실로 미루어 컴퓨터, 정보, 사이버네티션은 서로 결합되어 있음을 짐작할 수 있다.

동을 모두 피드백에 의한 통제라는 단일한 원인으로 기술함으로써 인간과 무생물의 경계를 흐리게 하는 것이었다고 할 수 있다. 이것이 섀넌의 정보이론과 결합하면서 생물학 분야에 큰 영향을 끼쳤다. 특히 사회생물학은 동물과 같은 유기체들의 세계를 사이버네틱 기술체계로 생각했고, 유기체들의 상호작용을 사이버네틱 부품들 간의 정보의 전달과 통제로 바라보게 되었다. 그 결과, 항상성이라는 생리학적 원리에 기반한 유기체 세계는 피드백과 정보전달이라는 공학적 원리에 기반한 사이버네틱스의 세계로 대체되었다(Macrone, 2005; Rifkin, 2006; 홍성욱, 2006).

3) 디지털 기술논리

튜링과 노이만, 그리고 섀넌과 위너의 수학적 추상론과 정보에 대한 은유는 정보기술을 핵심으로 하는 거대한 기술체계를 구축하는 핵심 논리를 제공하였는데, 이 기술체계는 '전능성'을 내세운 견고한 진지를 구축해 지적, 도덕적, 문화적 헤게모니를 장악함으로써 우리 삶에 강고한 지배력을 행사하는 기술주도 시대를 열었다. 특히 모든 정보를 이원적 부호체계로 처리, 전달, 재구성할 수 있다는 디지털 기술의 논리와 통제이론의 중심 개념인 피드백을 중추로 하는 사이버네틱스 원리는 정보라는 것을 무한히 확장하고 창발시킬 수 있다는 확신을 바탕으로 한 정보혁명의 이론적 기반을 구축했다.

이원적 부호의 조합으로 표준화할 수 있는 디지털 기술은 2장에서 상술한 무한반복성, 복원성, 가공성 등의 엄청난 잠재적 효과를 내포하고 있다. 게다가 디지털 기술세계에서 통용되는 중복(*redundancy*) 개념은 '노이즈가 있는' 조건들에서 작동하도록 의도된, 즉 메시지 전송을 이중 체크할 수 있도록 고안된 데이터 요소들인 '중복 체크 비트'(*redundant check bits*)를 사용하는 커뮤니케이션 시스템을 축조하는 데 기여했다. 피드백과 자기-조절 이슈에 대해 특별히 관심을 지닌 위너의 정보와 피드백 개념에 대한 연구에서 드러난 사이버네틱스 개념도 기계와 유기체의 유사성에 대한 착상으로 과학과 인문학 영역에 큰 영향을 끼쳤는데, 우리는 통제, 소통, 정보 간의 관계를 탐색하는 사이버네티션들의 통제와 피드백에 대한 담론과 상상력 넘친 사고에서 그 점을 엿볼 수 있다(Gere, 2006; Hughes, 2008; 김남옥, 2012).

이처럼 서로 다른 양상에서 존립할 수 있도록 구성된 개념 기계에 대한 상상이 데이터를 저장하고 서로 다른 과업을 수행할 수 있도록 재구성된 디지털 2진법 기계들의 출현에 이르게 된 결과는 향후 복합적이고 유연한 시스템을 개발하는 방향으로 전개되어 복잡한 정보 커뮤니케이션 기술의 발전으로 이어졌다. 특히 체계와 환경 간의 상호 교류를 전제로 투입과 산출의 흐름이 작동하는 개방시스템 모형을 제안한 루트비히 폰 베르탈란피의 일반시스템이론(*general system theory*)은 분자생물학 및 의식과 지능연구 영역에 적극 활용되어 생명체-생태시스템의 관계에 대한 탐구로 확장되었는데(Gere, 2006), 그러한 확장작업은 여전히 진행 중이다(김남옥, 2012).

컴퓨터가 역동적인 생명계를 다루기 위한 적당한 통신수단이 되는 것은 컴퓨터 명령어를 넘어선 '운용언어'에 달려 있다고 할 수 있다. 이는 제임스 왓슨(James Watson)과 프랜시스 크릭(Francis Crick)이

DNA 이중나선 구조를 기술하기 위해 사용한 언어에서 명시적으로 드러난다. 왓슨과 크릭은 DNA 분자구조 속에 깊이 감추어져 있던 '유전자 코드'(*genetic code*)를 밝혀냄으로써 가장 중요한 문제를 해결했다고 선언했다. 이때 사용된 '코드'(*code*)란 용어는 생물학자들의 발견이 '코드화'(*encoding*)와 직결된 정보이론과 연관된 것으로, 제 2차 세계대전 중 독일군의 암호를 해독하기 위해 영국에서 처음 사용되었던 초창기 컴퓨터의 쓰임새를 상기시켜준다. 왓슨과 크릭은 연이어 DNA 안에 코드화된 정보가 신체 내부의 모든 물리적 반응을 통제하고 있으며, 이중나선구조로 이루어진 코드들은 디코딩(*decoding*)되어 마치 컴퓨터의 기억장치가 자료를 처리하는 것처럼 비트 단위로 읽혀질 수 있다는 내용을 골자로 하는 서적을 출간했다. 이 책도 DNA 분자구조를 화학적으로 코드화된 자료들을 저장하는 미세한 인공두뇌 장치와 유사한 것으로 보고 있음을 알려준다. 이처럼 생명공학은 애초부터 정보 컴퓨터 패러다임의 도움 없이 독자적으로 발전하기 불가능할 만큼 정보과학의 언어 및 이미지들과 긴밀한 연관관계를 맺고 있다(Roszak, 2005).

생명을 'DNA 프로그램'으로 인식하기에 이른 첨단 기술들은 따라서 새로운 기술현장에 눈뜨게 된다. 지리적 범역을 초월한 영역 개발과 자동차의 대량생산 현장에서 질량도 에너지도 아닌 '정보의 건축'이 일어나고 있다는 점이 바로 그러한 사실을 뒷받침한다. 특히 생명체 내부는 오늘날 첨단 기술이 가장 선호하는 새로운 '개발현장'이 되고 있다. 이는 우주라는 무한대의 공간이나 공장이라는 효율성의 공간을 근간으로 한 근대기술을 넘어 생명체를 구성하는 기관들과 세포들에 관한 무한소의 공간으로 돌입하는 새로운 기술현장의 확장을 시사한다.

요컨대 오늘날 기술은 디지털 정보기술 시스템으로 고도화하여 우주나 산업현장을 넘어 생명체 내부 기관과 세포들을 잘라내고, 땜질하고, 두드리고, 조립하고, 대체하면서 생명의 진화운동을 장악하고 있다. 가장 거시적인 우주에서 가장 미시적인 유전자에 이르기까지 디지털 기술로 촘촘히 채워지고 있는 것이다. 무한대의 우주와 무한소의 생명체 내부를 온통 전자 커뮤니케이션화함으로써 우주를, 지구를, 신체를 전자적 통신매체로 전환시키고 있는 것, 이것이 디지털 기술 패러다임의 놀라운 특성이라고 할 수 있다.

이 점은 공간을 가로질러 추상적인 데이터들, 즉 우주적인 거리에도 불구하고 완벽하게 찍힌 사진들을 수신, 가공, 전송하는 능력(Jonas, 2005), 유전자의 정보를 코드화(*encoding*) 하여 유전자를 임의적으로 재배치하는 특수가공 능력과 관련이 깊다. 이러한 디지털 기술혁명은 나노기술, 생명공학기술, 정보기술 등 첨단 기술의 융합화로 진전되고 있으므로 그들 기술에서 개별 기술을 분리하고 구분하는 것은 무의미해진다. 예컨대 오늘날 디지털 정보는 아주 보편적이고도 특별한 상품이 되어 가장 미세한 신체의 세포 수준까지 전자매체로 전환시킨다. 이제 우리 몸은 디지털화한 전자적 인공물을 입고, 접속하고, 이식함으로써 지역과, 세계와, 우주와 연결하는 중요한 미디어가 되고 있다. 우리의 신체는 융합기술이 집결하고자 하는 최종 지향점으로서, 점차 몸 자체가 디지털 데이터들을 수신, 가공, 전송하는 능력을 갖춰나가고 있는 것이다. 〈그림 4-1〉은 우리 몸이 디지털 논리로 다뤄지고 있음을 보여주는 가장 압축적 정경의 하나인 빈센조 나탈리(Vincenzo Natali) 감독의 영화 〈스플라이스〉(*Splice*, 2009)의 주인공 '드렌'의 모습이다.

〈그림 4-1〉 영화 〈스플라이스〉의 한 장면

주인공 드렌은 과학자 커플이 '난치병 치료용 단백질'을 만드는 실험을 거듭하던 중 인간 유전자와 조류, 양서류, 파충류, 갑각류 등 다종(多種)의 유전자 결합으로 탄생한 '키메라'이다(김남옥, 2012). 이는 우리 몸이 정보로 간주되어 해체되고 재조합될 수 있는 디지털 논리로 다뤄지는 기술 유토피아의 미래상을 여실히 반영한다.

3. 디지털시대의 기술사회구성체

이상의 논의를 통해 우리는 광대한 우주에서 미세한 세포에 이르기까지 디지털 정보기술 패러다임의 영향력하에 놓이게 된 배경을 개관하였다. 다양하고 이질적인 개별 기술들로 구성된 디지털 기술 시스템의 원리가 우리의 삶을 조직하는 근본적인 원리와 삶의 조건이 되면서, 정보는 이제 새로운 시대정신의 대변자가 되어간다. 한스 크리스천 폰 베이어(Hans Christian von Baeyer)가 묘사하듯, 정보는 보이지 않고 만질 수 없는 전자 비와 같은 형태로 조용하고도 끊임없이 우리에게 강하한다. 대기에 가득한 전파 속에 암호화된 정보는 우리의 집과 벽을 통과하고 우리의 신체마저 관류한다. CNN 뉴스, 오스트레일리아의 토크쇼, 독일의 연속극, 멕시코의 영화, 한류 스타들의 뮤직비디오 등 온갖 것들이 전파 속으로 편입된다. 물론 어떤 전파 신호는 수정처럼 선명하고, 어떤 신호는 투과할 수 없는 잡음 속에 묻혀 있으나, 작은 안테나를 세우고, 안테나가 수신하는 섬세한 신호를 증폭하고, 그 신호를 소리와 빛으로 변환하면 정보로 수취할 수 있다. 실제로 라디오와 텔레비전 방송 외에 비행기 조종사, 항해사나 아마추어 무선사의 교신, 엄청난 양의 휴대폰 통화, 군대의 비밀통신, 과학위성과 우주선에서 오는 전파, 차고를 열거나 텔레비전을 켜기 위해 사용하는 수많은 리모컨에서 나오는 전파 등이 우리 주변에 상존한다. 사람들은 세계 전역에 산재한 무수한 전자 메모리들로부터 자신의 컴퓨터로 쏟아져 들어오는 정보의 흐름을 포착할 수 있다. 흐름마저 한계에 도달한 정보는 케이블과 광학섬유를 뛰쳐나와 우리를 둘러싼 무선통신과 합류해 '빅 데이터(*big data*)

시대'를 열어간다. 따라서 좋든 싫든 혹은 알든 모르든 세상은 이제 디지털 세계로 달려가고 있다(Baeyer, 2007).

이러한 정경을 하이데거주의자 돈 아이디(Don Ihde)의 진술을 원용해 표현하자면, 우리 생활환경은 이제 정보기술의 실로 짜인 기술포화적 세계, 즉 '정보기술권'(*information-technosphere*)으로 변모하고 있다(Ihde, 1998). 정보기술권은 현대인들에게 대기권과 동등한 비중을 차지하는 생존조건이 되어간다. 따라서 정보기술을 중심으로 한 기술사회 패러다임이 우리가 생산하고, 소비하고, 관리하고, 생활하며, 꿈꾸고, 죽는 방식을 개편하고 있으며, 그에 따라 컴퓨팅, 네트워킹, 연결망들의 연결망, 복잡성, 유연성, 피드백, 잡종성, 창발성 등으로 발현되는 디지털 논리가 새로운 사회질서의 기축이 되어간다. 요컨대 디지털 원리에 의거한 새로운 기술 시스템의 지수함수적 발전이 세계를 기술로 감싸면서 우리 삶에 지배력을 행사하는 기술헤게모니 시대를 추동한다. 따라서 개방성, 유연성, 복잡성, 잡종성, 창발성이 가중될 융합시대의 사회질서는 디지털 파워(*digital power*)를 통해 구현되고 있다고 말할 수 있다.

1) 디지털 파워와 권력 이동

디지털 파워의 핵심은 모든 투입물을 공통의 정보체계로 변형시켜, 어디서든 가능한 검색 및 전달 네트워크를 통해 대규모 정보를 다수에게 신속·저렴하게 제공할 수 있는 능력에 있다(Castells, 2003). 이는 오늘날 유망기술로 꼽히는 나노기술, 생명공학기술, 정보기술, 인지공학

기술 등과 같은 개별 기술들이나 그들의 접점에서 파생되는 기술들을 하나의 통합적 기술 패러다임으로 수렴시키는 요인이기도 하다. 이때 주시할 점은 상이한 기술 영역 간에 수렴이 계속되며 끊임없이 확장하고 창발하는 양상은 정보 발생을 공유하는 데서 비롯된다는 사실이다.

실제로 현대의 주요 첨단 기술들은 논리구조나 방법론적 측면에서 많은 유사성을 공유하면서 상호의존성을 키워나가고 있으며 이들이 전파하는 메시지도 '정보'라는 단일 개념으로 수렴되고 있다. 이는 정보 발생을 야기하는 디지털 언어라는 공용어가 있고, 이들이 만나고 소통되고 교차하고 교환되고 조합될 수 있는 디지털 공유지가 존재하기 때문에 가능한 것이다. 여기에 주어진 정보를 해독하여 분리하고 조작하여 끊임없이 재구성하려는 '기술적 의지'가 가세해 무한 잡종지대가 형성되어 쉽게 예측하기 힘든 창발의 세계를 구축한다. 그러므로 멈출 수 없이 지속되는 복잡한 시스템을 형성하고, 이질적인 요소들을 네트워킹하고, 피드백하고, 확장하고, 창조하는 융합사회의 발현은 디지털 기술에 내재한 능력에 기인한 것이라고 말할 수 있다.

0과 1의 무분별한 조합은 결코 정보가 아니다. 그들이 특정한 형태로 조직될 때 정보가 발생한다. 이는 물 분자들이 특정한 패턴으로 배열될 때만 빗방울과 구름과 얼음과 강물이 생겨나는 현상과 마찬가지로, 특정 조건하에서만 기호의 조합이 의미 있는 정보를 구축하게 된다. 이 점은 정보기술의 진화와도 연관되는 것으로, 향후 컴퓨터 메모리가 보다 작고 저렴해져 원자 혹은 원자핵 규모에 이르고, 정보를 전송할 수 있는 진동수나 범역이 광역화되고, 정보 운반자 역할을 하는 전자가 민첩한 광자로 대체됨으로써 계산 속도가 단축되며, 양자 컴퓨터나 DNA

컴퓨터 등과 같은 새로운 장치의 개발로 가능한 계산의 양마저 증가하게 되면 디지털 파워는 배가할 것이다.

폰 베이어는 최근 드러나는 동향들에 비추어 볼 때 모든 정보가 우리의 삶 전체에 스며들 시기가 임박했다고 주장한다. 실제로 월드와이드웹은 그보다 훨씬 복잡하고 강력한 월드와이드그리드(*World Wide Grid*)로 대체되기 시작하였는데, 조만간 이 월드와이드그리드 역시 옴니넷(*Omninet*) 혹은 하이퍼그리드(*Hyper Grid*) 등으로 지칭되는 보다 포괄적인 매체로 대체될 것으로 전망된다. 그렇게 되면 모든 사물들이 궁극적으로 연결망들의 연결망들의 연결망으로 존속하는 액면 그대로의 연결망 시대가 본격화할 것이다(Baeyer, 2007; 김남옥, 2012).

이러한 폰 베이어의 전망은 꿈이 아닌 현실로 속속 실현되고 있다. 예컨대, 뇌 신호를 판독하는 기술의 급성장으로 가능하게 된 사이보그 기술은 사고나 선천적인 이유로 장애를 겪는 사람들이 손상된 기관 능력을 회복시키는 데 활용되고 있다. 의수, 의족, 인공 와우, 의안, 뇌심부자극술과 같은 기술은 사이보그 기술에서 흔히 활용되는 사례에 속한다. 이는 남아 있는 근육 또는 뇌에 전자 신경섬유와 소형 컴퓨터를 장착함으로써 근육 또는 뇌에서 보내는 신호가 전자 회로판에 전달되면 인공 팔이나 인공 다리, 그리고 인공 귀 등에서 그 신호를 포착하여 손상된 기관에 부착된 컴퓨터를 통해 해석되어 움직이게 하는 원리를 활용한 것으로, 인간-기계의 경계 흐리기 현상을 대변하는 사례의 하나에 속한다. 또한 세포 크기로 축소된 의사들이 초소형 잠수정을 타고 생명의 위기에 처한 정보원의 신체 내부를 항해하면서 뇌에 있는 혈전을 제거한다는 내용을 담은 리처드 플레이셔(Richard Fleischer) 감독의 영화 〈환상여행〉(*Fantastic Voyage*, 1966)은 나노 로봇에 대한 상상력을 자극한 선구적 작품으로 꼽혀왔는데, 우리 몸속에 있는 암을 찾아내고 치료하기 위해 세포 속까지 항해할 수 있는 나노봇의 개발이 바로 그러한 상상을 현실화하고 있다. 나아가 생명현상에 보다 적극적인 개입과 실험을 가할 수 있는 기법에 의존해 DNA에서 원하는 유전자를 떼어내어 증식시키고 이를 다른 DNA에 붙이는 유전자 재조합기술이 개발되면서 유전혁명이 가속화하고 있다. 즉, 생명체 역시 정보로 환원된 원료를 채취하여 취합하고, 분류하고, 자르고, 삽입하고, 두드려서 변형시키거나 주문제작할 수 있는 생체정보혁명이 본격화하고 있다(Rifkin, 2006).

이처럼 디지털 기술의 혁명적 연결능력은 유기체와 기계, 기술과 기술 간 경계를 와해시키는 강력한 힘으로 작용한다. 이 모든 것들이 디지털 언어라는 공용어, 피드백과 통제라는 사이버네틱스 이론과 맞닿아 있는 것으로, 그들은 이질적인 것들을 섞고 연결해 무한한 잡종지대를 만들어내고 이를 무한히 확장할 수 있는 힘을 지속적으로 배양한다.

2) 복잡계를 넘어서

네트워크의 힘을 분출시킨 정보 커뮤니케이션 기술의 변환은 신기술 패러다임의 기초를 형성하며 정보시대를 이끌어왔다. 이러한 변환은 세계를 '빛의 건축술'로 촘촘히 연결해 전자화함으로써(Castells, 2009a; Bolz, 2000) 우주로, 자연으로, 공장으로, 건물 벽으로, 옷 속으로, 우리의 신체 속으로, 세포 속으로 디지털화된 데이터들이 전송되고, 계산되고, 처리되고, 분리되고, 저장되고, 소통되고, 변형되고, 삽입되고, 복제되도록 한다. 이는 시각이나 청각 등 이종의 감각을 아우르는 광대한 양의 정보를 디지털 코드로 전환해 수용·관리·송출, 나아가 무한복제를 가능케 하는 디지털 기술의 본원적 속성에서 출원하는 것으로, 그러한 특성은 네트워크 기술과 결합해 생활방식의 일대 전환을 야기해왔다.

전자-커뮤니케이션혁명이 주축을 이루는 디지털 기술혁명과 더불어 포착되는 사회적 변화상은 시·공간의 응축을 위시한 내파 개념으로 설명되는 경향이 주도적이었다. 이는 경계의 완화나 약한 사유를 강조하는 포스트모더니티와 직결된 사회적 해석에 다름 아니라고 본다. 시공간적 한계를 극복하는 계기를 마련한 정보기술의 경제적 이용은 생산활동의 유연화로 이어져 포디즘 원리로 대변되는 경직적·수직적·폐쇄적 직무구조가 포스트포디즘 원리로 압축되는 유연적·수평적·개방적 직무구조로 대체됨으로써 유연사회로의 이행을 추동하였다. 이는 오랫동안 유지되어오던 노동/여가, 일/놀이, 직장/가정, 성별분업 등의 영역 간 경계해체로 이어져, '이질계'(*heterotopia*) 라고 불리는 새로운 사회의 풍경을 조성한다(김문조, 2005a). 그런데 디지털 기술혁명의 상호침투 효과는 사회체계의 속살을 근본적으로 달리하는 새로운 기술사회구성체(*techno-social formation*)를 잉태할 것으로 전망된다. 즉, 디지털 기술의 발전은 경계 짓기로 특징지을 수 있는 분화적 사회체계를 경계 해체와 재구성으로 요약되는 탈분화적 사회체계로 전환시킴으로써, 이질적인 요소들이 서로 어울려 새로운 질서를 만들어가는 '융합계'(*convergentopia*)를 구축하게 될 것으로 본다.

4. 소결: 기술융합의 사회적 확장

현대기술을 '긴밀하지만 열린 시스템'으로 파악한 토머스 휴즈(Thomas P. Hughes)나 수많은 기술들의 복합체로 파악한 자크 엘룰(Jacques Ellul)의 통찰은 뛰어난 역동성을 담지한 정보기술 패러다임의 특성을 잘 대변한다고 본다(Hughes, 2008; Ellul, 2009). 실제로 생명공학기술, 나노기술, 극소전자공학, 인공두뇌학, 원격통신, 방송기술, 정보학, 생물학, 재료공학 등 현재 급속히 발전하는 모든 기술들은 존재론적으로 상호분리될 수 없게끔 결합되고 있다. 또 개별 기술들은 다른 기술들과 서로 영향을 주고받으면서 공진화하고 있으며, 기술적 요소들과 사회적인 요소들도 상호작용하며 기술 헤게모니 시대의 시스템을 공고화하고 있다. 물론 기술이 점차 통합된 시스템을 이루면서 확산되기 시작한 시기는 철도와 전신, 전력의 보급이 진행된 19세기로까지 소급 가능하다. 하지만 오늘날의 그것은 거대한 규모의 복잡성을 특징으로 한다는 점에서 기계시대의 그것과는 확연히 구분된다. 기술 발전이 진행될수록 그 개발과정이 세분화되기 마련인데, 오늘날 기술 시스템 내부의 요소들은 전례 없이 세분화되어갈 뿐 아니라 유기적 연결성 또한 높여가고 있다. 끝없는 재구성과 변형, 그리고 창발을 포함한 융합적 과정이 동반되는 것이다. 따라서 오늘날의 기술은 자연을 변형하고 인간의 목적을 달성하기 위한 효율적 수단으로 간주되어왔던 이전의 기술과는 확연히 다른 모습을 보인다.

모든 분야로 확장되어가는 기술은 인간행위를 포함한 모든 활동들을 뒤덮고 있다. 기술은 무제한적인 수단의 증식으로 이끌어가 전 세계를 뒤덮을 만큼 지형적으로 확장되어 전문적 식견을 지니지 못한 일반인들 뿐 아니라 전문인 자신들마저 당혹케 할 정도로 급진전하고 있다. 요컨대 디지털 기술의 논리와 조건이 사회의 모든 분야로 확장되어, 인간 행위를 포함한 모든 활동을 조직하는 보편적 원리가 되어가고 있다. 따라서 그것은 우리의 생산방식과 소비방식, 라이프스타일, 생각하고 꿈꾸는 방식, 심지어는 우리들의 신체를 구성하는 방식까지도 바꿀 것을 요구한다. 이러한 거대한 변화는 기술체계와 사회체계 간의 환류효과(*feedback effects*)에 의한 결과라고 할 수 있다.

제 5 장

융합시대의 미디어와 사회

1. 미디어 기술과 사회

1) 기술과 사회 : 기술사회론적 접근

과학과 기술의 융합은 19세기 말의 과학기술혁명(*Scientific Technological Revolution*)을 계기로 본격화한다. 고대 · 중세는 물론이요 19세기 중반 산업혁명기에 이르기까지 과학과 기술의 관계란 기본적으로 간접적, 우발적인 것에 불과했으나, 과학기술혁명기에 들어서면서 과학적 사고가 생산활동에 본격적으로 접목되기 시작했기 때문이다(Braverman, 1989). 따라서 흔히 '제 2차 산업혁명'으로 불리는 과학기술혁명은 산업혁명의 단순한 연장이 아니라 생산기술과 결합됨으로써 과학기술이라는 막강한 사회변혁의 동인을 구축하는 시대적 전환점으로 이해되어야

〈표 5-1〉 기술과 사회에 관한 접근법

구분	기술결정론적 접근	사회형성론적 접근	기술사회론적 접근
시기	1950년대~1960년대	1970년대~1980년대	1990년대
기술의 인과론적 위상	원인	결과	원인이자 결과
행위자의 지위	수혜자(혹은 희생자)	이해 당사자	숙의적 참여자
정책의 역할	기술 역량의 강화	사회적 합의 도출	기술사회적 담론의 민주화

출처: Fuglsang, L.(2001), "Three Perspectives in STS in the Policy Context", in S. Cutcliffe & C. Mitchan(eds.), *Visions of STS*, State University of New York Press.

한다(김문조, 1999). 유사한 맥락에서 최근 미디어 체계의 변화와 함께 나타나는 일련의 사회현상은 뉴미디어의 발달이라는 과학기술, 그리고 그 기술로부터 파생된 새로운 사고방식들의 주요한 소산으로 간주할 수 있다.

기술체계와 사회체계의 관계도식에 대한 접근은 크게 다음의 세 가지 유형으로 대별할 수 있다. 첫째는 기술 발전이 사회체계의 변화를 선도한다는 기술결정론적 접근(*technological deterministic approach*)이고, 둘째는 반대로 사회적 영향력을 강조하는 사회형성론적 접근(*social shaping approach*)이며, 셋째는 양대 체계의 쌍방향적 상호작용을 전제로 하는 기술사회론적 접근(*social studies of technology approach*)이다. 이상의 세 가지 접근이 출현한 시기, 그리고 개별 접근에 따른 기술에 관한 정의, 행위자의 지위 및 공공정책적 역할에 대한 내용을 요약적으로 비교하면 〈표 5-1〉과 같다.

이들 중 오늘날의 기술시대의 미디어 분석에 가장 유효한 것으로 평가되는 것은 바로 기술체계의 내적 연관성(*internal interrelatedness*)과

외적 맥락성(*external contextuality*)을 동시적으로 고려하는 기술사회론적(SST: *Social Studies of Technology*) 접근이다. SST 접근은 과학기술을 사회체계와의 상호작용에 의해 형성되는 복합적 구성물로 간주하면서 그 구조와 과정에 대한 해명을 시도하는 연구방법의 하나로, 과학기술을 독립적·자율적 존재로 파악하기보다는 각종 사회활동과 연관된 가치함의적 과정으로 인식하자는 것이다(Cutcliffe, 2000). 요컨대, 과학기술활동의 사회적 맥락을 중시하는 기술사회론은 과학기술에 대한 열광적 수용이나 절대적 거부를 지양한 변증법적 종합을 꾀함으로써 과학기술에 대한 이해 수준을 높여 기술사회적 쟁점에 대한 대처능력의 함양을 지향하자는 것으로, 이는 과학기술에 대한 민주적 통제를 구조화할 수 있는 기틀을 제공할 수 있으리라 기대된다(김문조, 2007).

2) 미디어 기술의 사회화

인간의 모든 행위는 사유하는 주체들 사이의 상호작용의 일부라고 할 수 있다. 따라서 개인들 간의 행위를 매개하는 미디어 기술에서는 '사회적 의미'가 강조된다.1) 새로운 미디어 기술은 단순히 기술적인 효율을 배가시킨 것뿐 아니라 사회적 의미를 변형시키거나 기존 커뮤니케이션

1) 피에르 레비(Pierre Levy)의 말을 빌리면, 미디어 기술의 발달은 오랫동안 진행되어 온 인류의 인간화 과정(*hominization*)의 최근 단계라 할 수 있다. '생각하는 동물'로 시작한 인간의 진화과정은 불과 도구, 그리고 언어를 사용함으로서 촉진되었다. 따라서 인간을 기호와 이미지로부터 분리하는 것은 불가능하다. 인간은 기호와 이미지를 통해 삶과 세계에 의미를 부여하기 때문이다(Levy, 1997).

과 접목되어 한동안 잊힌 소통방식을 다시금 호명한다. 미디어 기술을 인프라로 사용한 새로운 연결방식은 사회구성원들 간의 새로운, 때로는 복고적인 유형의 관계방식을 설정하고 기존의 사회적 의미를 변형시킨다.[2)]

이러한 사회변화 양상은 신기술에 의해 창조된 것이 아니라 이제까지 사회에 잠재적 · 가상적으로 존재했던 것들이 구체적으로 현현하는 과정이다. 그런 점에서 미디어 기술은 사회적 기술(*social technology*)을 대표한다고 말할 수 있다. 미디어 기술은 사회에 하나의 전제조건으로 작용하여 새로운 가능성을 제공해주는 역할을 한다. 그 열려 있는 가능성을 선택하고 이용하는 것은 행위자들의 몫이다. 이러한 선택이 사회 내에 잠복해 있던 다양한 문화적 총체와 통합될 때 비로소 사회문화적 변동이 잉태되는 것이다.

즉, 최근 미디어 세계를 중심으로 한 사회변화 양상에서 우리는 미디어 기술의 발달이 사회변화의 일방적 원인이라거나 혹은 사회의 요구에 따른 결과만이 아니라, 서로 영향력을 주고받는 동반적 관계의 소산임을 깨닫게 된다. 따라서 현재의 미디어 체계와 사회변동 과정을 분석함에 있어 SST 접근이 가장 유효한 방법론으로 꼽힐 것으로 본다.

2) 이 새로운 소통체계는 일반적인 '정보 고속도로'와 혼동되어서는 안 된다. 새로운 미디어 기술이 포함하는 가상성(*virtuality*)은 단순히 커뮤니케이션의 속도를 증가시킨 것뿐 아니라 그 패러다임을 혁신적으로 뒤바꾸는 역할을 했다. 가상성을 통해 구성되는 흩어진 개인들 간의 수평적 상호 네트워크는 그동안 잊혀 있던 고전적 또는 원시적 소통방식을 새롭게 재현한다.

2. 미디어 경관(Media-Scape)의 변모

1) 미디어 기술의 발전

기존의 미디어 이론들의 논의는 TV나 라디오 같은 매스미디어의 발달과 영향을 중심으로 이루어지고 있다. 하지만 과학기술혁명을 바탕으로 한 뉴미디어의 출현과 확산은 기존 매스미디어 중심의 논의로는 해명하기 힘든 새로운 양상들을 조성한다. 기존 사회에서 일방적인 미디어 수용자였던 대중들은 새로운 뉴미디어를 통해 그들의 의사를 매스미디어에게 전달하고 있다. 과거 TV 미디어의 수동적인 수용자였던 대중들은 이제 TV 프로그램이 끝나면 인터넷 공간에서 프로그램에 대한 소감 및 비평을 쏟아놓는다. 적극적인 참여행위자들은 TV 프로그램의 결말을 자신들이 원하는 방향으로 수정하기도 하며, 잘못된 내용이 방송될 때 이에 대한 교정을 적극적으로 요구하기도 한다. 또 뉴미디어의 대중화는 미디어와 일반 대중 간의 소통양식을 변화시킬 뿐만 아니라 일반 개인들 간의 다양한 양방향적 소통 형성에도 기여한다. 현대사회의 구성원들은 뉴미디어를 통해 더욱 폭넓게 자신의 의견을 주장하고 상대방의 의견을 수렴하는 네트워크를 형성하게 된다.

KBS 1TV의 다큐멘터리 프로그램 〈인간극장〉에서 방영된 '어느 날 갑자기'와 관련된 일련의 사건들은 근자에 한국사회에서 뉴미디어가 매스미디어에 미치는 영향력을 여실히 보여준다. '어느 날 갑자기'는 2008년 9월 22일부터 26일까지 총 5회 동안 방송될 예정이었다. 하지만 다큐멘터리 1부와 2부가 방영된 이후 방영된 내용이 사실과 다른 부분을 포함하고 있다는 시청자들의 의문 제기 및 제작진의 반론이 뉴미디어 공간인 인터넷에서 이루어졌고, 그에 대한 정보와 의견의 교환이 활발하게 나타났다. 이후 그 문제는 인터넷뿐만 아니라 신문 등의 다른 매스미디어에서도 제기되었다. 결국 '어느 날 갑자기'는 예정된 방송분을 채우지 못한 채 9월 25일 갑자기 종영되고 말았으며, 이 사건을 기점으로 다큐멘터리 프로그램의 객관성 문제에 대한 논의가 활발히 이루어졌다.[3] 이런 사례는 매스미디어가 더 이상 사실과 정보를 대중에게 일방적으로 전달, 강요하지 않으며 대중들은 뉴미디어 기술을 바탕으로 정보평가 및 의견조정 과정을 통해 그들의 의사를 매스미디어에게 관철시키고 있음을 보여준다.

뉴미디어의 등장으로 대변되는 미디어 기술의 발전양상은 미디어 세계 전반에 지각적 변화를 초래하고 있다. 미디어 세계의 변화를 이끄는 핵심적인 기술적 전환은 아날로그 방식에서 디지털 방식으로의 이행이다. 디지털 미디어는 기존 아날로그 미디어와 달리 데이터의 연동 및 복제, 압축, 연결, 재전송과 같은 다양한 측면의 강점을 지닌다. 아날로그 방식의 미디어는 고유한 형식의 메시지만을 전송할 수 있다. 예를 들어 라디오나 전화는 음성만을 전달할 수 있으며, 신문이나 잡지는 문

3) 〈인간극장〉의 '어느 날 갑자기' 편은 사채로 어려움을 겪는 부부의 사연을 담은 다큐멘터리이다. 하지만 사채의 액수와 사채를 빌려 쓴 동기가 미화되었다는 주장이 인터넷에서 제기되었고, 이후 다큐멘터리 주인공과 관련된 주변 사람들의 증언들이 이어지면서 논의가 촉발되었다. 2008년 9월 동안 방송통신위원회에 제기된 127건의 민원 중 29건이 '어느 날 갑자기' 1, 2부에 대한 것이었다. 방송통신위원회는 이 방송이 "일부 사실 확인이 안 된 내용을 방송하여 시청자를 혼동케 했다"고 지적했다.

자나 화상만을 전달할 수 있다. 반면 디지털 미디어는 메시지의 형식을 초월한 정보의 전달이 가능하다. 메시지를 그대로 전달하는 아날로그 미디어와 달리 디지털 미디어는 특정 메시지를 디지털 정보로 변환하여 전달하고, 전달된 디지털 정보를 코드에 맞춰 디코딩해 재생하기 때문에 어떠한 형식의 메시지라도 전달이 가능하다. 다시 말해 뉴미디어는 코드만 공유할 수 있다면 어떠한 형식의 메시지라도 전달·복사·재생할 수 있는 매체인 것이다.

이와 같이 디지털 미디어로서의 뉴미디어는 미디어 고유의 특성과 디지털 미디어의 특성이 결합됨으로써 미디어 세계의 변혁을 초래하는 새로운 역동성을 생성한다.

2) 뉴미디어와 사회변동

디지털 기술을 바탕으로 한 뉴미디어의 출현은 아날로그 중심의 미디어 세계에 커다란 변화를 초래하였다. 뉴미디어는 기존 아날로그 미디어를 빠르게 대체하면서 새로운 미디어 세계의 변화를 이끌고 있다. 뉴미디어 기술의 특성은 접속성(*connectivity*), 익명성(*anonymity*), 다중성(*multiplicity*), 시공간 변형성(*time-space transformation*)으로 구분된다(Giddens, 1997; Elizabeth & Debra, 1998; Gillmor, 2008; Durham & Kellner, 1991; Manovich, 2002). 이러한 뉴미디어의 특성들은 디지털 기술의 특성에 기반하여 나타난 것으로, 미디어 세계의 향방을 주도하는 핵심적 요소로 꼽힌다.

(1) 접속성

제러미 리프킨은 《소유의 종말》(*The Age of Access*) 에서 '소유에서 접속으로'라는 명제를 통해서 정보사회에서 나타나는 새로운 변화상을 이야기한다(Rifkin, 2003). 그의 지적과 같이, 접속은 새로운 기술, 새로운 사회에 내포된 결정적 특성에 해당한다. 이렇듯 정보사회에서 접속행위가 미디어를 통해서 일어나게 된다는 사실은 뉴미디어의 접속성이 지니는 파급력을 단적으로 시사한다.

뉴미디어의 등장으로 인하여 개인들은 더욱 쉽고 빠르며, 능동적으로 자신이 필요로 하는 미디어를 선택할 수 있게 된다. 물론 기존의 매스미디어 또한 방송(*broadcasting*) 의 형태를 통해 대중에게 신속하며 광범위하게 메시지를 전달한다. 하지만 일방적이고 수동적인 매스미디어의 접속성과는 달리, 뉴미디어의 접속성은 개인들의 능동적 선택에 근거하여 이루어진다.

또 기존 미디어에서 접속은 일반적으로 가족의 단위에서 이루어졌지만 뉴미디어 세계에서 접속은 개인이 기본 단위가 된다. TV, 라디오, 전화와 같은 기존의 미디어 기기들은 가족의 공동소유물로 여겨졌다. 이러한 경향은 기존 미디어가 개인의 영역에서 나타나는 것이 아니라 공적 영역의 매체로서 자리 잡는 중요한 계기가 된다. 반면 휴대폰, 컴퓨터와 같은 뉴미디어 기기들은 개인 단위로 보급된다. 따라서 한 가족이 하나의 유선전화만을 공유하던 가족 미디어 시대에서 모든 가족 구성원이 각자 무선전화를 소유하는 개인 미디어 시대로 바뀌게 된 것이다. 이는 뉴미디어가 개인 간의 접속 및 연결을 조장하고 있음을 함축하는데, 개인 미디어의 보급은 미디어의 활용 영역이 공적인 영역에서부터 사적인 영역까지 확장될 수 있는 기반을 제공한다.

뉴미디어에서 관찰되는 접속성은 광범위한 네트워크를 통해 공간적 제약의 탈피를 보장한다. 현재 서비스되는 DMB 방송, WCDMA, 와이브로(Wibro)와 같은 기술은 무선통신을 넘어 이동통신기술까지 포섭한다. 이는 뉴미디어의 접속성이 공간적 제약을 초월해 구현되고 있음을 의미한다.

(2) 익명성

디지털 통신기술은 개별 노드를 식별할 수 있는 고유의 주소가 존재할 때에만 기능할 수 있기 때문에, 기술적 측면에서 뉴미디어는 익명성을 보장하지 못한다. 실례로 인터넷의 IP 주소, MAC 주소, 휴대폰의 전화번호까지 모든 뉴미디어는 각 부분을 식별할 수 있는 고유의 디지털 주소를 가진다. 하지만 이러한 기술적 특징에도 불구하고 일상생활에서 개인들은 뉴미디어를 통해 익명적인 상황을 향유할 수 있다. 이는 뉴미디어의 익명적 특성이 단순히 신원을 숨기는 것을 의미하는 것이 아니라 뉴미디어 공간에서 새로운 정체성을 획득하는 것과 관련이 있기 때문이다.

뉴미디어의 익명적 특성은 개인의 일상생활과 전혀 연관성이 없는 ID나 별명의 사용, 실질적 통제와 추적이 불가능한 국외 서비스 이용행위로 나타난다. 이와 같이 뉴미디어 기술은 익명성을 통해 개인들이 현실과는 다른 뉴미디어 공간에서 활동을 펼칠 수 있는 여건을 제공한다.

뉴미디어 공간의 익명성이 가지는 힘은 최근 화제가 된 '대나무숲' 사례를 통해 여실히 감지할 수 있다. '임금님 귀는 당나귀 귀' 설화에서 명칭을 따온 대나무숲은 동일 분야 종사자들이 한 계정을 공유하며 그 분야의 뒷이야기를 공유하는 트위터 계정을 일컫는다.

대나무숲은 출판사에 근무하던 직원 한 사람이 회사에 대한 내부고발을 위해 처음 만들었던 '출판사 X'라는 트위터로부터 비롯되었다. 이 트위터 계정은 얼마 후 예고 없이 폭파되었지만, 해당 트위터에 공감했던 다른 출판사 편집자들은 직접 공동 트위터를 만들어 '출판사 옆 대나무숲'이라는 이름을 붙였다. 이를 시작으로, '익명의 공동 뒷담화 장소'인 대나무숲은 영화 · 드라마 관계자들이 공유하는 '촬영장 옆 대나무숲', 방송사 관계자들의 '방송사 옆 대나무숲', 대학 내 비정규직 연구자들의 '우골탑 옆 대나무숲', IT 업종 종사자들의 'IT 회사 옆 대나무숲' 등 각종 분야 종사자들에 의해 그야말로 '우후죽순' 퍼져나갔다. 이러한 대나무숲은 사회의 '을'(乙)들이 어디에도 털어놓을 수 없는 이야기를 공유하고 신상에 대한 우려 없이 내부고발을 할 수 있기 때문에 익명성과 소통이라는 소셜 네트워크의 장점을 살린 커뮤니케이션 형태로서 주목 받았으며, 트위터의 형태를 넘어서서 위키로 전환되기도 했다. 그러나 대나무숲은 올라온 글들에 대해 사실 검증을 하는 순간 제보자의 익명성이 손상되기 때문에 공론화하기 어렵고, 허위사실 기재가 가능하다는 위험성이 상존하므로 이에 대한 비판 역시 많이 받고 있다. 그리고 관련 회사들에 의해 고발당할 가능성이 많기 때문에 계정이 자주 초기화되거나 닫히기도 한다. 실제로 2013년 2월, 게임 개발회사의 근무환경에 대해 이야기하던 '꿀위키'가 명예훼손 가능성 때문에 해당 항목을 삭제하는 조치를 취하기도 했다.

이처럼 뉴미디어의 익명성은 미디어 세계의 변화를 이끄는 중요한 특성으로 꼽힌다. 뉴미디어의 익명성은 기존의 미디어와 달리 개인 행위자들의 활동영역을 확장시키고, 소통의 자유도를 크게 높인다는 점에서 가상공간의 가장 큰 정체성 중 하나를 이루고 있다 할 수 있다.

(3) 다중성

다중성은 여러 기능 및 콘텐츠를 복합적으로 수행하는 뉴미디어의 또 다른 특성이다. 정보통신기술의 발전은 다양하고 새로운 매체들을 생산함과 동시에 다양한 기능들을 수행하는 종합적 미디어의 생산을 가능케 한다. 다중성은 기본적으로 디지털 기술의 특성에 기인한다. 디지털 기술을 바탕으로 한 정보의 압축, 분할, 전송 과정은 뉴미디어가 복합적 기능을 수행할 수 있게 하며, 복제 및 확산에도 기여한다.

미디어 기술의 다중성은 첨단 기기들의 다양한 기능들을 압축적으로 구현하여 휴대성을 증진시킨다. 휴대폰은 첨단 기기의 휴대성을 강화해 뉴미디어의 다중성을 확보한 대표적 사례에 속한다. 이동통신기기의 기능만을 담당하던 휴대폰은 고유의 전화 기능을 넘어 복합미디어 기기로 진화하고 있다. 현재 휴대폰은 디지털 카메라, 게임기, mp3 플레이어, 전자사전 기능은 물론 인터넷 브라우징이나 동영상 송수신 서비스까지 기능을 확장하고 있다. 이러한 휴대폰의 진화과정은 뉴미디어 기술이 가진 다중적 특성의 좋은 예로서, 다중성은 뉴미디어가 개인 미디어로서 다양한 형식의 정보를 처리할 수 있게 하는 주요한 특성이 된다.

(4) 시공간 변형성

마셜 맥루언은 지구촌(*global village*)이라는 개념을 통해 전자매체에 의한 공간적 거리가 극복된 사회를 묘사한 바 있다(Mcluhan, 2001). 데이비드 하비(David Harvey)도 정보통신기술에 따라 시간과 공간의 성격이 변질되어 세상을 표현하는 방법이 근원적으로 바뀌는 과정을 시·공간 압축(*space-time compression*)으로 설명한다(Harvey, 2003). 이러한 새로운 기술의 시공간적 변형성은 뉴미디어 세계의 변화에도 중요한 특성으로 작용한다.

헨리 젠킨스가 소개한 필리핀계 미국인 고등학생 디노 이그나시오의 테러리스트 오사마 빈 라덴(Osama Bin Laden)과 〈세서미 스트리트〉(*Sesame Street*)의 주인공 버트의 합성 사례는 뉴미디어가 시공간을 초월한 파급력을 지니고 있음을 여실히 보여준다(Jenkins, 2008a). 우리나라에서 생산된 콘텐츠 또한 뉴미디어를 통해 세계 전역으로 확산시킬 수 있다. 우리의 고유 캐릭터인 '개죽이'가 할리우드 영화 〈찰리 바틀렛〉(*Charlie Bartlett*, 2007)의 한 장면에 등장한 것이 바로 그 한 예라고 하겠다(〈그림 5-1〉 참조).[4] 이러한 뉴미디어 기술의 시공간 변형적 특성은 개인의 영향력이 물리적 거리뿐 아니라 문화적 거리까지 극복할 수 있음을 보여준다.

이상과 같은 뉴미디어의 기술적 특성들에 힘입어 미디어 세계는 실로 숨 가쁘게 변모해왔다. 더구나 최근 미디어 세계의 변화는 개방적이

4) '개죽이'는 인터넷 사이트인 '디시인사이드'의 마스코트이다. 강아지가 나무에 매달려 있다는 의미의 '개죽이'는 할리우드 영화인 〈찰리 바틀렛〉의 한 장면 속에 배경 소품으로 사용된 것이 한국의 네티즌들에게 알려지면서 화제가 되었다.

〈그림 5-1〉 정보 콘텐츠의 시공간 변형적 파급 사례

출처: (좌) http://www.snopes.com/rumors/bert.asp, (우) 영화 〈찰리 바틀렛〉, 2007.

고 상호적인 거대한 소통의 기반으로 작용함으로써 사회적 작동원리를 개편해 새로운 사회현상을 창조한다. 따라서 다음 절에서는 뉴미디어 기술의 주요 특성이 토대가 되어 나타나는 새로운 사회를 '미디어 기반 사회'(*Media-Based Society*) 라고 규정한 후, 미디어 기반 사회의 특성들을 살펴보고자 한다.

3. 미디어 기반 사회

1) 미디어 기술과 사회의 변증법

미디어 기술의 발전으로 인한 뉴미디어의 등장은 미디어 세계의 변화뿐만 아니라 사회체계에도 영향을 미친다. 앞서 논의한 바와 같이 미디어 기술체계의 변화와 사회체계의 변화를 동시에 설명하기 위해서는 미디어 기술의 발달을 원인으로 간주하는 기술결정론적 접근이나 사회적 영

〈그림 5-2〉 미디어 기술과 사회의 상호관계

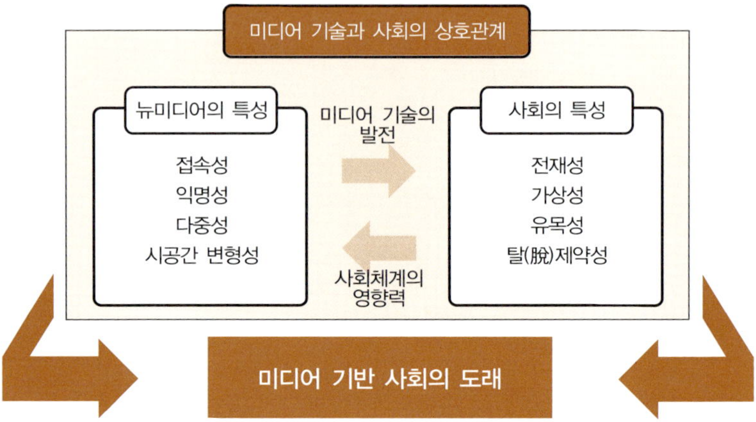

향력을 강조하는 사회형성론적 접근에서 벗어나 기술과 사회체계의 쌍방향적 상호작용을 전제로 하는 사회기술적 접근(SST)을 적극 수용할 필요가 있다.

기술과 사회의 변증법적 관계 속에서 출현하는 새로운 사회에서 모든 소통은 미디어를 통해 이루어진다. 뉴미디어의 접속성, 익명성, 다중성, 시공간 초월성과 같은 미디어 본연의 특성들은 사회체계의 요구와 맞물려 사회체계의 변동으로 이어진다. 이러한 미디어 기술과 사회의 상호작용 속에서 형성되는 새로운 사회의 주요 특성들은 전재성(*ubiquity*), 가상성(*virtuality*), 유목성(*nomadity*), 탈제약성(*de-constraints*)으로 요약될 수 있다(Patokorpi & Tétard, 2006; Morse, 1998; Attali, 2000; 김문조, 1999) (〈그림 5-2〉 참조). 그러므로 이번 절에서는 미디어 기술체계와 사회문화체계 사이의 변증법적 관계성을 규명하고 그로부터 파생하는 사회체계의 주요 면면들을 살펴보고자 한다.

(1) 전재성

뉴미디어의 또 한 가지 특성인 전재성(全在性) 혹은 편재성(遍在性)은 미디어가 일상생활 모든 곳에 존재하는 특성을 의미한다. 전재성의 개념은 제록스파크(Xerox Parc) 연구소의 마크 와이저(Mark Weiser)가 1988년 유비쿼터스 컴퓨팅(*ubiquitous computing*)이라는 용어를 사용하면서 처음으로 제시한 개념이다. 와이저는 컴퓨터 패러다임의 발전과정을 3단계의 흐름으로 설명하였다. 그에 따르면 첫 번째 흐름의 변화는 최초의 컴퓨터가 만들어진 후 하나의 컴퓨터를 여러 사람이 공유하던 메인프레임 컴퓨터 시대가 PC의 탄생을 계기로 개인용 컴퓨터 시대로 이동하면서 나타났다. 와이저는 이후 새로운 패러다임의 변화는 개인용 컴퓨터 시대에서 복수의 컴퓨터 시대, 즉 한 명의 사람이 다양한 컴퓨터를 사용하는 시대로의 변화일 것으로 예상했다(이정현, 1999).

전재성으로의 이행은 미디어 세계에서 전면적으로 일어나고 있다. 과거 매스미디어 중심의 사회에서 미디어는 여러 사람에게 공유되며 일방적인 소통 형식을 취하고 있었다. 매스미디어 시대의 미디어는 TV나 라디오와 같이 주로 가족 단위로 보급되었으며, 메시지의 생산 또한 방송국이라는 거대한 조직을 통해서 이루어졌다. 하지만 미디어 기술의 발전은 매스미디어 중심의 세계에서 개인 미디어 중심의 세계로의 변화를 이끌었다. 휴대폰이나 PC를 통한 개인과 개인 간의 소통의 활성화는 개인 미디어 시대의 일반적인 현상이라고 할 수 있다.

전재적 미디어의 부가적 특성은 인간 행위자에게 미디어가 인식되지 않는다는 사실에 있다. 신문, TV, 라디오와 같은 구래의 매스미디어에서부터 인터넷, 휴대폰, 그리고 스마트폰 및 태블릿 PC와 같은 최신 뉴미디어 기기에 이르기까지 다양하고 수많은 형태의 미디어가 마치 공기와 같이 우리 주변에 상존하지만, 개인 행위자들은 미디어를 미디어로 인지하지 않고 오히려 일상생활의 일부로 간주한다. 실생활에서 나타나는 다양한 미디어 인터페이스의 증가는 미디어의 전재성으로 이어진다. 개인 행위자들이 미디어 사용법을 일일이 익히는 것이 아니라 생활 속에서 자연스럽게 구성되고 사용된다는 것이 전재적 미디어 시대의 가장 두드러진 특징이다.

전재적 미디어에 대한 사회적 요구는 뉴미디어 기술의 접속성과 다중성, 시공간 초월성과 같은 주요 특성들과의 상호작용 속에서 나타나며, 새로운 사회변동의 핵심적 동인이 된다.

(2) 가상성

미디어 기술의 발전은 궁극적으로 우리에게 가상공간(*cyberspace*)이라는 새로운 세계를 가져다주었다. 원래 가상공간의 의미는 인공두뇌학(*cybernetics*)을 뜻하는 cyber와 공간을 뜻하는 space의 합성어로서, 현실이 아니라 두뇌 속에서 펼쳐지는 또 다른 우주를 뜻한다. 하지만 지금은 뉴미디어를 토대로 구성되는 컴퓨터 네트워크, 즉 인터넷 공간에서 이루어지는 생활영역이 가상공간으로 통칭된다.

가상공간이라는 용어는 컴퓨터 그래픽 기술의 발전에서 유래하였다. 윌리엄 깁슨(William Gibson)은 과학소설 《뉴로맨서》(*Neuromancer*)에서 가상공간을 기업체들 간에 다양한 교역 정보가 오가는 전자공간상의 통신 매트릭스(*Matrix*), 즉 자료공간으로 최초로 명명하였다(Gibson, 2005). 이후 학자들은 가상공간을 가상현실과 관련한 기술과 CMC

〈그림 5-3〉 린든 랩의 CEO 필립 로즈데일과 그의 아바타

(*Computer Mediated Communication*) 로부터 출현한 자유로운 환상의 세계를 포괄하는 개념으로 폭넓게 사용해왔는데(Kitchin, 1998), 린든 랩(Linden Labs)이 운영하는 세컨드 라이프(*Second Life*)가 바로 그 대표적 사례에 속한다.

물론 미디어의 가상성이 가상공간에 대한 정의처럼 현실과 완전히 구분된 별도의 세계를 지칭하는 것은 아니다. 이보다는 뉴미디어를 통해 일어나는 다양한 현상들이 현실세계에 영향을 미치며, 현실의 일들이 뉴미디어 공간에서 새롭게 진행되는 상호 보완적이며 연결된 관계로서 가상성을 이해해야 할 것이다.

뉴미디어의 익명성과 시공간 초월성을 토대로 나타나는 가상적 특성들은 사회체계의 새로운 변혁을 유발한다. 뉴미디어를 통해 형성된 가상공간에서 개인은 현실세계와 다른 자아를 구성하며 새로운 경험들을 쌓아간다. 뉴미디어의 가상성은 인터넷 공간에서 유행하는 역할수행

게임(*role-playing game*)에서 여실히 드러난다. 가상적 게임 공간에서는 실제 사회와 거의 동일한 경제, 문화, 사회 시스템이 구현되어 게임 참가자들은 새로운 사회 속에서 새로운 자아를 실현할 수 있게 된다.

나아가 뉴미디어의 가상성은 가상공간의 형성에 그치지 않고 가상세계와 현실세계의 경계를 허물고 있다. 장 보드리야르는 시뮬라시옹(*simulation*) 개념을 통해 이러한 가상세계와 현실세계 간의 모호한 경계성에 관해 설명한다(Baudrillard, 1994). 시뮬라시옹 현상들은 미디어상의 뉴스 보도, 특히 걸프전과 9·11테러 같은 충격적 사실들에 대한 보도 형태에서 가장 인상적으로 드러난다. 미디어에 의한 정보전달이 사건 자체의 실재적 모습을 넘어 보다 생생하고 윤색된 스펙터클을 전달해왔듯, 미디어 텔레프레즌스의 증가는 결국 현실세계보다 더욱 현실적인 가상적 공간을 창출한다.

(3) 유목성

디지털시대에는 새로운 유목민이 출현하게 된다. 디지털 유목민(*digital nomad*)이란 자크 아탈리(Jacques Attali)가 《21세기 사전》(*Dictionnaire du XXI Siecle*)에서 소개한 개념으로, 디지털 기기들을 통해 시간적, 공간적 제약을 넘어 자유로운 유목적인 삶을 사는 사람들을 지칭한다. 디지털 유목민의 핵심적 특성인 이동성은 뉴미디어의 다중적 속성에 의해 전면적으로 구현된다(Attali, 2000).

뉴미디어의 접속성과 다중성, 탈제약성을 기반으로 나타나는 유목적 특징은 현실생활 속에서 모바일 공간(*mobile space*)이라는 새로운 공간을 창출한다. 휴대폰을 비롯한 PDA, DMB, 포터블 게임기, 스마트폰, 스마트패드 등과 같은 각종 휴대용 기기들은 모바일 공간의 형성을 위한 기본적인 도구들이다. 이러한 첨단 미디어 기기들은 우리 생활 속에 침투해 각종 서비스를 제공한다. 보행 중에는 물론이요, 지하철이나 버스와 같은 운송수단 내에서도 정보의 소통 및 개인작업의 수행이 가능하게 된 것이다.

이러한 유목성은 새로운 사회현상을 추동하기도 한다. 2008년 미국산 쇠고기 수입반대 시위 당시 많은 참가자들은 디지털 유목민으로서의 역할을 보여주었다. 뉴미디어 기술을 이용해 집회 현장을 인터넷에 생중계한 것이다. 이러한 유목적 행위들은 기존 미디어들보다 더욱 빠르고 생동감 있게 사건을 전달한다. 새로운 디지털 미디어 기기인 노트북 컴퓨터와 캠코더, 와이브로 통신기술이 만들어낸 새로운 양상들은 기존 사회와는 전혀 다른 사회적 현상들을 이끌어내고 있다. 새로운 사회에서의 유목성은 방송 제작과 같이 고정되고 유목적이지 않았던 작업들을 역동적 사건의 현장으로 옮겨놓고 있다.

(4) 탈제약성

기존 사회에서 개인 간 소통은 문화적 · 사회적 · 도덕적 측면에서 제약받게 된다. 하지만 뉴미디어 기술은 개인들에게 현실사회의 제약들을 뛰어넘을 수 있는 새로운 수단을 제공한다. 마누엘 카스텔은 새로운 기술의 보급과 확산이 기술에 대한 적응력이 빠른 청소년층에 의해 선도되고 있음을 관찰하면서, 새로운 기술이 청소년들의 안전을 보장하면서 자율성을 가져다준다는 긍정적 측면을 부각시킨 바 있다(Castells, 2006). 기존 사회에서 보호받고 통제되어야만 했던 청소년들이 뉴미디어의 자율성과 안전성을 기반으로 새로운 또래 문화를 형성할 수 있게 된 것이다.

탈제약적 양상들은 비단 청소년의 세계에서만 국한된 것은 아니다. 뉴미디어의 등장은 기존의 직업체계에도 새로운 변화를 가져왔다. 그동안 단순한 놀이로 경시되었던 컴퓨터 게임이 뉴미디어의 파급력과 결합하여 프로게이머라는 새로운 직업을 창출한다. 그러나 기존 사회에서 금기시되던 문제들이나 정치적으로 첨예하게 대립되는 사안에 대한 논의들은 뉴미디어의 익명성을 통해 사회적 통제권을 벗어난 극단주의로 치닫기도 한다.

뉴미디어 세계의 탈제약적 성향들은 일상 언어행위에까지 영향을 미친다. 지금까지 병리적이거나 부정적인 뉘앙스를 지녔던 용어들이 뉴미디어 공간에서 일상적이고 신선한 의미로 새롭게 부활하고 있다. '변태', '엽기', '굴욕'과 같은 단어는 과거에 부정적 의미를 가지고 있거나 전문적인 용어로 사용되었다. 하지만 뉴미디어의 등장과 더불어 그들은 종전의 의미를 탈피해 친근하고 일상적인 용어로서 새롭게 활용되고 있다.

어떻든 이 같은 탈제약성도 뉴미디어 기술과 사회세계와의 상호작용 속에서 배태되는 융합시대의 한 가지 특성이라고 하겠는데, 융합미디어를 통해 개개인은 시공간적 제약뿐만 아니라 사회구조적 혹은 사회의식적 제약까지 초월한 자유로움을 만끽할 수 있다.

2) 미디어 기반 사회의 도래

뉴미디어의 발전은 미디어가 사회세계에 미치는 영향력을 강화하는 중요한 계기였다. 뉴미디어 기술은 기존의 미디어가 충족시키지 못하였던 사회세계에서의 소통 욕구를 충족시킬 수 있는 기술이다. 뉴미디어의 본원적 특성인 접속성, 익명성, 다중성, 시공간 변형성은 사회의 소통적 욕구와 맞물려 작동하는 미디어 기반 사회의 주요한 특성들이다. 따라서 미디어 기반 사회는 궁극적으로 미디어 체계의 변동과 문화·사회변동 사이의 변증법적 관계 속에서 나타나는 새로운 사회 형태라고 할 수 있다(〈그림 5-4〉 참조).

미디어 기반 사회는 모든 사회관계가 미디어를 통해 이루어지는 상태를 의미한다. 다시 말해 모든 소통이 미디어를 매개로 이루어지는 사회인 것이다. 미디어 기술의 발달은 뉴미디어로 대변되는 새로운 미디

〈그림 5-4〉 미디어 기반 사회의 도래

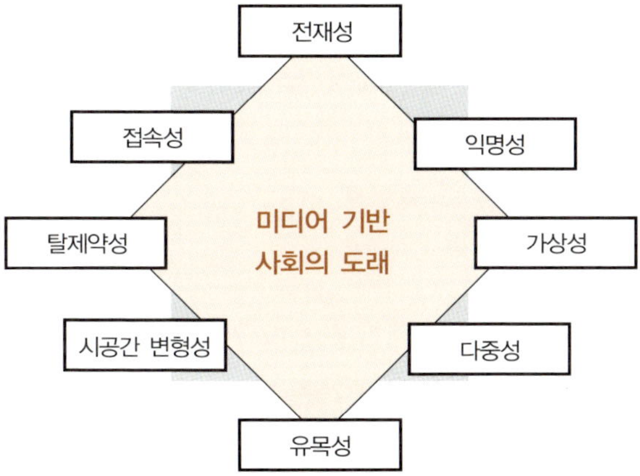

어의 출현을 야기하였으며, 소통에 대한 사회세계의 요구는 모든 소통이 어떠한 제약 없이 미디어를 통해 이루어지는 미디어 기반 사회의 출현으로 이어진다. 미디어 기술의 주요 특성인 접속성, 익명성, 다중성, 시공간 초월성을 포함하는 미디어 세계의 변화상은 미디어 기반 사회의 중요한 토대가 되며, 이러한 기술적 토대와 사회적 요구가 어울려 전재성, 가상성, 유목성 및 탈제약성을 특징으로 하는 미디어 기반 사회가 도래하게 된다.

4. 미디어 기반 사회의 향방

그렇다면 미디어 기반 사회의 후속 단계는 어떠한 모습을 띠게 될 것인가? 여기서는 최근 미디어 기반 사회에서 관찰되는 속성들로부터 유추할 수 있는 후속적 특성들을 거론해보기로 하자. 사회구조의 불안정성(*instability*), 그 안에서 발생하는 사건들의 돌발성(*abruptness*), 새로운 사회조직의 자기구성성(*self-organization*), 그리고 구성원들의 행위에서 강화되고 있는 상호성(*reciprocity*)이 그러한 것들이다.

1) 불안정성

미디어 기반 사회가 갖는 초개방성(*super-openness*)과 다양성(*diversity*) 및 가형성(*morphogenesis*)은 자칫 기존 사회의 유연성 개념과 혼동될 가능성이 있다. 그러나 최근 사회의 예측할 수 없는 역동성 및 그와 더불어 파생하는 이해 불가한 응집성, 그러다가 순식간에 출몰하는 불안정성은 분명 기존 사회체계에서는 쉽사리 발견할 수 없는 부가적 특성들이라고 여겨진다.

하지만 미디어 기반 사회에서의 불안정성은 위험의 일종으로 여겨졌던 기존 사회의 불안정성과 달리 창조성(*creativity*)의 모태가 될 수 있다. 즉, 미디어를 기반으로 한 역동적이고 비고형적인 세계는 예측 불가능한 혼돈 속에서 창조적 진화를 이끌어낼 수 있다. 이러한 새로운 불안정성의 특징을 가장 잘 예시하는 사례 중 하나가 '플래시몹'(*flash mob*) 현상이다.

플래시몹이란 특정 사이트의 접속자가 급격히 증가하는 플래시 크라우드(*flash crowd*)와 뜻을 같이하는 군중을 일컫는 스마트몹(*smart mob*)의 합성어이다. 이는 불특정 다수의 사람들이 인터넷이나 이메일, 메신저, 휴대폰 문자메시지 등을 통해 사전에 정해진 시간에 약속된 장소에 모여서 특정한 행동을 연출하고 곧바로 흩어지는 행위로, 최근 인터넷 공간에 새롭게 등장한 사이버 문화현상의 하나에 속한다(Nicholson, 2005).

'무조직적으로 조직된'(Shirky, 2008) 플래시몹의 참가자들은 느닷없이 길바닥에 드러눕는다거나 동작을 멈춰버리는 등 예고 없는 독특한 단체행동으로 주위의 시선을 끈다. 플래시몹이 놀이의 하나로 작동할 때 참가자들은 질서와 규칙에 얽매인 일상으로부터의 일시적인 해방감과 가벼운 일탈이 주는 짜릿한 쾌감을 맛본다(민경배, 2004).

플래시몹은 집단적으로 하나의 메시지(특히, 정치적 메시지)를 전달하기 위한 시민참여의 수단으로도 사용되는 경우가 많다. 2008년 8월

15일 광복절, 인사동 일대에 돌연 검은 망토와 모자, 흰 가면을 착용한 이들과 1920년대 여학생 복장을 한 이들이 나타났다. 또 같은 달 23일, 이번에는 코엑스몰 영화관 매표소 앞에서 사람들이 일제히 바닥으로 쓰러졌다. 당시 미국산 쇠고기 수입 관련 촛불시위에 대한 경찰의 과잉대응을 비판하는 플래시몹이었다. 이는 단순히 의미 없고 혼돈스러운 장난이었던 플래시몹이 시민참여의 새로운 모델로 진화한 사례로 볼 수 있다. 또한 2012년 '전 국민 참여 독도사랑 프로젝트'의 일환으로 서울에서부터 시작된 독도사랑 플래시몹은 8월에 경남에서 1,300명, 10월에는 경북에서 500명이 자발적으로 날짜를 설정하여 참여하는 등 계속적으로 이어져갔다. 이는 플래시몹이 시민들의 참여적 메시지를 전달뿐 아니라 자발적 문화축제가 되어가는 양상을 보여준다.

플래시몹의 문화 축제적 성격은 2012년 크리스마스이브에 여의도공원에서 벌어진 '솔로대첩'에서도 극명히 나타났다(〈그림 5-5〉 참조). 크리스마스를 함께 보낼 연인이 없는 싱글들을 위한 축제를 기획한 주최 측은 미리 예정된 참가자 없이 단순히 모임 시간과 약속된 기호만을 공지했는데, 당일이 되자 여의도공원에는 전국에서 3천여 명이 모여드

〈그림 5-5〉 2012년 여의도 솔로대첩

는 진풍경이 펼쳐졌다. 이렇듯 불규칙적이고 일시적으로 보이는 파편적 현상들이 각각의 분기점에 따라 태초의 모습과는 전혀 다르게 혹은 그 합 이상을 넘어서는 새로운 진화의 형태를 찾아내는 미디어 시대의 불안정성은 때때로 새로운 사회적 창조성의 기반을 이룰 수 있는 잠재력을 지니고 있다고 본다.

2) 돌발성

내가 전혀 알지 못하는 다소 엉뚱한 정보나 생면부지의 사람과 뜬금없이 조우한다. 이전에는 예외적 사건으로 취급되던 이러한 일들이 이제 일상으로 다가오고 있다. 새로운 미디어가 우리에게 건네는 느닷없는 연결, 비일관적인 흐름, 그리고 촘촘한 연결망을 통한 엄청난 도약 효과는 최근 우리 사회에서 빈번하게 관찰할 수 있는 새로운 징후의 하나에 속한다. 이 '느닷없음과 비상식적 상호연계의 매듭'은 우리의 지각과 인지 영역에 도발적인 충격을 준다(김은지 · 이정욱, 2004). 이러한 돌발성을 예시하는 사건으로는 2005년 화제에 올랐던 '개똥녀 사건'을 들 수 있다.[5]

5) 2005년 인터넷에서 화제가 된 사건이다. 수도권 지하철 2호선에 탑승한 한 여성이 데리고 탄 애완견이 갑자기 설사를 했다. 여성은 당황하여 개를 닦았으나, 지하철 바닥에 떨어진 개 배설물은 치우지 않고 다음 정거장에서 내렸다. 결국 같은 칸에 있던 다른 사람들이 바닥에 떨어진 개의 배설물을 치웠다. 사건을 지켜본 한 사람이 애완견의 배설물을 치우지 않고 자리에 앉아 있는 여성과, 애완견을 데리고 여성이 지하철을 내린 다음 어떤 할아버지가 개의 배설물을 치우는 모습을 휴대폰으로 촬영하여 이 상황을 설명한 글과 함께 인터넷에 올리면서 사건은 예기치 못한 반향을 불러 일으켰다.

〈그림 5-6〉 개똥녀 사건과 관련한 각종 '짤방'들

본래 이 사건은 흔하지는 않더라도 우리의 일상에서 마주칠 수 있는 단편적인 소사(小事)였다. 그러나 관련 사진이 여러 사이트로 퍼 날라지고 인터넷 뉴스 사이트에 실리면서 사건은 일파만파로 번졌다. 네티즌들은 애완견을 데리고 지하철에 탄 여성의 사진을 공개적으로 유포하여 신원을 알아냈다. 주인공의 것으로 잘못 알려진 싸이월드 미니홈피에 욕설이 퍼부어지고 실제 주인공을 흉내 내 거짓 사과문을 쓰는 이도 나타났다. 또한 동영상 속의 주인공에게 '개똥녀'라는 별명을 붙이고 관련 '짤방'을 만들어 조롱함으로써 이 사건은 온라인상에서 소위 '대세'가 되었다(〈그림 5-6〉 참조).

이 사건에서 가장 큰 역할을 한 것은 현대사회에서 누구나 필수품처럼 가지고 있는 휴대폰과 인터넷이었다. 과거 사회에서 단편으로 취급될 소사가 휴대폰을 통해 데이터화되고 인터넷을 통해 퍼져나가면서 다수의 분노를 이끌어내어 엄청난 사회적 논란을 유발했던 것이다.

이는 복잡계 패러다임에서 이야기하는 나비효과(*butterfly effect*) 이론에서의 '초기 사건에의 민감성'(*sensitive to initial state*)이나 '기묘한 끌개'(*strange attractor*)와 같은 개념들로 잘 설명될 수 있다. 초기 사건은 각종 미디어로부터 우리가 받아들이는 무한한 끌개들에 의해 복잡다단하게 얽힌 관계 속에서 애초에 예상치 못했던 뜻밖의 모습으로 폭발한다. 우연한 환경과 사소한 사건이 분기점에서 조우하여 주어진 과정의 행로를 대폭 변경하면서 뜻하지 않은 결과를 야기하게 된 것이다. 개똥녀 사건에서 나타나는 '사건의 발발 → 목격자의 발생 → 사진 촬영 → 인터넷 업로드 → 집단적 비난 → 신상 털기 등 우연과 우연으로 이어지는 일련의 과정은 일상계에 편재한 미디어로 인해 더욱 강력한 증폭효과를 만들어낸다.

이와 유사한 돌발성을 드러내는 또 다른 최근의 사례로는 'T24 페스티벌'을 들 수 있다. 이 페스티벌은 인터넷상의 디지털카메라 커뮤니티 'SLR클럽'의 자유게시판에서 시작되었다. 2012년 8월 30일 해당 게시판에 24인용 군용천막을 혼자 설치했다는 내용의 게시물 스크린 캡처가 올라오고 그 진위 여부에 대해서 부정적인 의견이 주를 이루던 중, 'Lv. 7 벌레'라는 닉네임의 사용자가 "되는데요"라고 댓글을 단 것이다. 회원들이 믿지 않자 'Lv. 7 벌레'는 "24인용 구해오면 쳐드립니다"라고 응수했고 이는 회원들 간의 내기 형태로 번지게 되었다. 결국 30일 당일, 구체적인 내기 조건이 게시되면서 인터넷 게시판의 아주 사소했던 댓글 논쟁이 현실 내기로 전환되었다. 이에 같은 날 저녁, 이 내기를 지원하겠다는 광고대행사까지 나타났다.

행사가 확정되자 회원들은 자진해서 성공 시 포상 품목을 추가하고 관련 패러디 포스터, 동영상, 노래 등을 제작하며 그들끼리 즐기기 시작했다. 기업들도 페스티벌에서 관람객들을 위한 간식과 음료수, 스마트폰, 크루즈여행 상품권 등을 협찬하겠다고 나섰으며, 유스트림코리

〈그림 5-7〉 T24 페스티벌

아와 아프리카TV가 인터넷으로 행사를 생중계하기로 하였다. 이 소식이 SNS를 따라 급속도로 퍼져나가자 연예인들이 트위터에서 당일 축하 공연 및 추가적인 상품 협찬을 약속하고 국방부 트위터가 관심을 보이는 등, 이 행사는 사회적으로 주목받는 축제가 되었다. 축제일이었던 9월 8일, 행사장인 초등학교 운동장에는 3천 명이 넘는 관객들이 운집했다. 인터넷 생방송 중계창에는 10만 명이 넘는 동시접속자가 모였으며, 축제 당일의 인터넷TV 누적시청자 수는 190만 명을 초과하는 폭발력을 보였다.

T24 페스티벌은 인터넷 이용자들이 우연적이고 자발적으로 발생시킨 오프라인 축제라는 점에서 국내 최초의 'SNS 페스티벌'로 평가받는다. 애초의 발단은 어디에서나 흔히 볼 수 있는 일상이고 사소한 것이었지만, 이것이 예측하지 못하는 방향으로 끌개가 겹쳐지며 하나의 집단 놀이로 재탄생한 것이다. 여기서 강력한 힘을 발휘한 것은 뉴미디어

였다. 회원들이 의견을 나누던 인터넷 게시판과 이를 네트워크 전체에 생중계한 SNS는 기업들의 참가는 물론이요 메이저 미디어의 주목까지 이끌어내며 작은 논쟁을 불특정다수의 돌발적 놀이판으로 변모시켰다. 이렇듯 상호연관이 이루어지기 어려운 지점에서 예측 불가능하게 맺어지는 '이상한' 관계들의 결합은 이전에는 존재하지 않았던 강력한 미디어 효과를 기반으로 빈번히 촉진된다.

3) 자기조직성

앞서 언급한 불안정성에서 유발되는 창조적 변형과 돌발성에서 나타나는 의외의 연계는 새로운 응집력을 조성해낸다. 편재하는 접속창구를 통해 분산화된 개인들은 이제 도리어 확연하게 융합하고 공생하는 자연적인 자기조직화 행태를 보인다. 이는 이전의 산업사회를 건너뛴 예전의 계나 품앗이와 같은 내부공생적 모습과 유사성을 지닌다.

미국의 짐 그레이(Jim Gray) 찾기 사례는 이러한 미디어 기반 사회의 새로운 응집력을 여실히 보여준다. 2007년 1월, 컴퓨터 분야의 노벨상이라고 할 수 있는 튜링상(ACM Turing Award) 수상자인 짐 그레이가 요트를 타다가 바다에서 실종되었다. 실종 장소가 바다인 까닭에 경찰이 수색에 난항을 겪자, 이 뉴스를 들은 네티즌들은 아마존(Amazon)의 메커니컬 터크 서비스(Mechanical Turk Service)[6]를 이용해 짐 그레이

6) 메커니컬 터크란 터키 자동인형이라는 의미다. 이 이름은 헝가리 출신의 발명가 볼프강 폰 켐펠렌(Wolfgang von Kempelen)이 1769년에 만든 체스 대전로봇에서 비롯되었다고 한다. 아마존 메커니컬 터크는 풀어 말하면 잉여 노동력 마켓 플레이스라고 할

찾기에 나섰다.

메커니컬 터크를 이용해 자원봉사에 나선 사람들은 짐 그레이가 탄 배의 움직임을 추정하여 인근 지역 3,500평방마일에 대한 56만 장의 위성사진을 입수하였다. 그들은 이 잘게 잘라진 이미지를 메커니컬 터크를 통해 희망자들에게 배포하고, 희망자들은 해당 이미지에서 일반 자연경관이 아닌 배 같은 것이 보이면 제보를 하였다. 불행히도 짐 그레이는 끝내 발견되지 않았다. 그러나 3,500평방마일을 포괄하는 56만 장의 사진을 이들은 불과 5일 만에 모두 뒤져냈다.

짐 그레이 찾기의 사례는 미디어 기반 사회에서 나타나는 새로운 자기구성적 조직의 모습을 예시한다. 이러한 조직은 태초의 주동자도 불분명하며 그 태생 역시 자연적이다. 고정적이지 않은 역동적 목표가 상존하고, 그 일단의 목표를 향해 가더라도 그 과정 및 수단의 가능성은 무한으로 증폭된다. 이렇듯 정의되지 않는 불특정 다수의 참여자들이 만들어내는 자기조직성은 혼돈 속에서 새로운 질서를 창발할 수 있는 가능성을 시사한다.

수 있다. 컴퓨터가 하지 못하는, 그러나 사람에게는 심심풀이에 불과한 단순노동으로 푼돈을 벌게 해주는 것이다. 이를테면 어떤 사진에 피자 가게가 찍혀 있는지 아닌지를 컴퓨터가 판단하기는 힘들지만 사람은 쉽게 판단할 수 있다. 질문 하나에 100원씩 주면서 간단한 설문조사를 진행할 수도 있다. 영화 줄거리를 요약하도록 할 수도 있고 재미있는 글과 재미없는 글을 골라내도록 할 수도 있다. 애초에 아마존이 메커니컬 터크를 만든 것도 아마존 제품 페이지 가운데 중복된 것을 골라내기 위해서였다. 컴퓨터로 작업을 하긴 하지만 한계가 있었기 때문이다. 그러나 결국 단순 노동이고 보수도 많지 않았다. 다만 심심풀이로 하고 푼돈을 벌기에는 적당한 일이다. 용돈이 필요한 중학생들이나 제 3세계 노동자들에게는 유용한 돈벌이 수단이 될 수 있다. 이처럼 컴퓨터가 사람을 돕는 게 아니라 사람이 컴퓨터를 돕게 되는 경우도 많다(이정환, 2008).

4) 상호성

근대사회의 개인화 경향을 목도한 일부 학자들은 향후 인간관계가 보다 분절되고 해체될 것이라고 우려했지만, 개인 미디어의 발달은 관계의 응집성을 더욱 가중시키거나 필수적인 것으로 만들고 있다. 모바일 기술과 개인 미디어의 결합은 가상공간에서 언제 어디에서나 타인과 닿아 있을 수 있는 광활하고도 끈끈한 네트워크를 제공하고 개인들 간의 끊임없는 인지적·감성적 상호작용을 요구하는 공동체로 이어진다(〈그림 5-8〉 참조).

〈그림 5-8〉 #Occupywallstreet 태그로 연결된 노드들

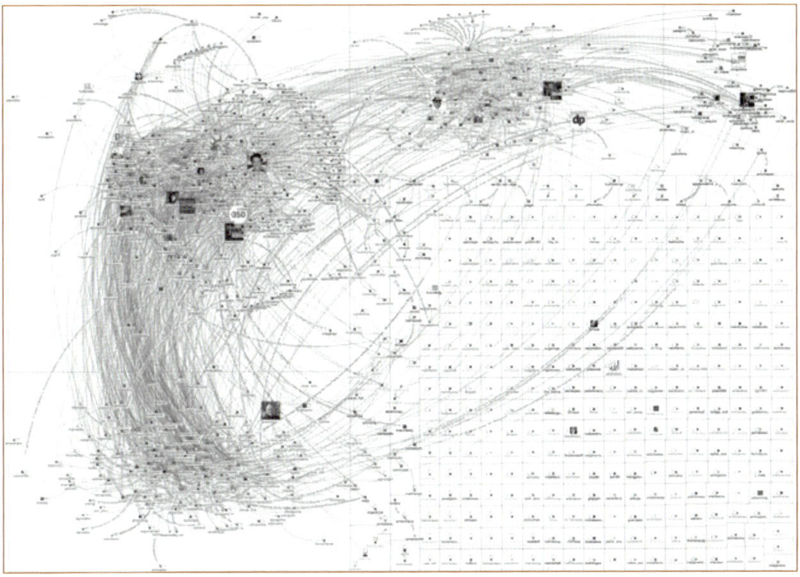

출처: http://www.connectedaction.net/2011/10/08/occupywallstreet-nodexl-sna-twitter-map-for-8-october-2011/

최근 '아랍의 봄'을 주도했던 트위터의 '해시태그' 기능이 가장 대표적인 사례 중 하나일 것이다. 해시태그는 주제어 앞에 '#' 기호를 넣어 본문에 삽입함으로써 해당 주제어의 검색을 용이하게 해준다. 각개의 트위터나 블로그는 인터넷이라는 망망대해에 산발적으로 흩어져 있는 개인 미디어로서 서로 링크가 되지 않는 한 접촉하기 어렵지만, 이 해시태그를 사용하면 전 세계의 이용자에게 노출되어 적극적인 상호 커뮤니케이션을 형성할 수 있다. 이는 몇 년 전부터 다양한 형태로 시도되던 소셜 태깅(*social tagging*)이 근래 가장 간편한 형태로 발전한 것이다. 일단 서로에게 노출되고 나면 같은 취미나 가치관을 가진 사람들끼리 다시 서로를 팔로우하거나 링크하면서 '느슨한 관계'를 형성하기도 한다.

한편 페이스북은 최근 멘션 태깅(*mention tagging*) 기능을 추가했는데, 이는 사용자가 특정 장소에서 정보를 등록하며 자신의 친구들에게 태깅을 통해 공유하게 하는 기능이다. 이러한 소셜 태그 기능은 SNS뿐 아니라 IT 기기 자체에도 내장되기 시작했다. 2012년 출시된 삼성의 갤럭시S3 스마트폰에서는 카메라로 사진을 찍으면서 바로 소셜 태그를 통해 타인과 공유할 수 있는 기능이 추가되었다. 만약 연락처에 프로필 사진이 등록되어 있는 사람이라면 자동으로 사진에서 얼굴인식을 통해 태그를 추천하기도 한다.

이러한 소셜 태깅은 분류와 검색이라는 태깅의 기본적인 목적에 여러 사용자의 태그를 연결함으로써 새로운 가치를 더하는 사회적 연결(*social networking*) 서비스다. 이러한 연결망은 곧 새로운 정보를 접할 수 있는 지식경로를 설정하게 되기도 한다. 사용자들이 자신들의 태그를 공개하면서 동일 태그를 다른 사용자가 어떻게 분류하고 접근하는지를 살펴봄으로써 지식경로를 만들어나가는 딜리셔스(del. icio. us)로 대표되는 소셜 북마킹(*social bookmarking*) 서비스 등이 그것이다. 소수와 집단, 소사와 대사를 넘나들며 사용자들은 집단지성을 구축함과 동시에 관심사를 공유하면서 새로운 인간관계와 지식체계를 창출해나간다.

나아가 이 네트워크는 기존의 인적 자본을 반영하거나 더욱 확대시킨다. SNS에서 지인의 수는 인기 또는 영향력의 척도로 통한다. 트위터상에서 가수 레이디 가가(Lady GaGa)는 3,300만 명, 버락 오바마(Barack Obama) 미국 대통령은 1,600만 명, 소설가 이외수는 137만 명의 '팔로워'를 거느리고 있다. 개인의 '인맥'은 가족, 친구 등으로 공고히 이루어진 결속적 사회자본(*bonding social capital*)과 쉽게 끊어질 수 있는 가벼운 연결적 사회자본(*bridging social capital*)으로 나눌 수 있다(Putnam, 2000). SNS로 추가되는 인맥은 개개인의 연결적 사회자본이 확장되는 것이라 볼 수 있는데, 이러한 연결적 사회자본의 영향력을 통해 개인은 자신의 의견을 제안함으로써 많은 사람들에게 공감과 이해를 더해준다.

소셜 네트워크 내의 연결망은 모든 경계를 흐리게 하고 결국 시작과 끝조차 모호하게 만들어버린다. 그리고 이 시작도 끝도 없는, 제한 없이 모두에게 열려 있는 네트워크를 통해 강력하게 공유된 주제들은 주체들 간의 상호작용 행위를 통해 확산되며 또 다른 창조물을 탄생시키는 중요한 가교 역할을 하게 된다. 이렇듯 나선형으로 증식되는 인간관계의 상호성은 새로운 사회의 상호소통적 욕구를 대변하는 것이라 할 수 있다.

5. 소결: 미디어는 사회다(Medium is Society)

불안정성, 돌발성, 자기조직성, 상호성과 같이 새로이 발현하는 미디어 기반 사회의 특징들은 자체로서는 단면적 특성에 불과하다고 여겨질지 모르나 이들이 서로 복합적으로 연결되고 통합되면서 복잡성을 증식한다. 또 이 복잡한 연계는 편재하는 미디어를 기반으로 응집되고 재분산되어 새로운 파장을 만들어가며 다변화한다. 이는 앞으로 사회가 단 하나의 특성으로 단정 지을 수도 없고 훗날 어떻게 변화할지마저 쉽사리 예측할 수 없는 고도 복잡사회(*high-complexity society*)로 향진할 것임을 예견케 한다.

고도 복잡사회에서는 높은 복잡성을 담지한 인간과 미디어가 능동적으로 결합해 발전하는 공진화(*coevolution*) 과정이 두드러질 것으로 추정된다. 공진화란 상호의존적 요소들이 서로 영향을 끼치며 동반적으로 진화해 나아가는 현상이다. 공진화 이론은 실제의 진화는 생명체의 돌연변이가 환경에 의해 선택된다는 적자생존의 논리에서 벗어나 전체가 개체를 진화시킬뿐더러 개체도 전체를 진화시키는 데 기여하는 상호변화적 과정임을 함축한다.

이제 인간-미디어의 공진화, 그리고 미디어를 기반으로 한 인간-인간의 공진화는 우리 사회에서 회피할 수 없는 필연적 요소가 되어간다. 이러한 미디어-사회 간의 공변 관계는 미디어가 곧 사회요 사회가 곧 미디어인 '미디어 사회'(*media society*)로 귀결될 것으로 전망된다. 촘촘히 이어진 고도의 연결체에 해당하는 미디어 사회에서는 사소한 사건이 삽시간에 많은 사람들에게 전파되는 감염 효과(*contagion effect*)가 일상화할 수 있으므로, 가중되는 혼돈과 불안을 완화하는 일이 크나큰 사회적 과제로 등장할 전망인데, 이는 곧 소통질서의 혁신이라는 과업으로 이어지게 된다.

제6장

디지털 융합의 사회적 파장

1. 사회체계의 유연화

'문명사적 전환'을 선도한 인류 역사의 거대 혁명들은 우리 삶의 모습을 뒤바꾸는 지각변동을 일으켜왔다. 융합을 주조로 하는 디지털 혁명 역시 이전의 농업혁명이나 산업혁명과 마찬가지로 거시적 사회구조에서 내면적 의식세계에 이르는 전면적 변화를 야기하고 있다(김문조 · 김종길, 2006).

디지털 융합의 사회적 파장은 '유연화' 논제로 일괄할 수 있다. 사회 유연화의 맹아는 정보기술혁명의 확산에 앞서 1970년대 중반 생산 영

* 이 장은 2010년 〈사회와 이론〉 17집에 실린 김문조 · 김남옥의 논문 "정보혁명의 사회제도적 파장"을 수정 · 보완한 것임.

역에서 일어난 축적체제의 전환에서 찾아볼 수 있다. 마이클 피오르(Michael Piore)와 찰스 세이블(Charles Sabel)이 《제 2차 산업분화》(*The Second Industrial Divide: Possibilities for Prosperity*)에서 강조한 바 있듯(Piore & Sable, 1984), 당시는 자본주의가 새로운 분기점에 들어선 시기였다. 경직성을 특징으로 하는 포디즘적 축적체제가 위기에 직면하자 '유연적 축적체제'(*regime of flexible accumulation*)를 기반으로 한 자본주의의 재구조화가 촉발되었다.

이러한 전환은 기업 조직의 원리에 변화를 초래해 생산, 경영, 마케팅의 유연성을 강화시켰다(Castells, 2003). 하지만 그 과정에서 1980년대부터 본격화된 정보통신기술과의 만남이 없었다면 변화의 방향이 달라졌을지 모른다. 시공간 응축을 가능케 한 정보통신기술의 응용은 경제활동의 초(超)국경화뿐만 아니라 탈산업화, 탈국가화를 조장하는 결정적 요건이었다. 따라서 네트워크 논리로 작동하는 정보통신기술이야말로 유연화의 촉진제였다고 말할 수 있다. 기술적 요인은 유연적 자본 축적체제로의 이행을 독려해 일차적으로 노동세계의 변화를 야기했고, 가족제도나 교육체계 등의 인접 영역에 연쇄적 효과를 끼쳤다. 그 결과, 유연성(*flexibility*)이 새로운 사회적 특성으로 확립되었다.

사회적 유연화는 근대 산업자본사회 단계로 기원을 소급할 수 있다. 포디즘이라고 불리는 산업자본주의적 생산체제의 한계가 사회 유연화의 모태인 까닭이다. 따라서 이 장에서는 산업자본주의적 생산양식의 한계에서 포스트포디즘이라는 유연적 축적체제가 태동하는 과정을 당대의 기술변화와 더불어 개관하고, 유연화가 사회체계 전반으로 확산되는 양상을 노동, 교육 및 일상생활의 3대 영역으로 나누어 고찰한 후, 유연사회의 긍정적 · 부정적 측면을 전망하면서 대응방안을 탐색해 보고자 한다.

2. 사회 유연화의 배태 요인

군둘라 엥리슈(Gundula Englisch)의 '노마드 사회', 볼프강 벨슈(Wolfgang Welsch)의 '가변문화 사회', 아르민 나세히(Armin Nassehi)의 '기능분화 사회', 빌헬름 하이트마이어(Wilhelm Heitmeyer)의 '해체 사회', 마틴 앨브로(Martin Albrow)의 '세계 사회', 마누엘 카스텔의 '네트워크 사회' 등은 모두 격변하는 현대사회를 규정하는 키워드들이다(Pongs, 2003). 이들은 역동성이 강화되는 현대사회의 모습을 독자적인 용어로 나타냈지만, 모두 개방화 · 유동화를 지향하는 '유연성'을 강조한다는 점에서 본질적으로 다를 바 없다.

더구나 유연성은 최근 현대인이 추구해야 할 새로운 신조가 되기에 이르렀다. 직업세계를 위시한 일상생활 전면에서 유연적 자세가 날로 크게 요청되고 있기 때문이다. 이 점은 과거 우리 삶을 지배해온 표준화 · 전문화 · 동시화 · 집중화 · 최대화 원리가 다양화 · 통합화 · 비동시화 · 분산화 · 적정화 원리로 대체되어간다는 앨빈 토플러의 선각적 진단에서도 역력히 판독할 수 있다(Toffler, 2002).

사회 유연화의 추동 요인은 크게 다음 두 가지로 구분할 수 있다. 하나는 포디즘에서 포스트포디즘으로의 축적체제의 이행이고, 다른 하나는 정보통신기술을 중심으로 한 신기술의 확산이다. 경제적 요인과 기술적 요인으로 일반화할 수 있는 양자는 상부상조해 유연화를 획책함으로써 사회체계의 역동성을 배가시켜왔다.

1) 자본주의 재구조화 : 포디즘에서 포스트포디즘으로

사회 유연화의 일차적 요인은 1970년대 오일쇼크 이후 위기에 당면한 포디즘을 대신해 등장한 포스트포디즘의 확산이라고 할 수 있다. 자본주의 생산양식의 기본은 부가가치 증대, 즉 이윤 창출에 있다. 그런데 칼 마르크스가 일찍이 이윤 창출의 비밀이 노동에 있다고 단언했듯이(Marx, 2005), 근대사회에서 노동은 이윤 확보의 핵심 기제로 작용해왔다. 따라서 근대자본주의의 역사는 곧 노동의 역사라고 해도 과언이 아니다. '잉여가치 창출과정'(*valorization process*)이라는 이윤 확장을 위한 노력은 노동력 관리나 통제와 직결된 것으로, 그것은 대량생산체제를 기반으로 한 포디즘이 사회 전면적으로 파급된 20세기 중반에 절정에 달하게 된다. 포디즘 축적체제가 위기에 처하자 이윤 확장을 위한 대안으로 출현한 것이 포스트포디즘 체제였다(Amin, 1994).

포디즘 대량생산체제는 조립라인의 기계적 생산공정을 통해 산출되는 표준화된 상품의 생산성에 기초한다. 이는 수직적 통합원리라는 조직형태에 기초해 노동의 사회적·기술적 분업을 제도화하고자 한 거대기업의 시장전략하에 적극 추진된 것이다. 그런데 '테일러리즘'이나 '공정합리주의' 등과 같은 경영방식으로 정식화된 포디즘 원리가 생산활동의 차원을 넘어 표준화·효율화·관료제화 등과 같은 삶의 원리로 확장되면서, 포디즘은 '생산방식을 넘어선 포괄적 생활양식'으로 자리 잡게 되었다(Harvey, 1991).

그러나 규모의 이점을 활용해 생산단가를 낮추고 임금 개선을 통해 노동자들의 구매력을 높여 이윤 창출을 극대화하자는 포디즘 전략은 세계화의 진전과 함께 딜레마에 빠져들게 된다. 경제활동의 탈국경화로 축적 위기에 대응하려는 과정에서 세계시장에 대한 통제력을 상실하게 되었기 때문이다. 이 상황에서 가장 문제시된 것이 포디즘 생산양식의 특성인 경직성이었다. 하비는 경직성을 주된 특징으로 하는 포디즘 생산양식이 장기적 고정자본의 대폭적 투자, 노동시장·노동 분배·노동 계약의 경직성 및 국가정책의 경직성 등과 결부되어 1970년대부터 심각한 문제점들을 노정했다고 말한다(Harvey, 1991). 이런 점에서 유연적 생산체제를 기반으로 한 포스트포디즘 체제는 경직성 극복을 위한 합당한 대안으로 평가된다.

유연성을 특징으로 하는 포스트포디즘 생산체계는 외부세계의 불가측한 요구에 부응해 다양한 생산물들을 신속하게 시장에 내놓아야 한다는 새로운 시대적 요청의 산물이었다. 리처드 세넷(Richard Sennett)은 이러한 변화에 소비자 수요의 변덕스러움이 큰 몫을 했다고 주장한다(Sennett, 2002). 수요의 변덕은 제품의 유연성과 공정의 유연성을 요구하는바, 의사결정의 신속성을 요한다. 따라서 종래의 관료제적 조직의 수직적이고 경직적인 구태를 폐기해야 할 처지에 직면하게 된다. 따라서 포스트포디즘 생산체제에서는 소규모의 팀 작업과 적시생산방식, 위계질서를 없앤 수평적 관리질서, 전문 노동자들의 다기능전문가화, 분권화된 발언권 등을 특징으로 하는 새로운 관리방식이 선호된다. 뿐만 아니라 조직 간 네트워킹이 중시됨으로써 기업들 간의 전략적 제휴가 중시된다. 더구나 상기 특성들은 새로운 축적체제에 상응한 새로운 인간형을 탄생시키는 요인이 되기도 한다. 즉, 포스트포디즘은 베버가 제시한 소명적 인간관이나 포디즘적 노동관과는 상반된 유연성 원리를 신봉하는 '가변적 인간형'을 요구한다.

2) 정보통신혁명과 생산체제의 변화

사회 유연화 과정에 결정적 영향을 끼친 또 한 가지 요인은 정보통신기술이다. 시공간 변형력을 담지한 정보통신기술은 시간과 공간 개념에 혁명적 변화를 초래해 광속의 거래 속도와 무한대의 교역 공간을 허용하는 신경제를 견인해왔다. 카스텔이 기업의 분권화된 의사결정, 전략적 제휴, 그리고 하청협정 등과 같은 복잡한 거미줄 구조의 형성은 컴퓨터 네트워크 기술의 발전 없이는 불가능했을 것으로 진단한 바와 같이(Castells, 2006), 새로운 생산체계와는 독립적으로 발전된 정보통신기술은 경직성으로 대변할 수 있는 포디즘 체제의 극복과정에 적기에 도입됨으로써 포스트포디즘을 확산시키는 데 결정적 역할을 담당했다. 정보통신기술의 진보는 산업구도 전반의 동적변화를 유도하고 기업전략의 유연성을 강조하며, 네트워크 조직화에 따른 정보 불균형 해소 등 조직운영의 효율성 또한 증가시켰다(조남재, 2005). 요컨대, 포스트포디즘 조직원리와 정보혁명은 상호 보강과정을 통해 유연적 조직원리의 정립에 기여해왔다고 말할 수 있는데, 이때 주목해야 할 점은 정보통신혁명이 포스트포디즘적 생산체제를 뒷받침하는 수단의 차원을 넘어 정보지식을 소재로 하는 새로운 경제시스템을 창출함으로써 사회 유연화를 촉진시켜왔다는 사실이다.

앨빈 토플러는 사람의 근력, 동물의 힘, 태양이나 바람과 같은 자연현상에 의존하던 에너지원이 석탄, 가스, 석유 등의 화석연료로 대체된 산업혁명기에는 증기기관이라는 혁신적 기술변화가 수반되었다고 말한다. 또 전기의 발명은 기술을 전적으로 새로운 수준으로 끌어올려 톱니바퀴로 맞물려 작동되는 새로운 기계를 생성하였음을 역설한다. 뿐만 아니라 전기의 발명은 기계를 만들어내기 위한 기계, 즉 공작기계를 생산해냈고, 한 지붕 아래 여러 기계를 모아놓은 조립라인 공장을 만들어냈다는 것이다(Toffler, 2002).

그러나 카스텔은 정보통신기술을 주축으로 한 정보혁명기를 인간이 만든 기계로 에너지를 생성 분배하는 역량을 확장시키기 위한 기술의 조직화가 진행된 산업시대와는 달리 정보 가공과 커뮤니케이션의 역량 증대를 목표로 한 새로운 기술혁신의 시기로 간주한다. 그는 신기술이 지향하는 특성을 다음 세 가지로 요약한다. 첫째는 용량, 복잡성, 속도 면에서 자체적 가공을 촉진하거나 전파하는 능력이고, 둘째는 디지털화나 재현적 소통 기능에 기초한 재결합을 실현하는 능력이며, 셋째는 디지털 네트워킹을 통한 분배의 유연성과 상호성을 견지할 수 있는 능력이다(Castells, 2009a).

이 같은 신기술에 기반한 신경제는 고도의 복잡성을 지닌 네트워크화된 조직을 특징으로 하는 '유연 경제'로 규정할 수 있다. 첨단 정보통신기술이 풍미하는 유연 경제체제하에서는 시공간의 재구조화와 언제 어디서든 동원 가능한 전재성 효과를 기반으로 유연적 생활문화가 창출되어 근로 영역뿐 아니라 비근로 영역 전반에서 유연성이 배가된다.

3. 사회 유연화의 파급효과

가변성과 불확정성을 속성으로 하는 유연사회는 전래적 사고방식이나 경직적·위계적 관료체제의 질곡을 벗어나려는 동기에서 출원한 것이라고 말할 수 있다. 유연사회의 진로에 관해서는 생산기술의 발달로 인한 생력화로 근로의 고역에서 벗어난 유토피아적 '무노동사회'가 도래해 높은 수입과 여유 있는 생활을 향유할 수 있을 것이라는 분홍빛 전망이 있는가 하면, 일자리 축소로 다수 근로자들이 임시직이나 실직 상태로 내몰리는 고용 불안이 확산될 것이라는 비관적 견해도 공존한다. 그런데 유연사회에 대해 비관적 전망을 견지하든 낙관적 전망을 고수하든, 대다수 학자들은 기존의 삶의 방식에 일대 변환이 전개되리라는 역동적 견해에 뜻을 같이한다.

유연적 사회질서하에서는 종전의 관행이나 가치체계가 소기의 효력을 발하지 못할 것임이 자명하다. 이런 상황을 '전환의 시대'로 규정한 피터 드러커(Peter Drucker)는 오늘날 사회현실을 근대자본주의 체제가 후기자본주의 체제로 대체되는 과도적 단계로 인식한다. 기술적 진전에 힘입어 정치·경제·사회·문화 모든 부문에서 기존 상태와는 상이한 새로운 모습의 세계가 도래해, 주류적 계급이 부르주아/프롤레타리아에서 지식근로자/서비스근로자로, 생산수단이 자본/자원/노동에서 지식정보로, 주권의 단위가 국가권력에서 지구권력으로, 복지 단위가 사회 위주에서 개인 위주로 변화하는 과정이 순조롭게 진행되고 있다는 것이다(Drucker, 2004).

새로운 축적질서의 형성에 따른 유연화 파고는 일차적으로 노동세계

〈그림 6-1〉 사회적 유연화의 진행 도식

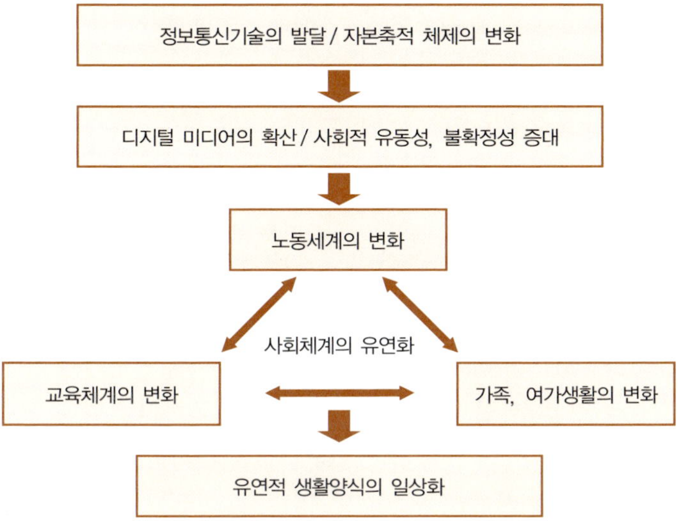

에서 발견할 수 있으나, 차후 교육 및 가정생활을 위시한 여가생활 전반으로 확산되어 규율적 형태가 아닌 유연적 생활양식을 정착시키게 된다. 유연성 삶을 조장하는 사회적 유연화의 진행과정을 총괄적으로 도식화하면 〈그림 6-1〉과 같다.

1) 노동세계의 변화

노동은 지금까지 개인의 생존을 담보하는 핵심적 활동 범주로 간주되어왔다. 따라서 유연화가 노동세계를 기축으로 전개되어왔다는 점은 결코 이례적 현상이 아니다. 노동세계의 유연화 경향은 경제활동의 규모나 속도, 그리고 직업 활동의 형태에서 명시적으로 드러난다.

(1) 규모의 경제에서 속도의 경제로

산업자본주의 시대는 포디즘으로 대변되는 대량생산체제로 특징된다. 그러나 소품종 대량생산을 기본으로 하는 포디즘 생산양식의 한계로 귀착시킬 수 있는 산업자본주의의 모순이 심화되면서 다품종 소량생산체제로의 전환 압박이 고조되었는데, 정보통신기술은 이러한 유연체제로의 전환에 결정적으로 작용해 노동세계의 전면적 변화를 추동한다.

흔히 '규모의 경제'로 표현되는 포디즘적 산업자본주의사회에서는 직업 경력이 중시된다. 또 바람직한 직장에 들어가면 결정적 과오가 없거나 이직을 원치 않는 한 은퇴 시기까지 직장이 보장되는 것이 일반적이므로, 개인의 일대기는 쉽게 예측 가능하고 일대기의 설계도 비교적 용이하다.

규모의 경제에서는 큰 것이 작은 것을 지배한다. 대량소비를 뒷받침하는 대량생산이 최고의 미덕이기 때문이다. 이는 시공간 고착적 체제와 연동된 현상이라고 할 수 있다. 일정 시각에 특정 공간으로 출근해 정해진 시간 동안 일하고 퇴근하는 것이 보편화된 상황에서 사람들은 그러한 일과를 준행함으로써 규모가 지배하는 사회경제적 질서에 쉽사리 적응할 수 있었다.

하지만 이제 속도가 규모를 밀어내고 있다. '네트워크 사회의 도래'는 획일화 · 표준화 · 영속성 · 확실성을 밀어내고 일시성 · 찰나성 · 가변성 · 다양성 · 유동성 · 애매성이 지배하는 새로운 질서를 형성하기 시작해 유연사회로의 이행을 재촉한다. 이러한 유연화 과정에 정보통신기술이 크게 기여해왔음은 의문의 여지가 없다. 첨단 정보통신기술은 빠른 속도가 특징으로, 속도는 인간활동에 다방면으로 영향을 끼쳐 활동 자체를 재구조화한다. 주문량 및 생산량이 극히 낮았던 과거에는 찔끔찔끔 짜낸다는 의미에서 '쥐젖 만들기'라고 폄하되던 다품종 소량생산이 오히려 바람직한 것으로 각광받는 오늘날 노동현실에서 그 점을 직시할 수 있다(Toffler, 2002).

다품종 소량생산체제란 정지하지 않는 기계를 이용한 주문생산을 특징으로 하는 것으로, 이 경우 대량생산체제에 버금하는 이윤을 담보할 수 있는 대안적 기제가 속도 효과이다. 토플러는 컴퓨터 레이저 총을 이용하기 때문에 과거처럼 열 개, 백 개를 한꺼번에 재단하지 않고 한 번에 한 장씩 재단하더라도 종전의 생산 속도를 유지하면서 재고의 부담까지 해소할 수 있는 새로운 T-셔츠 주문생산방식의 의의를 다음과 같이 서술한다.

"어떤 학자는 여전히 우리가 대량생산체제에 놓여 있다고 우기면서, 린-생산방식을 그 근거로 제시한다. 즉, 적시에 공급하되 재고량을 없애려고 고안된 린-생산방식은 결코 소량생산방식이 아니라 대량 맞춤 생산방식이라는 것이다. 하지만 이런 관점에서도 속도의 경제라는 말은 결코 어긋난 주장이 아니다. 미세한 부품들을 없애고 컴퓨터로 디자인을 하거나 다른 첨단 도구를 사용함으로써 다양한 기능들을 통합시켜 부분보다 전체를 보다 중시하는 새로운 제조형태를 개발할 수 있기 때문이다."(Toffler, 2002; 전희직, 2002에서 재인용)

상기 진술은 의류업 사례에서의 속도의 효과에 관한 것이지만, 속도 효과가 여타 분야로 확산되어가는 현대적 노동 상황에서 속도는 사실상 유연적 사회질서의 최고 덕목으로 중시된다. 한마디로 '빠른 것이 느린 것을 지배하는' 새로운 경제질서가 태동하고 있다.

(2) 고정적 직무에서 유동적 직무로

불안정성을 특징으로 하는 유연사회에서는 노동시장의 성격도 변해 종전의 경직적 · 수직적 · 폐쇄적 직무구조가 존속하기 어려워지고 있다. 평생직장의 개념은 폐기되고, 선형적이고 예측 가능한 미래를 설계하기보다 끊임없이 새로운 일에 도전하고 모험을 해야 하는 상황에 처하게 된 것이다. 요컨대 개인의 일대기가 단선적인 예측을 통하여 설계할 수 없는 불확실성을 내포하게 되어 일자리를 향한 끊임없는 배회를 요구한다.

이동성 · 유연성이 생존의 조건으로 작용하는 유연사회의 새로운 노동세계는 세넷이 말하는 '일자리 회전목마'라는 표현으로 적절히 대변된다. 평생직장이자 직업의 개념인 경력(*career*) 대신 일거리(*job*) 개념이 지배하는 현대적 노동세계에서 근로자들은 언제든 쉽게 넘나들 수 있는 일자리 회전목마에 항시 옮겨 탈 채비를 갖추고 있어야 한다. 평생에 걸쳐 여러 일자리를 전전해야 하는 유랑적 조건에 처하는 것이니, 그에 부응할 수 있는 '유연한 인간'만이 사회적 생존력을 유지할 수 있다. 이처럼 변화된 근로여건하에서는 과거의 직업경력이 중시되지 않을 뿐 아니라, 한곳에 뿌리박고 사는 안정적 삶 자체가 바람직하지 않은 것으로 외면될 소지가 크다(Sennett, 2002).

아탈리가 1만 년 전에 형성된 정주문명이 머지않아 '신유목적 형태'로 재현될 것이라고 예견한 것은 바로 이 때문이다. 이때 유목 개념은 광활한 초원에서의 유목이 아니라 도시적 불안정성을 대변하는 의미에서의 유랑을 뜻한다(Attali, 2005). 이러한 주장에 동조해 금세기를 인터넷을 기반으로 한 제 2차 유목문명 시대로 규정하면서, 정착문명의 한계를 뛰어넘어 길을 닦고 새로운 것을 찾아 이동하는 유목이동시대를 창개했던 칭기즈칸을 유목문명의 선지자로 지목한 견해도 있다(김종래, 2005).

토플러 역시 고정된 직업 개념에서 이동이 잦은 유동적인 직업 개념으로의 변동과 함께, 시간을 일정하게 배분해 쓰는 과거의 작업 규범에 변혁의 조짐이 드러나고 있음을 일찌감치 예견한 바 있다. 새로운 예언서는 산업화라는 제 2의 물결에 얹혀사는 사람들이 믿고 따르던 시간 엄수의 중요성, 공동체를 위한 동시화와 규격화의 중요성 등을 정면으로 공박한다. 또 지금까지 효능이 인정되어왔던 공간적·권력적 집중화나 직업적 전문화에 도전을 가하면서 큰 것이 좋은 것이라는 '대대익선'(大大益善) 신조의 전면적인 포기를 요구한다. 정보사회라는 제 3의 물결 시대가 지속될수록 시간에 대한 관념이 크게 변모해, 정시 출퇴근 제도의 종말과 함께 유연노동시간제가 보편화되고 파트타임이 증가하며 24시간 철야작업도 성행하리라는 것이다(Toffler, 2006).

유사한 입장에서 금세기 노동현실을 진단하는 군돌라 엥리슈도 향후의 노동현실을 경력이 더 이상 필요치 않고 일거리만이 요구되는 세계로 인식하면서, 노동의 미래를 '잡 노마드'(*job nomad*) 상황으로 규정한다. 시·공간을 넘어선 '해바라기 노동원리'에 따른 과업형 일거리가 격증하리라는 것이다. 이러한 노동세계에서는 엄밀한 계획보다 즉흥적 대응이 선호되고 안정성이나 예측성 대신 신속성과 유연성이 강조된다. 또 어디에서 일하는가보다 무슨 일을 하는가가 중요하며, 일의 과정보다 결과가 중시된다(Englisch, 2002).

이상과 같은 노동세계의 현대적 특성은 '고정적 직무에서 이동적 직무로'라는 명제로 축약할 수 있다. 이동성이 강화된 새로운 노동세계의 출현에는 휴대폰, PDA, 스마트폰, 스마트패드 등과 같은 첨단 정보통신기기의 공헌이 지대했음은 두말할 나위가 없다. 이들은 이동의 자유성, 사무실의 축소(재택근무 확대), 무소부재의 소통 가능성 등을 지닌 유목적 기구에 해당하는바, 이처럼 변화된 상황에서는 인간의 신체마저 네트워크 체제로 귀속됨으로써 존재하는 모든 것들이 움직이는 일터의 부품이나 장치로 변모하게 된다.

2) 교육체계의 변화

노동은 생존의 기본 조건이자 생활양식을 틀 지우는 일차적 요건이라고 말할 수 있다. 그런데 새로운 자본주의의 질서에 따라 노동세계가 고도의 유연화 과정을 밟게 됨으로써 이를 뒷받침할 수 있는 교육체계 역시 새로운 길을 모색해야 하는 상황에 처하게 된다. 교육체계는 노동세계의 변화에 따라 동반적으로 변해야 하는 인접 영역의 전형에 속한다. 새로운 축적체제가 등장하면 그와 직결된 제도 역시 새로운 적응을 꾀해야 하는 만큼, 교육체계의 재편이 불가피하다.

특히 유연성을 특징으로 하는 새로운 자본주의의 도래에 따라 기존 교육체계의 한계가 여실히 드러남으로써 새로운 근로환경에 부합하기 위한 교육체계의 일대 변혁이 요구된다. 피터 드러커를 비롯한 많은 미래학자들은 미래사회는 '지식사회'를 지향하므로 향후 교육체계는 근력, 규칙성, 성실성을 요구하던 구시대의 그것과는 판이한 형태를 견지해야 한다고 주장한 바 있다(Drucker, 1999). 더구나 시공간 변인이 복잡다단하게 얽혀 있는 유연사회란 자연적 · 물리적인 시공간 관념에 정박된 질서 있는 포디즘 체제와 질적으로 다르다는 점을 상기할 때, 노동세계의 변화에 상응해 교육체계를 재정립해야 한다는 데는 이견이 있을 수 없다.

(1) 전통사회 및 산업화 시대의 교육

전통사회는 과거-현재-미래의 연속성이 강조되는 사회라고 할 수 있다. 따라서 전통적 가치관과 삶의 방식은 현재를 살아가는 방법이자 미래를 대비하는 방법이기도 했다. 전통사회에서는 과거의 지혜를 습득하는 일이 무엇보다 중요시된다. 그러므로 옛사람이나 옛말은 전통적 가치체계에 입각한 실용적 기술을 전수하는 기제에 다름없어, 지식은 전문 교육기관이 아닌 가족, 교회 및 지역사회 등을 통해 폭넓게 전수되었다.

전통사회에서 산업화 사회로의 이행은 전통적 삶의 방식과 가치체계를 일신했다. 산업화 시대가 도래하면서 사람들은 가족, 교회 및 이웃에서 제공할 수 없는 별도의 기량을 필요로 했기 때문이다. 따라서 산업화 시대에는 새로운 유형의 교육방식이 요구되었는데, 대중교육은 이러한 시대적 요청하에서 출현한 산업사회 특유의 학습제도라고 할 수 있다.

반복적 실내노동, 연기, 소음, 기계, 복잡한 생활조건, 집단적 규범 등이 풍미하는 근로세계, 일출과 일몰이 아닌 공장 사이렌과 시계로 일과가 규정되는 처소인 새로운 일터에 인간을 어떻게 적응시키느냐가 당대의 교육제도에 부과된 핵심 과제였다. 그 궁극적 해결책은 새로운 노동현실에 교육제도를 끼어 맞추는 것이었기 때문에, 학교생활은 산업사회를 미리 알려주는 거울과 같이 꾸며져야 했다. 이러한 교육제도에서 드러나는 특징으로는 편재화(編制化), 제일성, 착석, 배치, 평가의 엄격성, 권위적인 교사의 역할 등을 들 수 있다(Toffler, 2002).

(2) 교육체계의 유연화

유연사회를 대변하는 수식어로는 빠름, 유동적, 자기조정적 기술체계 등이 꼽힌다. 유연사회에서 기계는 물리적 작업을 전담하고 인간은 지식정보의 흐름을 통괄하는 것이 이상적이라고 여겨진다. 새로운 기술혁명의 시대에 기계가 단순작업을 전담하게 되면 인간은 지적·창조적 과업에 몰두할 수 있기 때문이다. 더구나 첨단 정보통신기기가 장착된 기계나 인간은 대부분 대형 공장이나 공업도시로 집중되기보다 통신망으로 연결되어 각처로 분산되고 있어, 노동 자체도 공장이나 사무실로부터 지역사회와 가정으로 가속적으로 이관되는 추세에 있다.

따라서 지난날 굳건히 견지되던 산업시대의 가치는 유연사회로 접어들면서 부적절한 것으로 격하된다. 반복적인 작업을 수행하는 노동자, 윗사람에게 맹목적으로 복종하는 사람보다 비판적 판단, 환경 적응력 및 대인 교섭력 등을 지닌 사람을 보다 필요로 하기 때문이다. 한마디로, 불안정성이나 불확실성을 특징으로 하는 유연사회에서는 높은 상황 대처능력을 지닌 유연한 인간이 우대된다. 그러므로 교육 목표도 지속적인 변화에 빠르게 적응할 수 있는 '적응적 순발력'을 증대시키는 쪽으로 이동하며, 창의적 기획력에 대한 사회적 필요성 때문에 교육 내용 역시 직장 및 가정생활을 위시한 다양한 영역에서 당면할 실무적 난관에 대한 대응력을 함양하는 쪽으로 이행된다.

교육 내용 면에 있어서도 규격화, 집중화, 동시화, 분업화를 특징으로 하는 산업화 시대에는 기(旣) 확정된 질서에 적응해나갈 인간형을 만들기 위한 것이 핵심이었다. 즉, 외양으로는 분화된 교과목을 가르치는 것이어도 숨겨진 교과과정은 규율화된 인간을 만드는 데 있었으니, 정확성·수용성·복종성·반복성 등을 주입시켜 관리하기 쉬운 인간을 만들어내는 것이 교육의 실질적 목표가 될 수밖에 없었다. 즉, 토플러의 지적대로 이 시기의 학교들은 젊은이들을 규격화하여 기계나 조립라인 작업에 부합하는 일률적 노동자로 양성하는 데 주력했다(Toffler, 2002).

그러나 사회가 다양성이나 가변성을 강조하는 상태로 변모하면서 기존 교육제도는 새로운 시대에 적합한 인간형을 만드는 데 심각한 한계를 노정하게 되었다. 가장 결정적 단면은 규모의 경제, 즉 큰 것이 작은 것을 지배하던 산업화 시대의 논리가 붕괴되어 다품종 소량생산의 시대로 돌입했다는 사실이다. 적시에 주문생산에 응해야 하기 때문에 아이디어가 생산물의 성패를 좌우하는 핵심적 관건이 되어간다. 이러한 경향은 시공간 응축 및 경계의 이완과 더불어 보다 강화되어, 창조적 아이디어의 산출을 위한 지적 능력을 중시하지 않을 수 없다. 따라서 종전의 분할적인 교육 대신 학제적 학습의 필요성이 급증하였다. 즉, 지식 자체가 목적이 아닌 삶의 수단이 되어가면서 전문 영역이나 주제별로 체계화된 공식지(公式知: *formal knowledge*) 대신 다면적 활용성이 큰 실용지(實用知: *practical knowledge*)가 보다 강조되고 있는바, 학교교육의 중요성이 여전하다 해도 그 목표나 방향은 크게 달라지고 있다.

〈표 6-1〉 교육체계의 변화상

	포디즘 체제	포스트포디즘 체제
교육장소	학교	원거리 교육: TV나 인터넷을 통한 가정, 사무실 및 이동공간
교육방식	연령에 따른 단계별 교육	연령별 단계교육 불필요: 원거리 교육에 따른 융통성 증대: 개인별 학습 방식
교사형태	교육 전담자	학생 스스로가 교사 / 교사와 학생의 역할 교환 이미지형 복제교사의 등장
학습교재	일정한 틀로 짜인 교과서	인터넷 게임이나 CD롬 혹은 맞춤형 적응게임 등을 통한 다양한 학습교재의 활용

이 같은 변화상을 요약적으로 비교 정리하면 〈표 6-1〉과 같다.

(3) 새로운 학습모형의 출현

유연사회에서의 교육제도 변화는 '학습 개념의 재구성'이라는 명제로 응축할 수 있다. 그에 관해서는 다양한 설명이 부연될 수 있겠으나, 일단은 획일적이고 순종적인 인간을 만드는 것이 목표였던 과거의 주입식 교육이 개인적 성장을 우선시하는 교육으로 변모하고 있다고 말할 수 있다.

질서, 규율, 근면 등을 중히 여기며 주어진 교재를 배우고 익혀야 했던 지난날에 성적은 실로 중요한 평가기준이었다. 또 일정 기간의 학습을 마치고 직업세계로 진출해 배운 지식을 바탕으로 사회활동을 하다가 은퇴하는 것이 경력과정의 기본이었는데, 이는 개인의 생애주기와 대체적으로 부합했다. 그러나 급변하는 21세기에는 새로운 인간형을 창출해내는 것이 가장 긴요한 시대적 과제여서, 순차적이며 단선적인 경력을 중시하는 구래의 교육 시스템은 전면적으로 문제시되고 있다.

〈표 6-2〉 기존 교육과 21세기형 학습

기존 교육	21세기형 학습
지식 전수로서의 학교 교육	기업가정신에 입각한 개별학습
전면적 수업	분산적 학습
'학습내용'이 목표	'학습활동'이 목표
'내용전달자'로서의 교사	'공동학습자'로서의 교사
경제 영역과 분리된 외딴섬 같은 학교	'혼합경제'의 일부로서의 학교
이상적 인간상: "너는 어떻게 되어야 한다"	다원적 인간상: "각자의 방식으로 자신을 키워나가자"

출처: Horx, 2004; 백종유, 2004.

전술한 바와 같이 21세기는 속도가 생존조건이 되는 시대라고 할 수 있는데, 지식 순환의 속도 역시 그와 무관치 않다. 오늘날 지식은 과거 어느 때보다 급변하고 있으므로 교육은 고도의 유동성을 견지해야 하며, 교사 역시 학생들로부터도 배우면서 변화하는 환경에 적합한 새로운 교습방식을 지속적으로 체득해야 한다.

그런 점에서 마티아스 호르크스(Matthias Horxs)가 제시한 다음과 같은 방안이 유효하다고 본다. 즉 서비스와 능력이 학교의 중심이 되어야 하고, 전체를 상대로 하는 수업이 철폐되어 학습의 개별화가 이루어져야 하며, 배우는 교사상이 정립되어야 한다. 또한 네트워크를 통한 학습 프로그램이 과외 학습이나 학습 공백기에 도움이 될 수 있으나, 미래 노동시장에서는 앎과 삶, 이론과 실제를 통합적으로 이해할 줄 아는 사람이 보다 각광받게 될 것이므로 국가는 새로운 학교나 교육을 위한 마스터플랜을 제시해야 한다. 이 같은 제안들에 근거해 그는 과거의 교육과 21세기의 학습을 〈표 6-2〉와 같이 대비한다.

3) 가족 · 여가생활의 변화

노동세계의 유연화는 삶의 조건들을 근본적으로 변화시키는데, 앞서 논의한 교육환경을 제외한 일상생활 역시 이러한 변화와 무관치 않다. 무엇보다 기존 형태의 가족제도나 여가활동에 대한 유연사회의 파장은 혁명적이라 할 수 있겠는데, 그것은 일상생활의 내용뿐 아니라 그 개념에 대한 수정까지 요청한다.

(1) 가족생활

가족은 사회구성의 가장 기본적이고도 중추적인 단위로 인식되어왔다. 그러나 유연화의 파장은 핵가족이라는 산업시대의 대표적 가족 형태를 뒤흔들어 다양한 유형의 가족을 양산하고 있다. 가족의 소멸과 번성은 가족 내적 요인에 의해서만 좌우되는 것이 아니다. 기술 발전이나 노동세계의 변화와 같은 구조적 여건은 물론이요 사회 가치관, 인구동향 및 생태적 요인 등에 의해서도 영향을 받는다. 이때 가장 문제시되는 사항의 하나가 가족 형태와 노동 사이의 연관성이다(Toffler, 2002).

데이빗 앨킨드(David Elkind)는 험난한 바깥세상으로부터 벗어난 도피처로서의 근대적 핵가족은 공적 영역과 사적 영역, 가정과 직장, 그리고 성인과 어린 자녀 사이의 구분을 확실하고 엄격히 구분해왔지만 이제는 이러한 경계들이 모호해져 외부 압력에 다채롭게 반응하게 되었다고 진술하면서, 변화하는 새로운 가족 형태를 '유연가족'으로 규정한다(Alkind, 1999).

이러한 변화상에 대해 학자들은 가족제도의 위기, 해체, 다양화 등

<〈그림 6-2〉 가족제도의 변화

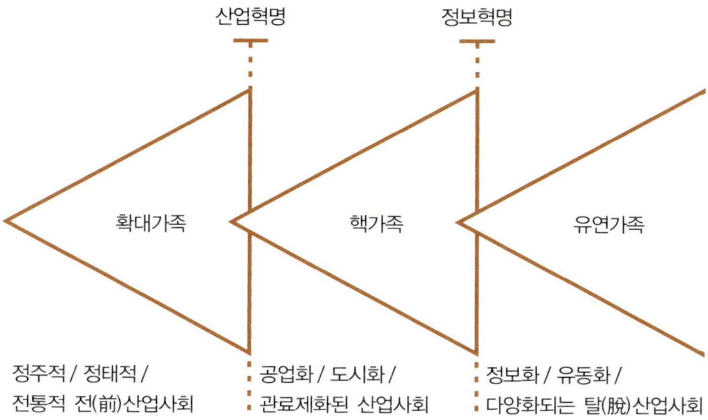

으로 진단하는데, 그것은 가족의 개념을 어떻게 규정하느냐에 따라 달라질 수 있다. 즉, 고정불변한 형태로 지속되는 혈연관계를 중심으로 가족의 개념을 설정하느냐 혹은 가족을 유동적이고 수정 가능한 유연한 개념으로 이해하느냐에 따라 가족 변화에 대한 해석이 달라진다. 다만, 한 가지 분명한 점은 지난 한 세기 이상 우리 의식세계를 관류해온 주류적 가족관이 격심한 변화의 압력에 처해 실로 다양한 유형의 가족 형태를 생성해내고 있다는 사실이다(〈그림 6-2〉 참조).

토플러는 세계 도처에서 발견되는 독신주의·별거·이혼 등의 이변들을 놓고 가정의 몰락을 점치는 사람들에 대해, 그것은 제 2물결 시기의 산물인 핵가족의 틀에 고착된 편향된 발상이라고 주장한다. 가정의 몰락은 산업주의가 치러온 일반적 위기의 일단에 불과하다는 것이다. 그는 근자에 우리가 목격하는 변화상은 가족 자체의 몰락이 아니라 산업사회에 형성된 핵가족제도의 몰락일 뿐이라고 말한다. 굳이 핵가족

제도를 고수하자면 모든 제 2물결 문명을 그대로 보존하는 것 외의 다른 방법이 없겠지만, 지금 우리 면전에서 전개되는 실상은 제 3의 물결에 의한 가족제도의 탈획일화라는 것이다(Toffler, 2002).

가족의 형태는 사회 형태에 따라 부단히 변모해왔다. 비교적 안정적이고 이동성이 적었던 정태적 전통사회에서는 확대가족이 일반적이었는데, 그것은 일터와 가정이 분리되지 않았던 농경문화에 적합한 형태의 가족이었다. 산업사회에 접어들면서 핵가족 형태가 이상적 가족 유형 내지 규범으로 받아들여지게 되었는데, 이는 직주분리(職住分離)를 강요하는 대량생산체제에 적합한 것이었기 때문이다. 그러나 정보화로 인한 작업장 유연화가 진행되어 다양성이 요구되는 유연사회에서는 새로운 가족 개념이 대두되는 것이 당연하다고 본다. 대가족의 형태든 핵가족 형태이든 과거의 가족이 혈연중심의 가족이었다면, 새로운 가족 형태는 구각을 벗어나 보다 다변화할 전망이다(함인희, 2003).

가변적 형태로서의 가족은 기술 변화에도 민감히 반응해 전통적 형태의 대가족, 재혼부부와 그 자녀, 그리고 전 혼인관계에서 출생한 자녀들로 구성된 혼합가족, 비동거가족, 신 확대가족 등 실로 다채롭게 변모할 전망이다. 더구나 인공수정에 의한 출산, 정/난자 기증을 통한 임신, 대리모를 통한 출산, 생물학적 임신 능력을 초월한 출산 등 첨단과학기술을 이용한 가족 형태의 다양화는 오랜 동안 우리 의식세계를 지배해왔던 전래적 가족관에 전폭적 수정 압박을 가할 것으로 예상되는데, 토플러는 다음과 같은 진술을 그 증거로 제시한다.

"과학기술이 극도로 발달된 선진국에선 수많은 가족 형태가 출현하고 있다. 동성연애자들 간의 결혼에 의한 가정, 공동생활을 영위한 집단가정, 소수민족 간에 흔히 볼 수 있는 동족 집합가정 등 이전에는 볼 수 없었던 형태가 속출하고 있다. 계약결혼도 성행하고, 복수의 남녀가 동시에 복수의 배우자와 사는 결혼도 생겨나 혼란스럽기까지 하다. 어떤 경우 아버지는 A 도시에, 어머니는 B 도시에 살며 각기 다른 방식으로 살아가는 가정도 심심치 않게 눈에 띈다. 이런 여러 가지 가족 형태는 겉으로 드러난 빙산의 일각에 불과하다. 정신분석학자 켈람(Kellam), 엔스밍거(Ensminger), 터너(Terner), 이 세 사람이 시카고에 있는 흑인 빈민가 중 1구역만을 대상으로 조사를 해본 결과 무려 86가지의 다양한 가족 유형을 발견할 수 있었다니까."(Toffler, 2002; 전희직, 2002에서 재인용)

가족제도의 변화는 구조적 측면뿐 아니라 기능적 차원에서도 여실히 드러난다. 핵가족제도에서의 가족 기능이 주로 정서적 안식처나 사회적 보호망으로서의 역할에 한정된 것이었다면, 유연사회의 가족은 보다 복합적이고 다양한 기능을 수행하게 된다. 이는 '직장/가정의 분리에서 직장/가정의 통합으로'라는 변화에 상응한 것으로, 가족 구성원들 모두가 일하는 가정은 사무실로서의 기능도 겸비해야 하기 때문에 사회적 보호망이나 안식처로서의 가족 기능이 약화되는 반면 작업보조적 기능들이 추가적으로 요구된다.

향후 노동 관련 기능이 가족 구성원들에게 보다 많이 요청될 것으로 전망하는 호르크스는 '가정생활과 근로 사이의 경계 파괴' 추세가 가족 기능의 복잡성을 가중시킬 것이라고 예고한다. 노동 영역이 점차 사회적 기능들을 많이 떠안게 되면서 가족은 직장동료도 되고 노동현장도 될 수 있기 때문이다. 따라서 가족은 더 이상 농경시대의 그것처럼 일

심동체의 생존공동체가 아니요, 산업시대의 그것처럼 엄격한 규율하에 '신분상승을 추구하는 혈연공동체'의 모습에 그치지도 않으리라는 것이다. 가족 구성원들이 노동시장에서 유연성을 갖고 대처할 수 있도록 유·무형의 혼합자원(보충교육, 교육을 위한 장기여행, 원하는 직장을 잡기 위한 대기 등)이 투입된 복합적 기능의 처소가 곧 미래 가족의 진면목이 될 것이다(Horx, 2004).

(2) 여가생활

전통사회에서는 여가가 노동과 분리된 개념이 아니되 휴식이나 의례적 활동에 참여하는 것에 한정되었다. 전(前)산업사회에서는 오늘날처럼 경제적 활동, 의례적 활동, 종교적 활동, 여가활동 등이 명백히 구분되지 않았기 때문이다. 일상적 삶에서 노동과 여가의 경계가 나뉘어져 시공간적으로 명백히 구분된 시기는 일터와 가정의 분리가 촉진된 산업사회 이후라고 할 수 있다. 소정의 시간과 공간, 그리고 일정 조건하에서 작업을 수행하면서부터 노동을 마친 후의 시간이 노동으로부터 해방된 자유시간, 휴식, 기분전환 등과 같은 의미로 개념화되기 시작했는데, 바로 이때부터 여가가 하나의 독립적 활동 범주로 인식되기 시작한다.

여가연구가 스탠리 파커(Stanley Parker)는 여가가 엄연한 사회제도의 하나임을 강조한다. 그는 산업사회에서 여가는 개인적 자유의 증가와 함께 제도로서의 면모를 갖추게 되면서 노동에 대응된 활동으로 간주되었다고 말한다. 그런데 여가는 최근 노동의 잔여적 범주를 넘어선 의미를 지니게 되어 생산이나 노동활동에서 찾을 수 없는 독자적 가치의 처소로 인식된다(Parker, 2002). 물론 장기간 인간활동의 핵심으로 간주되어온 노동에 비해 여가는 부차적인 것으로 경시하는 경향이 잔존하지만, 유연사회의 도래와 함께 근로중심적 생활관을 지양하고 여가를 탐하려는 욕구가 점증하고 있고, 그에 비례해 여가의 중요성도 높아간다. 아직은 일과 놀이를 동시적으로 추구하려는 추세가 지배적이지만, 양자택일이 요구되는 상황에서는 일보다 여가를 택하려는 경향이 커질 것이다.

유연사회에서는 여가의 향유방식도 개인별로 다채롭게 나타난다. 또 선택한 여가활동을 통해 자아실현 욕구를 충족시키거나 경제적 수익을 획득할 수 있는 방안을 모색한다는 점도 유연사회의 특징에 속한다. 이러한 예는 '프로 놀이집단'을 통해 여실히 드러난다. 프로게이머는 젊은층의 열렬한 호응하에 절대적 인기를 구가하면서 돈벌이를 한다. 이전 같으면 게임중독자로 낙인찍힐 존재가 사회적 명사로 각광받게 된 것이다. 또 축구, 야구, 농구, 볼링, 골프, 스카이다이빙, 파도타기, 자동차경주 등의 각종 스포츠 분야도 취미활동의 영역을 넘어선 경제활동의 원천이 되기도 하는데, 이렇듯 유연사회의 여가는 노동과 구분되었던 산업화 시대와는 달리 서로 혼융되는 경향을 띤다.

4. 생활영역 및 생애주기의 탈경계화

지구상에 존재하는 생명체 가운데 인간은 자연의 리듬에 따라 형성되는 생물학적 생애주기를 극복하고자 노력해온 유일한 존재로 알려져 있다. 자연의 리듬에 의해 구성되었던 전통사회의 생애주기는 질병을 극복해 생명을 연장하거나 산아제한으로 자연적 출산에 도전하는 행위들을 통해 인위적으로 변형되어왔다. 특히 산업사회에서는 교육, 노동 및 퇴직이라는 주요 활동 범주에 따라 생애주기가 재구성되었으나, 그 순서나 단계는 비교적 일관성을 유지해왔다. 그러나 정보혁명기를 맞아 사회적 · 생물학적 생애 리듬의 붕괴가 현실화하고 있다(Castells, 2003). 즉, 노동세계의 변화, 가치관의 변화, 라이프스타일의 변화에 고령화까지 중첩됨으로써, 일/놀이, 학습/놀이, 일/학습의 경계가 이완되어 생애주기가 연령분절적 체제에서 연령통합적 체제로 변모하고 있다(남춘호, 2005).

1) 생활영역의 경계 해체

(1) 일과 놀이

미래학자 롤프 엔센은 앞으로 일의 개념이 '힘든 일에서 힘든 재미로' 변모할 것으로 전망한 바 있는데(Jensen, 2002), 이러한 경향은 여가활동의 경우에도 그대로 적용되리라 생각한다. 산업화 시대에 들어와 출퇴근이 일상화되면서 노동시간과 여가시간이 분리되어 일은 직장에서 하고 여가는 직장 외적 장소에서 이루어지게 되었다. 따라서 여가에는 노동력의 재생산을 위한 휴식이라는 의미와 고된 노동에서의 탈출이라는 의미가 부여되었다. 그러나 원격근무가 가능해지고 재택근무가 늘어나는 유연화 시대에는 일과 여가의 경계 약화가 심화되어 양자의 관계 자체가 대폭 변모할 예상이다.

(2) 학습과 놀이

산업화 시대에는 학습과 놀이의 경계가 비교적 명확했다. 대중교육의 확산과 함께 학교는 학습의 공간이 되고 놀이는 학교라는 공간을 떠나서 이루어졌다. 더불어 놀이는 학습시간을 제외한 나머지 시간에 향유해야 하는 것으로 인식되었으며, 학습은 대체로 연령별·단계별로 분절적으로 할당되었다. 그러나 첨단 정보통신기기를 통해 원거리 교육이 가능해짐에 따라 학교라는 공간 내에서 이루어졌던 학습이 가정이나 직장에서도 가능케 되었을 뿐 아니라, 경험으로 이론을 배우며 이론을 통해 경험세계를 향유하는 사례가 점증하고 있다(Attali, 2000). 향후 학습이 연령이나 단계와 무관하다는 관념이 보편화되면, 학습과 놀이의 경계 자체가 와해될 전망이다.

(3) 일과 학습

산업시대에 일과 학습은 연령분절적인 구조로 상존하였다. 통상적으로 학습이 이루어지는 소정의 교육기간이 끝나서야 노동세계로의 진입이 가능했기 때문이다. 따라서 일과 학습은 확실한 경계로 구획되어 있었다고 할 수 있다. 그러나 급변하는 노동세계에 민첩히 적응해야 하는 유연사회에서는 때와 장소를 불문한 평생교육의 필요성이 높아져 장소의 경계뿐 아니라 연령별 경계도 폐기되어야 할 사안으로 간주되고 있다. 뿐만 아니라 지식의 활용이나 문제해결 능력이 중시되는 유연사회에서는 일과 학습의 동시적 추구가 젊은 세대 사이에 급속히 확산되는 실정이다.

2) 생애주기적 경계 해체

산업사회에서는 순차적 생애주기가 보편적이었다. 개인이 태어나 성장기와 교육기를 거쳐 취업기와 노년기에 이르는 생애과정은 교체적이고 일률적인 것이었다. 그러나 노동시간의 감소, 파트타임의 증가, 업무의 단기화와 같은 변화와 더불어 적시적 지식 습득을 위한 평생교육이나 유연 근로제의 활용이 배가되면서 생애주기가 순차적인 것에서 통합적인 형태로 변모하고 있다(Riley et al., 1988). 이러한 생애주기의 변화는 고령화 경향과도 결코 무관치 않다. 근로 가능한 고령인구가 증가하면서 재교육을 통한 인력 양성의 필요성이 증대하고 있기 때문이다. 산업사회의 생애주기와 유연사회의 생애주기 변화를 그림으로 표현하면 〈그림 6-3〉과 같다.

〈그림 6-3〉 생애주기별 활동유형

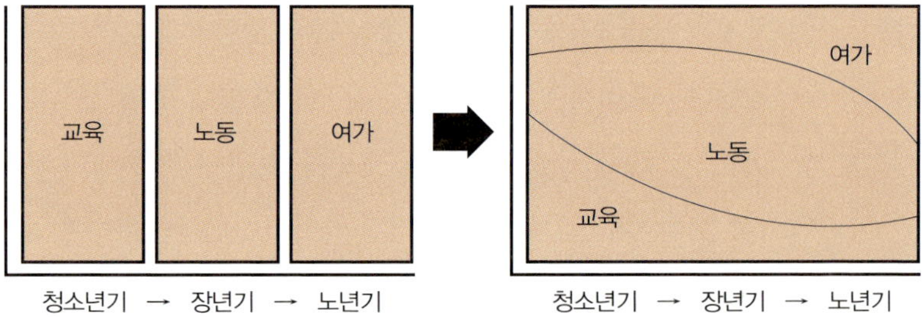

5. 유연사회의 빛과 그늘

규모가 지배하던 포디즘적 자본주의사회에서는 대량생산된 상품을 소진할 수 있는 대량소비의 출구를 마련하는 일이 급선무였다. 증산이 곧 자본 재생산으로 귀결되었기 때문이다. 하지만 생산효율성의 강화를 위해 근로자 한 사람이 한 가지 일에 통달하는 것이 근로세계의 최고의 덕목으로 간주되었다. 영화 〈모던 타임스〉(*Modern Times*, 1936)의 찰리 채플린(Charles Chaplin)은 대량생산체제의 단면을 잘 대변한다. 근대사회의 상징인 컨베이어벨트 앞에서 동일한 작업을 반복하는 채플린의 우스꽝스러운 행동, 이는 포디즘 체제의 노동세계의 직설적 표현에 다름 아니다. 그러한 생산체제에서는 근면과 성실이 최상의 미덕으로 간주되고, 경험과 신뢰가 중시되며, 평생직장이 이상화되었다.

반면 규모의 경제가 속도의 경제로 대체되는 유연사회에서는 과거의 고정적, 경직적인 질서 대신 유동성이 긍정적인 가치로 찬양된다. 안정적인 직장이 사라지고 항상 자리를 뜰 준비를 하고 있어야 하는 불안한 근로 상황이 조성되며, 제품 생산보다 아이디어의 산출이 중시됨으로써 근면, 성실, 경험 등과 같은 종전의 직무평가 요건이 '대처능력'으로 대체된다. 이처럼 유동성과 순발력이 바람직한 가치로 강조되는 유연사회에서는 다음과 같은 긍정적 단면과 부정적 단면들이 동시적으로 출현한다.

1) 긍정적 단면

유연사회의 장점으로는 일차적으로 개방성과 창의성을 꼽을 수 있다. 지리적 거리와 관계없이 의지 여부에 따라 언제 어디든 임의로 방문할 수 있고 어느 지역의 문물이든 자의적으로 택할 수 있는 세계화 시대를 맞아 정치적 · 경제적 · 사회적 · 문화적 · 지적 자원들이 국경을 넘어 세계로 개방된다. 이러한 상황에서는 생산체제도 반복적이고 규칙적인 작업에 천착할 필요가 없다. 시시각각으로 변하는 유행에 대처해야 하고, 새로운 정보에 민감해야 하기 때문이다. 이때 아이디어가 부가가치의 핵심으로 떠오르는 까닭에 창의성이 중시될 수밖에 없다.

두 번째 장점은 다양성과 차이가 용인되는 사회라는 점이다. 이는 획일적 가치체계에서 배제되었던 차이에 대한 인식이 세계적으로 확산되는 다문화주의 트렌드를 통해 직시할 수 있다. 다름을 인정하는 '차이의 정치'가 성행할 것으로 예견되는데, 그것은 차이가 배제나 차별의 대상이 될 수 없다는 관용주의로 연결된다.

유연사회의 세 번째 장점으로는 동등화 경향을 들 수 있다. 기존의 조직형태는 경직적이고 수직적인 위계구조였다. 위계적 조직구조는 윗사람의 명령에 복종하는 순종적 인간형을 필요로 한다. 그러나 권위주의적 위계구조가 수평적 조직으로 바뀌어가는 유연사회에서는 상하관계를 주축으로 한 권위주의적 가치체계가 완화되어 동등화 경향이 강화될 소지가 크다.

마지막 장점으로는 자유로운 이동성의 증가를 꼽을 수 있다. 시공간적 한계를 초극할 수 있는 역동적 역량이 강화됨으로써 지리적 이동은 물론이요 정보의 순간적 활용성이 증가하게 된다. 자유로운 시공간 이동을 통해 다양한 정보, 지식 및 풍물을 상시적으로 접속하거나 경험할 수 있기 때문이다.

2) 부정적 단면

사회 성원들에게 유연한 인간형이 될 것을 요구하고 새롭게 주어지는 상황에 적응해나갈 것을 조장하는 유연사회에는 장점만 존재하는 것이 아니다. 사람들은 새로운 과제를 설정하고 자기주도적 선택을 수행코자 하는데, 이는 주체적 문제해결 역량을 높여준다는 점에서는 긍정적이되, 다음과 같은 부정적 요소들을 내포하기도 한다.

유연사회의 역기능으로는 세넷이 지적한 인간성의 파괴를 일차적으로 꼽을 수 있다. 모든 것이 급속한 변화의 흐름 속에 놓임으로써 안정적이고 연속적인 질서가 존립하기 어려워진다. 이러한 사회에서는 신뢰를 바탕으로 하는 지속적 인간관계가 사라지게 된다. 단기적 과업에 투입되어 끊임없이 새로운 환경에 놓임으로써 장기적 전망을 지니고 살아가기 어려워지기 때문이다. 따라서 세넷은 유연사회에서 요구되는 유연성의 가장 암울한 측면이 인간성에 미치는 해독임을 강조한다. 인간성은 상대방을 신실하고 헌신적으로 대하고, 장기적 목표를 추구하며, 장래의 목적을 달성하기 위해 현재의 만족을 포기하는 행위를 통해 신장된다. 영속적 가치, 장기적 목표 추구, 상호신뢰와 헌신성을 유지할 수 있는 장기적 관계가 와해되고 단기적 조직에서 끊임없이 유연성을 요구받는 상황에서 인간성은 손상될 수밖에 없다(Sennett, 2002).

유연사회의 또 한 가지 심각한 문제점으로는 불평등을 들 수 있다.

동등화를 지향하는 유연사회에서 제기되는 새로운 불평등 문제는 이전 시대의 그것과 성격이 판이하다. 사회정보화 과정의 산물이라고 할 수 있는 유연사회에서는 정보를 생산하고 통제할 수 있는 능력이 곧 핵심적인 사회경제적 자원이므로 지식정보에의 접근 여부가 사회 불평등의 일차적 관건이며, 주어진 지식정보의 활용 및 수용 능력이 불평등의 부가적 요건이 된다. 이런 점에서 유연사회의 불평등은 교육 불평등에 상응한다고 말할 수 있다. 그런데 지식사회에서 요구되는 교육은 끊임없는 경제적 투자를 요구하는바, 그런 상황에서 지식 엘리트 계급과 비엘리트 계급 간의 불평등이 고착되거나 심화될 개연성이 높다.

특히 단기적 목적 달성이 날로 중요시되는 유연사회에서는 획득한 지식을 활용해 변화에 신속하고 민감하게 반응할 수 없는 자는 제3계급으로 전락할 위험성이 크다. 국가 간에도 선진국들은 자국의 우위를 확보하기 위해 유연화 전략을 활용해 중·후진 국가들의 도전을 따돌리려는 경향이 있다. 따라서 성장 잠재력을 예비하지 못한 비(非) 엘리트층이나 중·후진 국가들은 안정적 성장기에 진입하기도 전에 유연화 계책에 말려들어 독자적 발전의 길을 원천적으로 봉쇄당할 수 있다.

요컨대 유동성을 특징으로 하는 유연사회에서는 새로운 변화나 정보에 창조적으로 접근할 수 있는 능력에 따른 불평등이 파생하게 된다. 그런데 유목적 삶을 강제하는 측면이 강한 유연사회의 불평등 체계는 요동하는 세계에 온전히 적응하고 살아갈 수 없는 신(新) 대중과 변화에 능동적으로 적응하거나 그것을 주도하며 자유롭게 살아가는 신(新) 엘리트층이 단절적으로 양분되는 '양극화 구도'로 귀착할 개연성이 크다 (Castells, 2001).

6. 소결: 기술주의의 초극

20세기 말부터 급성장하기 시작한 첨단 정보통신기술은 산업사회의 현실뿐 아니라 우리가 장기간 견지해온 시공간 개념을 근본적으로 개편함으로써 사회제도의 일대 변화를 촉발해왔다. 비트의 도관을 통해 유연성을 속성으로 한 새로운 경제체제가 탄생하였으며, 그 파급효과는 경제활동을 넘어선 일상생활의 규범이나 의식에까지 영향을 확장하고 있다. '속도의 경제'로 대변되는 새로운 경제체제는 개인에게 전통적 방식과는 판이한 새로운 생활양식을 강요하고 있고, 가치체계나 세계관에 있어서도 근대적 인간과는 전혀 다른 새로운 인간형을 요구하고 있다. 따라서 언제 어디서든 전재적(全在的, ubiquitous) 접속 능력을 갖춘 채 속도에 민감히 반응하며 변화에 성공적으로 적응할 수 있는 유연한 인성을 갖추는 것이 시대적 덕목이 되어간다.

이러한 점들이 새로운 삶의 요건이 되어가는 유연사회에서는 과거 어느 때보다 정신적 창의력이나 혁신성이 크게 요구된다. 그러한 응전의 일환으로 자크 아탈리는 박애를 역설한다. 지식이 중시되는 사회에서 신기술을 타인에게 공여할 수 있는 기회를 조성하고, 새로운 연대를 창출할 수 있는 계기를 마련하며, 세계를 수평적 네트워크 체제로 재구성함으로써 새로운 권리의 체계와 정책 관행을 정초할 수 있다는 것이다(Attali, 2000). 제러미 리프킨 역시 그와 유사한 맥락에서 '물재의 소유보다 정신적 소속의식이 중요함'을 강조한다. 소속은 격리된 관계가 아닌 공유된 관계를 전제하는 것이기 때문에 상호신뢰에 근거한 협력이 필수적이라는 것이다. 또 복잡성과 상호의존성이 누증하는 지구적 경제체제에서는 배타적 자기 이익이나 개인적 모험보다 취약성을 분산하고 위험을 분담하는 것이 긴요한 만큼, 신뢰·호혜·협력이 새로운 생존가치로 대두한다는 것이다(Rifkin, 2003). 이 같은 주장은 새로운 공동체 운동과 연결된다고 볼 수 있는데, 울리히 벡(Ulrich Beck)이나 앤서니 기든스가 노동 유연화에 대한 대응방안으로 제시한 '시민노동 모형'과 같은 것들이 그러한 공동체주의적 발상에 근거한 실천적 대안에 속한다(Beck, 1999; Giddens, 2004; 이재열, 2006).

이처럼 유연화 테제로 귀결시킬 수 있는 사회체계의 변화상은 정보통신기술에 의해 고취되어왔다는 점을 부인할 수 없지만, 궁극적으로는 기술주의적 입장을 넘어서야 할 것으로 본다. 정보통신기술의 발전이 생산방식의 변화를 매개로 사회제도의 일대 변혁을 초래한 것이 자명한 사실이지만, 기술을 창조하고 활용하는 궁극적 주체는 어디까지나 우리 인간이기 때문이다. 기술에 대한 통어력을 견지함으로써 기술지배라는 '목적전도'(目的顚倒) 현상에 능동적으로 대응할 수 있는 권능이 인간에게 주어져 있는 만큼, 현대 과학기술의 장단점을 깊이 통찰해 합당한 행동을 취할 수 있는 비판정신과 결단력 함양에 배전의 노력을 기울여야 할 것이다.

제 7 장

새로운 소통질서의 모색

1. 융합미디어의 시대

활자매체기에서 음향매체기를 거쳐 영상매체기로 전환되어온 매체 시대는 이제 매체 간 융합을 특징으로 하는 새로운 단계로 접어들고 있다. 지난날 매체 패러다임이 지상파 TV, 케이블 TV, 전화, 휴대폰, 신문, 라디오, 영화, 인터넷, 통신 등 각각의 경계가 명확하게 구분되는 독립적인 미디어들의 진화 패러다임이었다면, 새로운 미디어 패러다임은 언제, 어디서, 어떤 기기로든 접속 가능한 보편적 접속의 상황을 견지하는 융합적 유형으로 진전하고 있다.

매체 시대의 정보양식을 분석한 마크 포스터(Mark Poster)는 《제 2 미디어 시대》(*The Second Media Age*)에서 '제 1미디어 시대'와 구분되는 '제 2미디어 시대'를 제시한 바 있다. 제 1미디어 시대란 정보사회 이전

단선적이고 일방적인 소통이 이루어지던 시대를 말한다. 즉, 소수의 메시지 송신자와 다수의 수신자라는 모델이 지배하는 대중매체의 시대이며, 수신자인 대중의 자율성이 의심받던 시대이다. 그러나 20세기의 마지막 10년간 기술과 생활은 새로운 소통수단의 융합을 이루어냈다. 인터넷을 비롯한 인터랙티브 기술의 구현은 의사소통을 비롯한 인간생활을 극적으로 변화시켰다. 이렇게 시작된 제 2미디어 시대는 쌍방향적 소통이 이루어지는 탈중심화된 매체 시대로 특성화된다. 신문과 방송매체가 주도하던 중앙집중형 정보전달 방식이 다양한 매체로 분산되는 제 2미디어 시대에는 제 1미디어 시대와는 달리 메시지 수신자의 자율성이 대폭 증진된다. 즉, 대중매체 시대에는 전달되는 정보를 개인이 선별하는 것이 원천적으로 불가했으나, 접속 기술의 증진과 더불어 개인은 본인이 원하는 정보를 원하는 대상의 수와 관계없이 자유로이 송수신할 수 있게 된다(Poster, 1995).

물론 새로운 소통양식이 형성되기 시작한 디지털 미디어 초입단계의 저작인 《제 2미디어 시대》의 개념적 구분이 오늘날 상황에 그대로 적용되기를 기대할 수는 없다. 그러나 포스터의 분류도식을 단절적으로 이해해서는 안 된다고 본다. 제 2미디어 시대에도 제 1미디어 시대의 대중매체적 특성과 상황이 상당 부분 지속되고 있기 때문이다. 오히려 총체적 매체환경이 누적적이고 축적적으로 전개되어 매체 간 융합이 촉진되어온바, 최근의 융합시대는 약 10여 년 전에 태동한 제 2미디어 시대를 넘어선 혼융 단계로 간주함이 합당하다고 본다.

이렇듯 정보의 송수신이 자유로워진 탈중심화된 매체 정경이 어느덧 우리 일상으로 자리 잡고 있다. 또 디지털 기술의 지속적 발전으로 인간의 의사소통이 시공간의 경계를 뛰어넘고 메시지의 원격적 분배를 가능케 하는 매체적 기반도 날로 공고화되어간다. 따라서 과거 어느 때보다 다양하고도 많은 양의 정보를 자유자재로 전달할 수 있는 융합매체 시대의 초입에 해당하는 현 상황은 제2미디어 시대의 질적 도약 단계로 자리매김할 수 있으리라 본다. 정보전달매체 기술의 축적과 발달로 인하여 뉴미디어 시대에는 종전의 대중매체에서는 시행할 수 없었던 쌍방향 정보이동이 가능하다. 그러나 융합미디어 시대는 뉴미디어1.0 시대에서 한 걸음 더 나아가 더욱 다양한 감각을 매체에 수용할 수 있으며, 그런 과정에서 개인 사용자들의 권력도 이전보다 강화될 전망이다.

이러한 시대상을 조지 길더(George Gilder)는 '텔레코즘'(*Telecosm*)으로 지칭한다. 텔레코즘은 광전송망과 무선인터넷 기술의 속도가 빨라지고 가격이 저렴해짐에 따라 새로이 등장하는 세계로, 과거에 '마이크로코즘'(*Microcosm*)이라는 개념을 통해 지식정보사회의 도래를 예측한 바 있는 길더는 마이크로코즘 시대 이후의 새로운 상황을 텔레코즘이라는 용어로 제시한다. 텔레코즘의 시대로 넘어가며 조성되는 새로운 사회환경에서는 개개인이 사용하는 컴퓨터 자체의 기능적 측면보다 컴퓨터 간의 상호 연결에서 야기되는 효과가 중요해진다. 뿐만 아니라 텔레코즘의 시대에는 모바일 기기의 역할이 보다 증대된다. 휴대폰이나 스마트 기기를 통한 의사소통양식의 전면적 확장은 개인에게 전례 없는 소통의 자유를 부여하여 송수신되는 정보의 양이 대폭 확장되며 정보의 형태 역시 크게 다양해진다. 또 광통신망으로의 접근이 기술적으로나 경제적으로 용이해져 개인이나 사회가 융합매체와의 일체성을 강화하게 된다(Gilder, 2000).

2. 미디어와 소통양식의 이중주

기술 발전에 입각한 과거의 사회발전 도식은 선형적 · 단선적 인과모형에 방불했다. 기술은 의사소통의 수단이었고, 의사소통의 궁극적 목표는 원활한 사회생활이었기 때문이다. 그러나 매체의 발전은 누적적 · 누진적 축적과정임이 날로 명백해지고 있다. 더구나 다양한 정보를 지속적으로 축적할 수 있는 융합미디어 체제의 구축과 더불어 현대사회는 종전에 관찰할 수 없던 새로운 사회문화적 정경을 표출하고 있다.

미디어 환경의 변화는 일차적으로 의사소통 기회나 양식의 확장을 야기한다. 오늘날 커뮤니케이션 체계를 근본적으로 변경하고 있는 매체 융합은 이 대목에서 "사회가 커뮤니케이션의 내용보다 커뮤니케이션의 수단이 되는 미디어의 특성에 의해 형성되어왔다"는 해롤드 이니스(Harold Innis)나 마셜 맥루언과 같은 선각적 미디어론자들의 명제와 맞닿게 된다(이호규 · 전영란, 2010). 그들은 우리의 일상적 생활양식뿐 아니라 사고방식에 이르기까지 속속들이 영향을 미치는 미디어의 중요성을 강조해왔는데, '융합'으로 응축할 수 있는 새로운 미디어 환경의 조성과 함께 새로운 사고, 새로운 감성, 새로운 가치나 욕구들이 속출하는 최근의 우리 현실은 바로 그러한 명제에 부합하는 사례임에 틀림없다.

1) 새로운 소통양식의 출현

디지털 미디어에 의한 소통양식의 변화는 교체적 수준에 그치는 것이 아니다. 미디어 융합을 통한 소통양식의 변화는 단선적 관점에 입각하여 생각하듯 예측된 방향으로 진행되는 것이 아니라 올드미디어와 뉴미디어가 서로 상충적으로 교차하면서 매체정보의 송신자와 수신자의 위상이나 관계구도가 다채롭게 변모하는 역동적 과정으로 이해되어야 할 것이다.

로저 피들러(Roger Fidler)는 이러한 미디어 변화의 원리를 '매체 변형'(*media morphosis*)이라는 개념으로 설명한다. 미디어 세계가 공진화(*Coevolution*)·융합(*Convergence*)·복합성(*Complexity*)이라는 3C 원리에 의거하여 변화한다는 것이다. 이처럼 융합매체가 등장하고 그것이 융합적 의사소통을 조장함으로써, 사회체계도 종전의 양상을 초월한 융합적 상태로 향진해나갈 것으로 예상된다.

2) 문명사의 분기점

고대 그리스어인 헬라어에는 시간을 의미하는 두 개의 용어가 있다. 흘러가는 자연적 시간을 '크로노스'(*chronos*), 관념으로서의 시간을 '카이로스'(*kairos*)라고 한다. 즉 크로노스는 연대기적인 시간을 말하며 카이로스는 우리 정신세계에 의미 있는 것으로 각인된 사건의 흐름을 가리킨다. 누진적·누적적인 진전을 특징으로 하는 매체는 크로노스적인 성격과 더불어 카이로스적인 발전을 거듭해왔다. 즉, 매체의 발전은 지속적이고 연속적인 경로와 더불어 단속적·계기적 진전의 모습을 겸비해왔다. 이 같은 불연속적 진전은 토마스 쿤(Thomas Kuhn)의 패러다임론에 의해 명쾌하게 풀이된다.

쿤이 주장한 패러다임론은 지식 변동의 단절적이고 불연속적인 측면을 부각한다. 점진적 발전이라는 소박하고 전통적인 과학지식관에 따르면 과학의 세계에는 단일 패러다임만이 존재하는 듯하지만, 사실상 정상과학(*normal science*)의 활동 저변에는 경쟁적 패러다임이 내재해 있다는 것이다. 그러다가 패러다임의 교체기에 이들이 경쟁과 갈등에 돌입하여 '코페르니쿠스적 전환'과 같은 혁명적 상황이 초래된다는 것이다.

경제이론가 조지프 슘페터(Joseph Schumpeter)도 대부분의 기술사회적 혁신이 주기적이고 불연속적으로 이루어진다고 주장한다. 혁신이 촉발하는 경기순환은 콘드라티예프 파동(*Kondratieff wave*)과 같이 약 50년을 주기로 되풀이되어왔다는 것이다(Schumpeter, 1939). 그러나 혁신의 주기는 나날이 단축되어 18세기 중반 산업혁명 이후 인류는 모두 네 차례의 장기파동을 겪어왔는데, 융합미디어의 확산이 전개되는 오늘날 인류사회는 이전의 것들에 비해 보다 전면적이고도 강력한 융합이라는 초대형 혁신의 소용돌이로 들어서고 있다고 판단된다.

3) 융합사회의 소통론적 함의

미디어 융합은 커뮤니케이션의 체계를 근본적으로 변화시킨다는 점에서 중요성을 지닌다. 이전에 명확히 구분되던 전화, 컴퓨터, 케이블 및 무선통신의 융합이야말로 오늘날 미디어 세계를 규정짓는 '융합'이라는 메가트렌드를 예시하는 구체적 현상의 하나라고 할 수 있는데, 이는 언제, 어디서, 어떤 기기로든 어떤 미디어로도 접속이 가능한 융합사회로의 진입을 알리는 예표로 간주할 수 있다.

융합사회는 매체 융합에 이르는 단순한 기술 변화의 차원에 그치는 것이 아니라 기존의 산업, 시장, 장르 및 정보 수용자 간의 관계까지 변화시킨다. 융합은 같은 기기상에서, 같은 프랜차이즈상에서, 같은 기업 속에서, 소비자의 두뇌 속에서, 같은 팬덤 속에서도 나타난다. 융합은 매체가 생산되는 방식과 소비되는 방식 모두와 연관되어 있는 것이다(Jenkins et al., 2002). 매체 융합의 과정으로 촉발되는 융합사회는 통합과 안정을 기본으로 하는 사회가 아니라 변화의 과정과 역동적 긴장이 병존하는 사회이다. 때문에 젠킨스는 융합과 분화란 분리해서 논의할 수 있는 문제가 아님을 역설하면서, 두 개념은 현대사회가 직면한 동일한 현상의 양면이라고 밝힌다(Jenkins, 2008a). 융합사회는 궁극적으로 안정성과 대통합을 지향하나, 그 변화과정에서는 역동적 긴장 상태가 항존한다는 것이다.

융합사회의 이행과 함께 사회를 구성하는 개개인의 의사소통양식이 융합적으로 변화하게 되면, 매체를 활용하고 수용하는 향유자로서의 개인도 융합이라는 블랙홀적 매체환경을 수용하는 '호모 미디어쿠스'(*Homo Mediacus*)로 변모하게 된다. 동시에 다양한 콘텐츠와 서비스의 분화가 융합의 양상과 맞물려 "이곳저곳 동시에 서로 연결되어 끌리고, 쏠리고, 들끓으며, 무조직적으로 조직화하는 새로운 대중의 탄생"까지 예상되는데(Shirky, 2008), 이런 상황에서 융합적 소통합리성에 의거

〈그림 7-1〉 융합인의 탄생

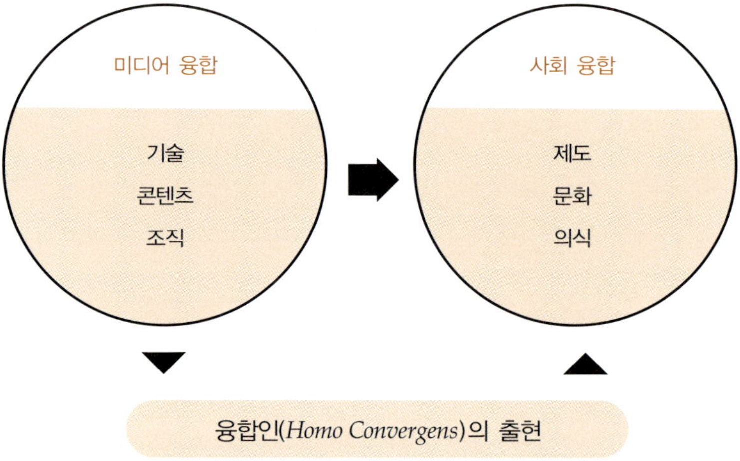

한 새로운 행위주체로서의 '융합인'에 대한 역할 기대가 커지게 된다(〈그림 7-1〉 참조).

3. 주류적 시각: 하버마스의 의사소통행위이론

오랜 시일에 걸쳐 사람들은 객관적으로 존재한다고 생각되는 진리에 대한 탐구에 몰두해왔다. 인식하는 자아와 그로부터 엄격히 분리되어 존재하는 실재를 상정하는 주체-객체 도식에 의지한 이러한 관점은 이성에 의해 자연의 실재가 명증하게 의식될 것이라는 희망을 함축한다. 그러나 이러한 관점은 오늘날 그 의의를 상실한 것으로 보인다. 주체와 객체를 매개하는 엄밀하고 명료한 언어의 꿈은 후기 비트겐슈타인적인 일상언어 연구를 통해서 불가능한 것으로 판명되어간다. 하이데거와 가다머로 이어지는 해석학적 전통은 의식 외부에 객관적으로 존재하는 것으로 보였던 실재가 그 역사적, 문화적 지평에 대한 선(先)이해(*vorverständnis*)에 의존한다는 것을 보여주었다. 더구나 근대 주체철학의 파산과 함께 진리의 토대를 개인의 명증한 의식으로부터 상호주관성으로 이동시키려는 다양한 시도들이 이어져왔다. 이른바 진리의 동의이론, 합의이론이라고 불릴 수 있는 이러한 시도들은 진리를 결정하는 방식을 근대철학의 유아론적 증명으로부터 각성된 행위자들 간의 논증으로 전환할 것을 주장한다.

이러한 지적 흐름 가운데 단연 돋보이는 인물이 바로 위르겐 하버마스(Jürgen Habermas)이다. 그는 기존 주체철학의 한계를 극복하기 위한 대안으로 의사소통적 합리성 개념을 주장한다. 그는 인간들 사이의 상호작용을 매개하는 언어의 속성에 주목하면서 그 안에 본질적으로 상호이해를 위한 규범적 목표가 내재되어 있음을 역설한다. 또 고립된 언표로서가 아니라 인간과 인간 사이의 관계 속에서 이루어지는 실천행위의 일종인 언어적 행위는 공유된 지식에 기초한 타당성 주장을 함축하고 있으며, 이것이 담론이라는 논증행위를 통해 객관적으로 검증될 수 있다고 확신한다. 하버마스는 이를 위해 이상적인, 그리고 반사실적인 조건으로서의 이른바 '이상적 발화상황'(*ideal speech condition*)이라는 개념을 제시한다. 그에 따르면 외부의 강제로부터 자유롭고, 논증에 평등하게 참여할 수 있는 행위자들의 공통된 합의 속에서 진리가 발현할 수 있다는 것이다(Habermas, 2006).

그러나 하버마스의 이러한 주장은 논증행위의 구체적인 맥락적 속성과 의견의 다양성이라는 측면을 외면함으로써 공허한 보편논리로 빠져드는 것으로 보인다. 그의 논의가 고도의 추상성, 형식성, 그리고 순수한 절차적 특징으로 인해 논증의 일상적 연관으로부터 벗어나고 있다고 생각되기 때문이다. 이러한 과잉 일반화된 방법으로는 현실에서의 다양한 구체적 문제들에 대한 실질적인 대안을 제공하지 못한다. 논증의 배경이 되는 생활세계는 보편적으로 모두에게 공통된 것이 아니라 서로 겹치되 일치하지는 않는 속성을 함축하며, 현실에서의 논증 역시 '지금 여기서'라는 구체적이고도 특정한 맥락하에 다양한 목표와 감정을 지닌 행위자에 의해 이루어지기 때문이다.

따라서 이 절에서는 하버마스의 합리성 이론이 안고 있는 일련의 한계를 넘어선 새로운 가능성을 탐지해보고자 한다. 확고한 지적 토대로서의 아르키메데스 포인트가 유실된 지금 그것을 다시 정초하려는 하버마스의 시도를 비판적으로 고찰하고 그 한계를 제시함으로써, 대안적 소통의 길을 모색해보려는 것이다.

1) 하버마스의 언어철학적 전제

(1) 규범적 기초로서의 상호이해

화용론(*pragmatic theory*)은 언어를 기존의 주체철학에서 가정하는 바와 같이 중립적인 매체로서가 아니라 주어진 인간관계 속에서의 실천으로 이해하고자 한다. 즉 시공간적 제약으로부터 벗어나 초월적으로 존재하는 언어가 아니라, 일상 속에서 실질적으로 사용되는 상호작용의 수단으로서의 언어를 분석의 중심에 둔다. 비트겐슈타인의 일상언어 분석에 토대를 둔 이러한 지적 흐름은 언어의 사용을 인간들 사이에 다양하고 복잡하게 구성된 규칙들을 따르는 것으로 간주하는데, 이는 곧 무엇에 관해 말한다는 것은 특정한 상호관계 속으로 들어간다는 의미임을 함축한다(Thompson, 1995).

존 오스틴(John Austin)은 인간 언어 사용을 다음과 같은 세 가지 측면, 즉 상황에 대한 단순한 기술로서의 발화적(*locutionary*) 측면, 특정한 발화에 대한 상호이해를 통해 특정한 인간관계 속으로 진입하게 되는 발화수반적(*illocutionary*) 측면, 그리고 이러한 인간관계로의 진입을 통해 산출되는 결과로서의 발화효과적(*perlocutionary*) 측면으로 구분한다(Austin, 1970). 예를 들어 누군가가 "차가 온다"고 말할 때, 상황에 대한 기술로서의 차와 특정한 발화를 듣는 사람의 거리는 그것의 발화적 측면이다. 발화를 통해서 상대방이 그러한 경고를 수긍하고 그에 반응하게 되는, 즉 공통의 상호이해(*verständigung*)에 기초한 인간적 상호관계로 진입하는 것은 발화수반적 측면이다. 한편, 발화를 듣는 사람이 차를 피할 수 있게 되는 결과는 발화효과적 측면에 해당한다. 존 설(John Searle)은 오스틴의 이러한 주장을 보다 명료화하여 모든 화행이 하나의 발화수반행위와 명제로 구성된다고 말한다. 한마디로 무엇인가를 표명하는 것 자체가 일종의 인간적 관계로의 편입을 의미하는 것이므로, 순수한 발화적 측면은 존재할 수 없다는 것이다(윤평중, 1997; 한상진, 1996).

하버마스는 설과 오스틴의 논의를 계승하되 그들을 보다 정교하게 발전시킨다. 우선 그는 다음과 같은 두 가지 측면에서 중요한 수정을 가한다(김선욱, 2005). 첫째, 그는 우리의 언어 사용이 더 이상 다음 두 가지 수준, 즉 명제적 차원과 수행적 차원이라는 이분법적 구조로 유지될 수 없다고 주장한다. 왜냐하면 배경적 지식과 구체적 상황 없이 독립적으로 존재하는 명제란 있을 수 없기 때문이다. 둘째, 이러한 통찰과 함께 그는 생활세계라는 개념을 언어를 매개로 한 인간관계의 배경적 지식, 즉 상호주관적 활동의 토대로서 자신의 이론에 포섭한다.

동시에 그는 발화수반적 언어 사용에 우선성을 부여했던 오스틴과 설의 의견을 급진적으로 개진한다. 그에 따르면 언어 사용의 발화수반적 측면에서 관찰되는 상호이해는 인간의 언어 사용이 갖는 원형적 형태에 속한다(이현아, 2007). 그는 발화효과적 측면이 발화수반적 측면이 전제되지 않은 한 발생할 수 없다고 주장하면서 전자를 후자의 파생물 혹은 기생적 형태로 격하한다. 즉 그에 따르면 상호이해는 언어 사용의 '궁극적 목표(*telos*)'라는 것이다(Habermas, 2006). 이러한 논법을 통해 그는 발화수반적 측면이 내포하는 상호이해의 이상을 모든 언어 사용이 선험적 혹은 생득적으로 배태하는 규범적 개념으로 정립한다. 그것은 언어행위를 가능하게 하는 공유된 규범적 목표로서, 행위자들은 이를 달성하기 위해 언어행위에 참여한다는 것이다(Habermas, 1988). 이 같은 언어의 규범적 전제들은 현실에서 이루어지는 언어 사용에 대한 비판적 토대로 활용될 수 있다.

(2) 이상적 발화상황

그렇다면 다음과 같은 발화행위 유형에서 인간의 상호이해는 어떻게 달성될 수 있는가? 여타 사회적 인습과 밀접하게 연관되어 있는 경우 이러한 상호이해는 기존의 행동 규범이나 관습에 의해 가능해질 수 있다.

그러나 우리는 제도적으로 제한되지 않은 보다 보편적인 경우를 고려해야 한다. 하버마스에 따르면 그것은 오로지 특정한 타당성 요구(*validity claim*)가 가능한 모든 발화행위와 더불어 제기되고 상호주관적으로 합의되었다는 가정하에 가능하다. 즉 그에 따르면 "타당성은 시간과 공간을 초월하지만 … 요구는 항시 '지금 여기'라는 구체적인 맥락에서 제기되며, 실제적 행위 결과에 따라 수용되거나 거부된다"(Habermas, 1996; 정대성, 2006).

즉, 일상에서 일어나는 대부분의 언어 사용은 보편적으로 존재하는 특정한 타당성 요구의 존재에 의해 가능하다는 것이다. 언어적 상호관계에 참여하는 개인들은 각각의 발화에서 이미 존재하는 무언가에 근거한다. 하지만 그 존재에 대한 의심이 발생하는 경우, 즉 특정한 타당성 요구의 존재에 대해 개인들 사이의 불일치가 발생하는 경우, 이는 단순히 의사소통의 맥락에서 응답될 수 없다. 그것은 문제시되어버린 타당성 요구를 주제로 하여 그에 대한 동의를 재구축할 수 있는 담론(*discourse*)에 의해 해결되어야 한다. 하버마스에 의하면 이러한 타당성 요구들은 인식적이므로 검증될 수 있다는 것이다(윤평중, 2005).

이때 중요한 것은 허위적 합의와 진정한 합의를 구별하는 것이다. 왜냐하면 일상에서의 의사소통은 언제나 수많은 요인들로 인해 왜곡되기 때문이다. 따라서 하버마스는 의사소통 능력을 갖춘 행위자들 사이에 존재할 수 있는 '이상적' 담화의 절차에 대해서 논의한다. 그에 따르면 이러한 담론은 다음과 같은 네 가지 구조적 특징을 갖는다. 첫째, 모든 담론의 참여자들은 언제나 담론을 개시하고 진행시키기 위한 동등한 기회를 가져야 한다. 둘째, 담론의 참여자는 주장, 권고 및 설명을 제시하거나 정당화를 요구할 동등한 기회를 가져야 한다. 셋째, 모든 참여자들은 행위자들로서 그들의 태도, 소망, 감정 및 의향을 표현할 수 있는 동등한 기회를 가져야 한다. 넷째, 모든 행위자들은 명령하고 반박하고 허가하고 금지하는 등의 언어행위를 적용할 동등한 기회를 가져야 한다. 이러한 속성을 담지한 이상적 담화상황은 다음과 같은 이중적 역할을 수행한다. 즉 그것은 한편으로 경험적 담론을 구성하는 계기로 담론에 참여하는 자들이 반드시 암묵적으로 가정해야만 하는 요건으로 작용하며, 다른 한편 이상화된 반사실적 가설로서 현실에서의 담론에 대한 비판적 준거가 된다(Habermas, 1996; 정호근, 1994).

2) 의사소통적 합리성의 화용론적 한계

(1) 보편적 상호이해의 가능성에 관한 문제

하버마스의 의사소통행위이론은 앞에서 논한 바와 같은 기본 조건, 즉 논증에 참여하는 모든 행위자가 모든 화행에 대한 동일한 상호이해에 도달할 수 있어야 한다는 점을 전제로 한다. 다시 말해, 논증과정 속에서, 즉 의사소통적 수단의 활용을 통해 합리성을 판단하고자 한다면 화행이 갖는 의미가 참여자 모두에게 보편적으로 동일한 것으로 받아들여질 수 있어야 하며, 타당성 근거에 대한 가치연관에서의 일치가 담보되어야 한다(이현아, 2007). 물론 하버마스도 일상생활에서 특정한 화행이 상당히 불명료한 상태에서 유지된다는 점을 인정하지만(Habermas, 2006), 그럼에도 성찰성에 기초한 '이상적 담화상황'에서 문제시된 것에 대한 상호주관적 합의가 언어행위 속에 암묵적으로 전제된 배경적 지식으로서의 생활세계를 통해 가능할 것이라고 말한다. 그러나 우리는 여기서 다음과 같은 두 가지 쟁점을 제기할 수 있다.

첫째, 하버마스의 생활세계에서는 스티븐 크룩(Stephen Crook)의 지적처럼 언어를 통해 매개된 성찰적인 상호주관적 합의의 결과물과 성찰되지 않은 채 침전되어 있는 의미들과 가치 지향들이 '기묘한 긴장'(*curious tension*)을 조성하고 있다(Crook, 1998). 이때 문제는 하버마스가 이상적 담화상황에서의 성찰적 작업이 넘어설 수 없는 영역을 간과했다는 점이다. 비트겐슈타인이 논증한 바와 같이, 근거 제시를 통한 성찰적 작업이 반드시 완벽한 일치를 보증하는 것은 결코 아니다. "근거를 부여한다는 것, 증거를 정당화하는 것은 끝을 지향하는 것인데"(Wittgenstein, 2006b) 우리가 끝내 할 수 있는 말은 "나는 그저 그렇게 행위하고 있다"는 것뿐이다(Wittgenstein, 2006a). 차이는 결코 성찰적 작업을 통해 해소되지 않는다. 정당화하려는 우리의 모든 노력들은 꼬리에 꼬리를 무는 해석의 연쇄로서 "모든 해석은 해석하는 것과 함께 공중에 부유해 있다"(Wittgenstein, 2006a). 어떠한 성찰적 작업도 해석의 동질적 이해를 보증하지 못한다. "보다 확실한 이해는 의심이 가능한 모든 곳에서 의심하여 이 모든 의심들을 제거할 경우에만 가능한 것처럼 보이기 쉽지만"(Wittgenstein, 2006a) 이는 사실이 아니다.[1] 당연

1) 비트겐슈타인의 다음과 같은 글을 참고하는 것이 도움이 될 것 같다. "내가 다음과 같이 설명한다고 가정하자: 나는 이집트에서 이스라엘 사람들을 이끌어낸 그런 사람이 존재했다면 그 사람을 모세로 이해한다. 그가 그 당시 어떻게 불렸건 그리고 그가 그 밖에 무엇을 했건 또는 하지 않았건 간에 — 그러나 모세란 낱말에 대해서와 마찬가지로 이 설명어들에 대해서도 비슷한 의심들이 가능하다(당신은 무엇을 이집트라고 부

한 것의 불일치는 결코 정당화를 통해 해소될 수 없으며 당연한 것과 타당하게 논증된 것 사이의 긴장은 언제나 존재한다. 만약 이것이 해결되지 않는다면 우리의 언어 사용에서의 일치가 논증적 대화를 통해 가능해질 수 있을 것이라는 하버마스의 주장은 설득력을 잃게 된다.

둘째, 하버마스가 동일시하는 이해(*verstehen*)와 상호이해(*verständigung*)는 결코 동질적인 것이 아니다. 다시 말해, 특정한 발화에 대한 이해가 결코 특정한 타당성 근거에 대한 동의를 의미하는 것은 결코 아니다. 실제로 많은 경우 언어 의미에서의 일치는 가치연관에서의 일치를 의미하지 않는다. 왜냐하면 특정한 발화에 대해서 동의하면서도 그것이 타당하다는 것에 동의하지 않을 수도 있기 때문이다. 예를 들어 병역 거부 때문에 재판에 회부된 사람에 대해서 상상해보자. 그리고 이때 변호사와 검사가 피의자가 병역을 거부한 이유에 대해서 동의한다고 가정하자. 그렇다면 그들은 그가 특정한 상황에서 특정한 이유로 인해 '그렇게 하게 되었다'는 점에 둘 다 동의할 수 있다. 하지만 그들의 동의는 피의자가 그 상황에서 '그럴 수밖에 없었다'는 점을 의미하지는 않는다. 즉 "특정한 상황에서 행위자는 이렇게 행위를 했다"는 주장에 동의한다고 하더라도 그들이 "그가 이 상황에서는 그렇게 할 수밖에 없었다"

르고 있으며, 누구를 이스라엘 사람들이라고 부르고 있는가? 등)." 뿐만 아니라, 이러한 물음들은 우리가 붉다, 어둡다, 달다 같은 낱말들에 도달한다 하더라도 끝나지 않는다. ―"그러나 하나의 설명이 정말 최종적이 아니라면, 그것은 그렇다면 어떻게 내가 이해하도록 도와주는가? 그 경우 설명은 실로 결코 종결되어 있지 않다. 그러니까 나는 그가 무엇을 뜻하고 있는지를 아직도 여전히 그리고 결코 이해하지 못한다!" ― 마치 다른 하나의 설명이 떠받치지 않으면 하나의 설명은 말하자면 공중에 떠 있기나 한 듯이 말이다(Wittgenstein, 2006a).

는 주장에 동의할 필요는 없다. 그러므로 검사는 특정 행위를 변호사와 동일하게 이해한다 하더라도 처벌을 주장할 수 있다. 따라서 복수의 가치정향에 의한 판단이 존재할 때 어떤 것이 더 옳은지 혹은 정당한지 판단될 수 있어야 한다. 그렇다면 그것은 어떻게 가능한가?

문제는 그의 '이상적 담화상황'에서의 반사실적 조건들에서는 더 나은 논거에서 비롯하는 강제를 제외하고는 모든 강제를 배제한다는 사실 이상을 확인할 수 없다는 점이다. 이런 경우 대체 "더 나은 논거란 무엇인가"에 대한 답은 어떻게 얻을 수 있는가? 하버마스는 이에 대해 "어떻게 도달할 수 있는가가 아닌 것에 도달해야만 한다"는 규범적 목표가 언어생활에 존재한다는 점만을 강조할 뿐이다. 그는 인간의 언어행위의 궁극적 목적은 상호이해라고 주장함으로써, 또한 그것이야말로 소정의 대화(*dialogue*)를 가능하게 하는 선험적 조건이라고 지적함으로써(Habermas, 1989; 이현아, 2007) 규범적 목표들의 논증 가능성에 대한 근거를 대신한다. 그러나 아르투어 카우프만(Arthur Kaufmann)은 "이러한 선험적 조건은 각 담론에서 최선의 논거를 기초로 하여 하나의 해답이 존재하게 된다는 것으로 만족할 뿐, 이 해답이 개별 사례에서 어떻게 보일 수 있는지, 보다 엄밀히 말해 어떤 개인적 메타 질서가 왜 최고의 우선권을 얻게 되는지에 대한 단서를 우리에게 제공하지 않는다"고 반박한다(Kaufmann, 2006).

마찬가지로 이 같은 규범적 전제들은 그의 이론을 위해서나 필수 불가결한 전제조건일 뿐이지 모든 사람에게 그러한 것은 아니다. 왜냐하면 우리는 언제든 상호이해와는 상관없는 언어적 행위조정과 마주할 필요가 있기 때문이다. 실제로 제임스 크로스화이트(James Crosswhite)

는 논증행위에의 참여는 궁극적 일치가 아니라 차이를 확인하는 것만으로도 충분할 수 있다고 지적한다. 그는 하버마스가 특정한 화행이 타당성 근거에 있어 상대방에게 수용/거절이라는 이분법적 반응을 요구한다고 가정할 필요는 없다고 말한다. 오히려 그러한 이분법은 법정이나 행정적 절차 등의 현실적인 시공간적 제약이 요구되는 환경에서의 '결정'에 대한 요구에서 비롯되는 것일 뿐, 논증행위에서 특정한 주장은 어느 정도는 타당하고 어느 정도는 옳지 않다고 받아들이는 것 이상이 아니라는 것이다(Crosswhite, 2001). 따라서 하버마스가 상호이해의 전제조건으로 제시했던 의미의 동일성과 합리적 타당성 근거들에 대한 동의는 궁극적으로 미해결 상태로 남는다. 하버마스의 상호이해에 대한 강조는 겉보기에 올바른 것에 우선권을 부여하는 것처럼 보이되, 보편적 선(*das gute*)에 대한 선호를 나타내는 것 이상이 아니다(Kaufmann, 2006).

(2) 이상적 행위자의 문제

하버마스는 기존의 철학들이 가지고 있던 한계, 즉 진부한 의식철학(*philosophy of consciousness*)을 자신의 의사소통행위이론을 통해 극복했다고 주장한다(김선욱, 2005). 자신의 이론체계는 더 이상 특정한 주체를 상정하지 않으므로, 중요한 것은 언어적 소통의 구조에 기초한 토론의 규칙과 논의의 형식이라는 것이다. 하지만 이때 지적되어야 하는 것은 그가 말하는 언어 공동체에서의 이성적 행위자라는 개념이 주체철학으로부터 쉽게 벗어날 수 있는 존재인가 하는 점이다. 왜냐하면 그의 이론에서는 언어를 통한 행위조정을 위한 논증에 필요한 역량을 갖춘 행위자가 필수적으로 요구되기 때문이다. 다시 말해, 담론에 참가하는 행위자는 특정한 의미를 바르게 해석할 수 있고, 논증을 구사하기 위한 타당성 근거를 파악할 수 있으며, 그것을 언어를 매개로 적절하게 표현할 수 있는 사람이어야 한다. 하버마스는 이와 관련해 대화 참여자의 이상성을 논하면서 담론에서 특정한 주체가 갖춰야 할 판단능력(*zurechnungsfähigkeit*)에 대해 다음과 같이 말한다.

이 능력은 두 가지의 반사실적 기대, 즉 행위자의 실천은 의식적·이성적 판단의 결과라는 '의도성의 기대'(*intentionalitätserwartung*), 그리고 행위자가 정당하다고 생각하는 규범을 따르고 적절한 질문에 자신들의 행위에 대한 설명을 기대할 수 있다는 '정당성의 기대'(*legitimitätserwartung*)로 이루어져 있다. 이러한 판단능력에 대한 판단은 그것에 대한 타당성 기준이 곧바로 발견되어야 하는 합의의 방식에 의거해서 증명되어야 한다는 것이다(이현아, 2007).

하지만 이러한 주장은 그가 특정 행위자의 의사소통행위에 대한 참여를 제한하는 조건을 의사소통행위에서의 토론을 통해 결정한다는 일종의 순환론적 오류에 빠진 것으로 보인다. 행위자의 판단능력이 적절한가를 판단하기 위해서는 의사소통적 논증과정에 의지할 수밖에 없고, 이러한 의사소통적 논증과정의 타당성을 검증하려면 참여한 행위자의 행위능력에 의지할 수밖에 없다. 양자는 꼬리를 물고 서로를 정당화하지만 실질적으로 해결 가능한 것은 아무 것도 없다.

이 같은 논의에서 가장 빈번히 발생하는 논제가 배제와 억압의 문제이다. 이상적 언어공동체가 하늘에서 떨어지지 않는 한, 대부분의 경우 우리는 특정한 의사소통적 행위조정에 진입하기 위한 판단능력을 고정시켜야 한다. 하지만 이 과정에서 성, 인종, 소수자, 계급 등의 특정 범주에 대한 차별화가 발생한다. 실제로 닉 크로슬리(Nick Crossley)는 특정한 의사소통적 참여에서 언어적 불일치에 대해 아비투스(*habitus*)가 갖는 중요성을 지적한다. 그에 따르면 상이한 아비투스를 갖는 사람들 사이에서는 동일한 화행이 상이한 의미로 해석될 수 있다는 것이다. 다시 말해, 동일한 언어를 매개로 한 상호소통에서 상이한 아비투스를 갖는 행위자들 사이에서는 오해와 왜곡, 의미의 불일치가 발생할 가능성이 크다는 것이다. 이러한 특정한 언어적 코드의 불일치는 합리성의 이름으로 전개되는 많은 공공담론에서 특정 집단을 배제시킬 수 있다(Crossley, 2004).

실제로 우리는 수많은 담론에서 합리성이라는 이름으로 작동되는 억견(*doxa*)을 발견할 수 있다. 그것은 특정한 언어적 코드를 정당한 것으로 만들고 그렇지 않은 언어적 코드를 담론과정에서 배제한다. 물론 하버마스는 이상적 담화상황에 기초한 모든 편견으로부터 벗어난 초월적 정당화의 가능성을 주장하지만, 이것은 실제적으로 결코 쉽지 않다. 오히려 그것은 담론을 탈역사화하고 탈맥락화함으로써 특정한 시기의 특정 집단의 담론구조를 보편적인 어떤 것으로 만드는 것으로 귀착될 가능성이 높다. 그럼으로써 푸코가 말한 규율권력(*disciplinary power*)이 강화될 공산이 크다(Dahlberg, 2005).

4. 대안적 관점: 인본적 소통합리성

앞서 살펴본 바와 같이, 하버마스의 의사소통행위이론은 실제 언어생활의 문제들에 대한 적절한 응답을 제공하지 못한다. 이때 요청되는 것이 그의 의사소통론을 인본적 방향으로 인문주의화(*humanization*) 하는 일인데, 이와 관련된 스테판 툴민(Stephen Toulmin)의 논의는 주목할 만하다(Toulmin, 1997). 그는 이성의 개념을 보편적이고 초월적인 명증한 논리에 기초한 합리성(*rationality*)과 실천적이고 맥락적인 적합성에 토대를 둔 합당성(*reasonableness*)이라는 두 가지 양식으로 구분하면서, 15~16세기 인문주의자들에게는 이들이 균형적으로 고려되었다고 말한다. 즉 인간 생활의 복잡성과 다양성을 존중했던 당시 인문주의자들은 특정한 논증이 갖는 내적인 논리적 일관성이라는 형식적 측면과 특정한 상황과 논증의 대상, 그리고 그것이 제시되는 사람들 모두가 적절하게 감안되어야 한다고 생각했다는 것이다.

그들에 따르면 구체적 정황의 복잡성과 다양성에 대한 존중은 공통된 보편적 합의를 요구할 수 없게 한다. 그것이 인간 능력의 한계를 넘어선다고 보기 때문이다. 미셸 에캠 드 몽테뉴(M. E. de Montaigne)의 지적처럼 보편적 합의에 도달하고자 하는 시도는 사람을 가볍게 보는 경신(輕信)이나 자기기만에서 비롯된 것이다(Toulmin, 1997). 이 상황에서 절실히 요구된 것은 창조적 회의주의와 관용, 그리고 다양한 수사적 방법이었다. 많은 이들이 회의주의를 파괴적이고 해체적인 것으로 간주하는 오늘날과 달리, 그들에게 회의주의는 인간적 경험의 다양성을 풍부하게 매개할 수 있는 풍요로운 지적 토양으로 간주되었다. 마찬가지로 관용 또한 상대방을 상대주의적 무관심의 대상이 아니라 비판적 논쟁의 동등한 참여자로 인정하자는 것이었다. 또 수사적 방법도 오늘날의 부정적 이미지와는 달리 상대방 혹은 청중, 그리고 논증의 주제에 대해 최선의 의사소통을 보장할 수 있는 촉진 방안에 해당하는 것이었다. 다시 말해 그것들은 어떠한 주장도 완벽하게 타당할 수 없음을 인정함으로써 합리적으로나 합당하게 설명될 수 있는 입장들의 다원성을 적극적으로 수용하자는 것이었다.

이와 같은 인문주의자들의 주장은 확고한 형이상학적인 지적 토대를 상실한 현대인들에게 진정으로 필요한 것이 무엇인지에 대해 응답해준다. 하버마스의 언어철학에 관한 연구가 많은 합리성 이론들이 지녀왔던 유아론적 한계의 극복에 결정적인 역할을 수행했음은 인정받아 마땅하다. 하지만 그의 이론은 여전히 보편적이고 필연적인 논증을 통해 특정한 합리성의 절차를 확립하려는 한계를 드러낸다. 그가 선험적 전제로 제시하는 많은 것들은 모든 상황에 항상 적합하지 않으며, 많은 경우 가장 중요하게 고려되어야 하는 신념도 상황과 맥락에 따라 달라질 수 있다. 마찬가지로 구체적 상황으로부터 괴리된 추상적 논의에서의 합의는 결코 현실에서의 합의와 쉽게 결부되지 않는다.

따라서 하버마스는 불일치와 차이에 대해, 그리고 삶의 구체적 맥락에 대해 좀더 관심을 기울여야 한다. 그것이 곧 삶의 다양한 규칙들이 가진 모순과 복합성을 인정하는 것이자 그 다양성과 풍요로움을 존중하는 것이다. 아울러 그것은 실제 담론에서 발생하는 이성과 정열의 상호투사를 적극적으로 인정하는 것이다(Hoggett & Thompson, 2002).[2] 개인들 사이의 의견을 일치시키는 것은 어렵고, 실질적으로 불가능할 뿐만 아니라, 특정한 삶의 형식을 배제하거나 억압하는 결과를 초래할 수 있다(Mouffe, 2006). 따라서 인간관계에 현존하는 필연적인 비결정성의 요소를 언어 구조에 깃들어 있다는 상호이해라는 신념에 입각해 중립화하려는 것은 결코 적절한 방안이 아니다. 하버마스는 포스트모던주의자들이 불일치에 과도하게 집착한다고 비판하지만, 그 자신이 오히려 일치에 과도하게 집착하고 있다고 여겨진다. 하버마스의 주장처럼 상호이해가 이루어지지 않는다고 해서 모든 것이 비합리성의 영역에 존재하는 것은 아니다. 상이한 두 가지 논점 사이에는 일상적으로 깨어 있는 삶의 실재성이라는 풍요로운 삶의 영역이 엄존하는바(Berlin, 2006), 우리가 안착해야 할 지점은 바로 이곳이다. 이곳에서는 동의가 항시 이루어질 수 있거나 만들어져야만 하는 것이 아니며, 개인들 간의 불일치도 만족스러운 방식으로 표출될 수 있다. 조지프 슘페터가 지적하듯, 지금 우리에게 필요한 것은 "자신이 지닌 확신의 타당성이 상대적임을 깨닫고도 위축되지 않고 그것을 수용하는 개명한 인간"인 것이다(Berlin, 2006).

2) 이와 관련해 폴 호게트(Paul Hoggett)와 사이먼 톰슨(Simon Thompson)은 다음과 같이 말한다. "이성과 정열의 상호투사는 이성의 작동을 필연적으로 방해하지 않는다. 실제로 이것은 그것을 망가트리는 만큼이나 그것을 촉진시킬 수도 있다. 정열이 없는 이성은 동력(*dynamics*)이나 에너지가 없는 이성이다. 예를 들어 적대감을 잘라내 버린다면 이성은 신랄함과 날카로움을 유실하게 된다. 적대감의 건설적인 사용은 과잉의 혹은 오해된 세부사항을 쳐내고 이슈의 본질에 이를 수 있는 역량, 그리고 논쟁에 참가하고 그것을 비판적으로 분석하며 반대의 논증이 겉돌 때도 중요한 진실을 향해 완강하게 밀고나갈 수 있는 역량에 토대를 부과한다. 더욱이 혐오, 사랑 그리고 희망참 등과 같은 인간의 감정들은 일반적으로 다른 사람들을 이해하거나 그들에 의해 이해되는 것들 모두에 크게 기여한다."(Hoggett & Thompson, 2002)

5. 소결: 보편주의의 성상(聖像)을 넘어서

오늘날 합리주의적 전통의 형이상학은 황폐해졌지만, 그에 수반했던 이성의 개념은 소진되지 않았다. 이성을 새로운 토대 위에 정립시키려는 노력은 여전히 진행 중이다. 하버마스는 그러한 작업에 골몰하는 대표적 학자로 꼽을 수 있다. 그는 언어구조에 내재해 있는 선험적인 규범적 요소로서의 '상호이해'에 주목함으로써, 그리고 이러한 상호이해가 외적 강제나 내적 왜곡요소들로부터 차단된 이상적 상황을 추상적으로 상정함으로써 현실에서의 왜곡된 담론들을 치유할 수 있는 비판적 토대를 정초하고자 했다. 보편화용론에서 형식화용론으로 이어지는 그의 다양한 논의들은 이러한 문제의식을 총체적으로 반영한다.

하지만 그러한 논의에는 몇 가지 한계성이 드러난다. 첫째, 그것은 언어구조에 내재하는 '상호이해'라는 개념에 특권을 부여함으로써 우리가 실제로 기초하는 언어생활의 본질을 올바로 조망하지 못한다. 완벽한 상호이해는 추상화된 담론에서의 논증을 통해서는 온전히 달성될 수 없다. 비트겐슈타인의 지적처럼, 그것은 특정한 삶의 형식에서의 일치 이상이 아니다. 표현은 좀더 명료해질 수 있고, 주장은 좀더 세련되어 질 수 있겠지만 그것은 결코 완벽한 상호이해를 보장하지 못한다.

둘째, 하버마스의 주장은 유아론적 주관주의의 한계를 벗어나고자 하지만, 그 자체가 해결되지 않은 채 문제로 잔류하게 된다. 그는 특정한 주체를 상정하지 않고 모든 정당성의 토대를 절차로 이동시키지만, 문제는 여전히 엄존한다. 왜냐하면 담론에 누가 참여할 수 있는가 라는 소제가 쟁점으로 불거지기 때문이다. 하버마스는 그것이 담론에 의해 규정될 것이라고 강변하지만, 그것은 결국 순환논리로 귀결될 뿐이다. 궁극적으로 우리는 선택을 단행할 수밖에 없는데, 그 결과는 대부분 특정 존재들의 배제로 이어질 수밖에 없다. 그는 이상적인 보편적 합의를 줄기차게 주장하지만, 그 현실적 결과는 특정한 대상에 대한 배제를 통해서만 가능할 뿐이다.

따라서 하버마스의 이론을 인문주의화할 필요성이 강력히 제기된다. 툴민이 제시하는 15~16세기 인문주의자들의 지적 탐구의 모형은 제거될 수 없는 인간 생활의 복잡성과 다양성을 반영하지 못하는 하버마스의 이론에 대한 하나의 대안적 활로를 제시한다. 그들의 창조적 회의주의와 관용의 정신은 개인들 간의 불일치성과 다양성을 인정하고 그에 보다 적극적인 관심을 요구한다. 바로 이러한 새로운 논증과정을 통해 우리는 일상생활의 실제성이 부여하는 풍요로움과 온전히 마주할 수 있다.

제8장

융합의 영역별 개황

현대사회에서 융합은 하나의 트렌드를 넘어 사회발전의 향방을 좌우하는 핵심 개념으로 발돋움하고 있다. 미디어 기술을 중심으로 한 융합기술의 발달과 이에 따른 기술적 · 경제적 · 사회적 · 문화적 측면에서의 변화는 궁극적으로 융합문명의 출현으로 이어지고 있다. 하지만 융합문명의 출현은 단선적이거나 단일한 것이 아니기 때문에 융합문명을 관찰하고 분석하기 위해서는 다층적이고 다차원적인 접근이 필요하다.

정보사회로 진입한 이후 우리 사회는 급격한 변화를 겪고 있다. 기업들은 새로운 디지털 기기들을 경쟁적으로 출시하고 있으며 개인들은 새로운 디지털 기기를 이용해 모바일 공간이라는 새로운 활동공간을 창출하고 있다. 또 연예, 스포츠, 오락 시장의 성장으로 새로운 이미지들이 부단히 생성되고 있고, 소비자는 뉴미디어를 이용해 이미지를 재생산하거나 유통시킨다. 이 같은 일련의 변화들은 얼핏 보면 무질서한 혼돈

〈그림 8-1〉 융합현상의 확산 과정

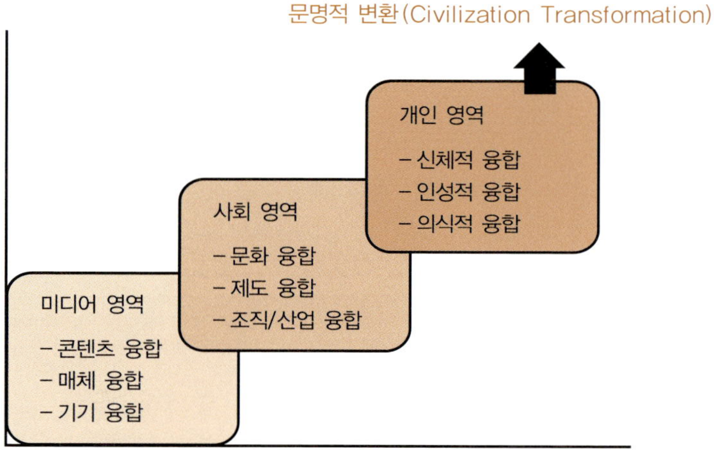

상황을 야기하는 것 같지만, 우리는 거기서 융합이라는 일관된 흐름을 판독할 수 있다. 요컨대, 산업시대의 분화 패러다임 이후 융합 패러다임이 새로운 사회구성 원리로 대두하고 있음을 간파할 수 있다.

즉, 사회 전반에 걸쳐 융합문명의 도래를 알리는 다양한 증거들이 생활 곳곳에 누적되고 있는데, 이 융합의 증거들은 융합문명을 분석하고 특성을 이해하는 데 유효한 실마리를 제공한다. 그러므로 이 장에서는 오늘날 일상세계 전반에서 나타나는 다양한 융합적 현상과 사례들을 제시한 후, 각 영역에서 출현하는 융합적 현상들에 내재한 의미를 파악하여 융합문명의 주요 특성들을 조망해보고자 한다(〈그림 8-1〉 참조).

1. 기기 융합

융합문명에서 나타나는 대부분의 디지털 기기들은 새롭고 혁신적인 성능을 갖추기보다 기존에 존재하는 다양한 디지털 기기들의 기능을 복합적이고 집약적으로 응축한 것들이 많다. 사무용 복합기는 융합문명에서 나타나는 디지털 기기의 기능적 융합을 보여주는 대표적 사례이다. 복합기란 프린터 기능에서부터 복사, 팩시밀리 기능까지 업무를 수행하는 데 필요한 다양한 기능을 하나의 기기로 해결할 수 있는 다목적 기기를 말한다. 이러한 복합기를 통해 사용자는 비용을 절감하고 추가 공간을 확보하여 업무의 효율성을 제고할 수 있다. 이러한 단순 복합기 이외에도 휴대용 게임기, mp3 플레이어나 PMP와 같은 소형 음향기기, PDA와 같은 다양한 휴대용 디지털 기기들이 융합시대를 대변하는 새로운 기구로 속출하고 있다.

현재 정보통신기기 시장을 대표하는 융합 기기는 단연 스마트폰이다. 2009년 11월 KT의 애플 아이폰(iPhone) 출시 이후, SKT도 2010년 2월 구글의 안드로이드(Android) 운영체제를 탑재한 모토로라 모토로이(Motoroi)를 출시하였다. 삼성은 윈도 모바일 운영체제를 탑재한 옴니아(Omnia) 시리즈에 이어 안드로이드 운영체제를 탑재한 갤럭시(Galaxy) 시리즈를 출시하면서 스마트폰 시장 경쟁에 뛰어들었고, 2012년 3분기에 이르러 국내 스마트폰 점유율 70%, 전세계 스마트폰 점유율 30%를 돌파하면서 비약적으로 성장하고 있다. 스마트폰은 이제 거스를 수 없는 융합사회의 명백한 대세인 것이다. 미국의 시장조사기업인 아이서플라이(iSuppli)의 2012년 8월 보고서에 따르면 2012년

〈그림 8-2〉 전세계 스마트폰과 피처폰의 비중 추이

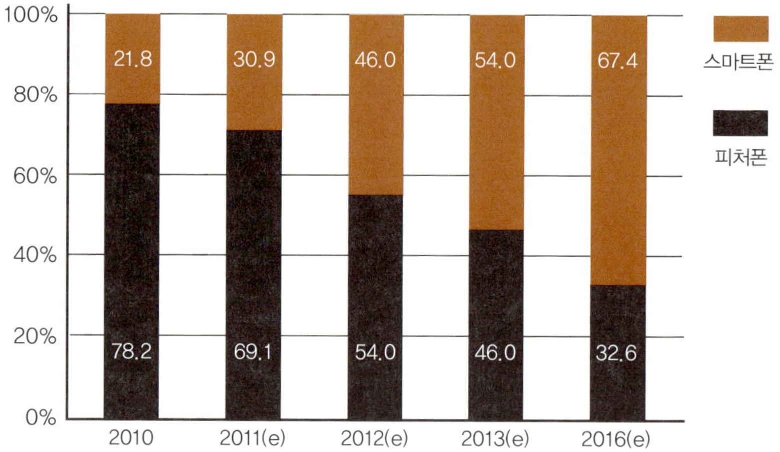

출처: Oppenheimer, iSuppli, 2012. 8.

전 세계 휴대폰 시장에서 스마트폰의 비중은 46%로 나타났으며, 나아가 2016년에 이 비중은 67% 이상으로 확대될 것으로 전망된다.

스마트폰은 기본적인 휴대폰 기능에 mp3 플레이어, PMP, 카메라, DMB, GPS, PDA의 기능까지 흡수한 초융합적 멀티미디어 기기를 말한다. 스마트폰에 대한 표준화된 정의가 존재하지는 않지만, 일반적으로 스마트폰은 오픈 시스템을 기반으로 사용자가 개인에 맞는 다양한 어플리케이션을 사용할 수 있는 소형 컴퓨터와 같은 기능을 지닌 단말기를 의미한다. 스마트폰은 사용자가 원하는 어플리케이션을 직접 제작하고, 다양한 어플리케이션을 통해 자신에게 맞추어진 인터페이스를 구현할 수 있다는 점에서 기존의 피처폰(*feature phone*)과 구분된다. 또 스마트폰은 기존의 PDA(*Personal Digital Assistant*)와 비슷한 형태를 보이지만 무선 통신 네트워크를 이용한 서비스에 초점을 맞추었다는 점에서 PDA와 대비된다. 스마트폰은 단순한 정보의 접속뿐 아니라 나를 중심으로 네트워크상의 모든 것들을 연결시키는 '연결 시대'의 주역인 것이다(박유리, 2012).

스마트폰이나 복합기, PMP, 넷북과 같은 다양한 미디어 기기에서 나타나는 기능적 융합은 모든 정보를 이원적으로 전환할 수 있는 디지털 기술을 기반으로 한다. 따라서 디지털화는 미디어 간의 경계를 무너뜨리는 추동력이자 융합의 기본적 조건이라고 할 수 있다(Jenkins, 2008b). 디지털 사회에서 통용되는 모든 형태의 데이터는 일련의 코드를 통해 디지털화되어 다수에게 전송되며, 개인이 소유한 다양한 미디어 기기는 데이터를 디코드(*decode*) 하여 최초의 형태로 재현한다. 이러한 부호화/탈부호화(*coding/decoding*) 과정을 통한 정보의 기기 간 공유가 미디어 기기의 기능적 융합을 가능케 하는 원동력이 된다. 다시 말해 코드화된 디지털 데이터는 전화용, 구리선, 광섬유, 동축 케이블, 위성, 지상파 네트워크뿐만 아니라 기존의 전기 네트워크 등 모든 종류의 네트워크를 통해 전송될 수 있으며, 동일한 디지털 데이터가 가정용 컴퓨터, 스마트폰, 전자수첩, 태블릿 PC, 게임기, 텔레비전 수상기에 이르기까지 어떤 유형의 미디어 기기에서도 재현된다(Missika, 2007).

뿐만 아니라 컴퓨터나 스마트폰에서 적용되는 운영체제(OS)를 바탕으로 한 오픈 시스템은 미디어 기기의 기능적 융합을 가속화한다. 운영체제는 컴퓨터의 하드웨어를 직접적으로 제어하고 관리하는 시스템 소프트웨어를 말한다. 운영체제를 통해 사용자는 원하는 프로그램을 쉽고 효율적으로 디지털 기기에 적용시키거나 사용할 수 있게 된다. 현재 출시되는 스마트폰은 제조 회사나 기기에 따라 각각 아이폰 OS(iPhone

OS), 안드로이드(Android), 윈도 모바일(Windows Mobile), 심비안 OS(Symbian OS), 팜 OS(Palm OS)와 같은 상이한 운영체제를 기반으로 작동한다.

현대사회에서 사용되는 다양한 전자기기에서 볼 수 있는 기능적 융합은 기기들이 서로의 영역을 침범하면서 홀로 다재다능한 역할을 수행할 수 있도록 변모하고 있음을 보여준다. 융합적 멀티미디어 기기의 출현은 궁극적으로 '모바일 공간'이라는 새로운 공간을 창출하면서 더 나은 소통 기능을 갖춘 뉴미디어의 출현을 촉구한다.

2. 매체 융합

융합적 소통의 주요 방식은 인터넷과 같은 뉴미디어를 이용한 다대다(多對多) 통신이다. 뉴미디어란 말 그대로 새롭게 나타난 전달매체를 통칭하는 용어로서, 원래는 신문, 방송 등의 정보전달 수단에 대비해 1970년대부터의 기술 개발에 따라 새롭게 진출한 여러 가지 다양한 커뮤니케이션 매체를 통칭한 것이다. 이전의 뉴미디어는 전자기술을 바탕으로 한 음성·문자의 다중방송, 위성으로부터의 직접방송, 대화형 방송매체, 뷰데이터(*view data*) 또는 비디오텍스(*videotex*), 비디오디스크, 가정용 팩시밀리 장치 등을 포함한다. 즉, 전 세대의 뉴미디어는 일대다(一對多)의 일방향적 방송이거나, 일대일(一對一)의 양방향적 통신의 특징을 지닌다. 하지만 오늘날의 융합문명에서 나타나는 후속적 뉴미디어는 양방향적이며 다대다 소통이 이루어지는 새로운 형태를

〈그림 8-3〉 구글 TV의 기능

지향한다. 이렇듯 오늘날의 미디어 융합은 기존의 미디어와 인터넷이 결합된 새로운 양식의 미디어로 구현되고 있다.

구글 TV는 양방향적이며 다대다 소통이 가능한, 융합시대를 상징하는 또 하나의 전형적 미디어 기기에 속한다. 2010년 5월 구글은 인텔 및 소니와 공동으로 인터넷 서비스를 텔레비전으로 이용할 수 있는 구글 TV를 발표했다. 인텔의 아톰(Atom) CPU와 소니의 TV, 구글의 소프트웨어가 접합된 구글 TV는 텔레비전과 인터넷의 융합을 목표로 한 것이다. 구글 TV의 주된 목적은 인터넷 형식의 검색 박스를 TV에 이식함으로써 비디오를 포함한 정보를 TV로도 검색할 수 있도록 하는 것이었다. 〈그림 8-3〉과 같이 구글 TV는 Wi-Fi 네트워크와 셋업 박스를 통해 정보를 수신하고, 컴퓨터와 같은 CPU를 탑재하여 안드로이드 OS, 크롬 웹브라우저 등의 소프트웨어를 TV에서도 이용할 수 있게 한 새로운 개념의 TV이다.

사용자의 능동적 정보 검색과 활용이 가능한 구글 TV는 기존의 TV보다 더한 '쿨 미디어'(*cool media*)이다. 맥루언은 라디오와 TV의 수용자 참여도를 비교하며 수용자의 참여도가 더욱 높은 TV를 쿨 미디어로, 참여도가 낮은 라디오를 핫 미디어로 분류하였다(Mcluhan, 2011). 융합시대를 특징짓는 매체 간 융합은 기존 TV를 더욱 쿨한 미디어로 변모시키고 있다. 구글 TV를 통해 사용자는 기존의 TV 서비스는 물론 주문형 비디오(*Video on Demand*) 서비스나 정보 검색, 쇼핑, 인터넷 전화와 같은 IPTV(*Internet Protocol Television*) 서비스도 이용할 수 있다. 나아가 인터넷 웹브라우저를 통한 유튜브(YouTube) 동영상 시청, 안드로이드 마켓에서의 어플리케이션 구매, 외국인을 위한 자막 서비스 등 이전에는 컴퓨터에서만 가능했던 인터넷 검색이 TV화면을 통해서도 가능해졌다.

구글 TV의 사례에서도 알 수 있듯이 매체 융합은 기기 융합을 계기로 촉진되어왔다. 하지만 매체 융합은 단순한 기능적 융합에 그치는 것이 아니라 새로운 소통양식을 출현시킨다는 점에서 기기 융합과 차별성을 지닌다. 과거 일방적인 소통만 가능하였던 TV에 새로운 기술이 접목됨으로써 양방향적이자 수평적인 소통마저 가능한 스마트 TV가 창조되는 것과 같이, 매체 융합은 새로운 소통양식 형성과 소통 채널의 다변화에 기여한다.

3. 콘텐츠 융합

콘텐츠란 부호, 문자, 음성, 이미지 또는 영상 등으로 표현된 자료 또는 정보, 지식, 데이터베이스를 총칭한다. 디지털 콘텐츠는 특히 부호, 문자, 음성, 음향, 영상 등이 IT 기술과 결합하여 전자적 형태로 제작, 처리된 자료 또는 정보를 말하며, 온라인 디지털 콘텐츠는 정보통신망에서 사용되는 디지털 콘텐츠를 말한다(김대호, 2004). 부호, 문자, 음성, 음향, 영상과 같은 기본적이며 원초적인 콘텐츠는 디지털 자료의 속성에 의거해 상이한 형태나 장르로 구성-재구성된다. 즉, 하나의 디지털 콘텐츠는 원초적 형태를 벗어나 게임, 영화, 애니메이션, 방송, 음반 등과 같은 다양한 형식의 콘텐츠로 재생산된다.

블리자드(Blizzard) 사(社)에서 제작한 온라인 게임 〈월드 오브 워크래프트〉(*World of Warcraft*)의 경우 하나의 게임이 다양한 형태의 콘텐츠로 분유하여 재생산되는 사례를 잘 보여준다. 1994년 〈워크래프트: 오크 & 휴먼〉(*Warcraft: Orcs & Humans*)이라는 타이틀로 시작한 워크래프트 시리즈는 2012년 RPG 게임 〈월드 오브 워크래프트: 판다리아의 안개〉(*World of Warcraft: Mists of Pandaria*)뿐만 아니라 이를 소재로 한 소설, 만화, 의류, 장난감 등 다양한 형태의 콘텐츠로 재생산되고 있다. 그러나 분화된 콘텐츠는 이용자를 중심으로 재융합할 수 있다. 최근의 게임 사용자들은 게임 화면에 뮤직비디오나 영화를 패러디한 새로운 줄거리를 결합하고 음악을 선택, 삽입하여 자체적으로 편집한 동영상을 만들어 공유한다. 이처럼 사용자가 '나'를 중심으로 주변의 접속 가능한 다양한 콘텐츠를 결합하고 재창조하는 적극적 참여행위는 '구성성'(*constructivity*)이라는 콘텐츠 융합의 새로운 면모를 주지시켜준다.

구성성에서 중시되는 점은 콘텐츠 융합활동의 실질적인 주체인 인간이다. 콘텐츠를 융합하게 해주는 것은 기술이지만 그것은 어디까지나 인간의 두뇌 속에서 혹은 다른 이들과의 사회적 상호작용을 통해 이루어진다(Jenkins, 2008a). 다시 말해 융합문명을 구성하는 핵심적 요소인 콘텐츠는 단순한 기술적 논리가 아니라 인간의 상상력 속에서 창조적으로 구현되는 것이다.

그런데 근대적 합리성에 기반한 사고방식은 인간의 정신활동에서 중요한 위치를 점하는 상상적 요소들로 이루어진 감성세계를 합리화의 장애물로 간주함으로써 스스로를 속박하는 결과를 자초, 많은 소재들을 도구적 합리성에 기반한 기술적 방법으로 처리하도록 강요해왔다. 그러나 상상력 연구가 질베르 뒤랑(Gilbert Durand)은 지금 시대는 새로운 사상사적 단계로 접어들었다고 선언한다. 스노(Charles Percy Snow)의 '두 문화론'(*Two Culture Thesis*)에 의해 상호 대립적으로 존재한다고 여겨져온 과학기술과 상상력 간의 '재회'가 촉진되어 비합리적인 것, 부조리한 것으로 간주해온 상상력이 과학기술과 서로 화해적으로 상호침투하고 있다는 것이다(Snow, 1996; Durand, 2007; 송태현, 2005). 더구나 융합시대가 진행되면서 창의적 상상력이 사회발전의 소중한 능력으로 인정되어 이성적 활동조차 상상적 활동하에 귀속시키려는 경향까지 드러나고 있다. 그 결과, 상상력을 기반으로 한 환상원리(*fantasy principle*)가 프로이트가 제시한 현실원리(*reality principle*)를 대신할 새로운 행위원리로 대두하고 있다(김문조 외, 2008).

만약 환상원리가 단지 허무맹랑한 망상 혹은 현실의 상상적 재현에만 몰두한다면 그것은 사회적 혼란만을 가중시킬 것이다. 그러나 상상력을 '인간 본연의 주된 권능'으로 간주하는 상상력 연구의 태두 가스통 바슐라르(Gaston Bachelard)는 창조성이 결여된 상상력, 요컨대 지각 실재를 넘어서지 못하는 상상력은 진정한 상상력이 아니라고 말한다. "사람들은 상상력을 이미지를 형성하는(*former*) 능력으로만 좁게 이해해왔지만, 상상력은 오히려 지각에 의해 제공된 이미지들을 변형하는(*deformer*) 엄청난 잠재력을 지니고 있다"는 것이다(Bachelard, 2013). 즉, '최초의 이미지들로부터 우리를 해방하고, 이미지들을 변화하는 능력'을 담지하고 있다는 점에서 상상력에 보다 큰 가치를 부여할 수 있다는 것으로, 김홍중은 그러한 영역에 해당하는 상상력을 '파상력'(破像力)이라는 별도의 범주로 개념화한다(김홍중, 2007). 어떻든 바슐라르가 선각적으로 제시한 창조적 상상력은 혼돈상황에서 새로운 질서를 탐색하려는 정신적 원동력에 해당한다고 말할 수 있는데, 이때 헛된 망상(*delusion*)이 아닌 깨어 있는 꿈으로서의 몽상(*reverie*)이 기술시대에 인간의 잠재적 열망을 체현한 융합적 실재를 구축하는 데 결정적 역할을 담당하게 된다(홍명희, 2005).

융합사회에서 그 역할이 크게 기대되는 환상원리는 객관과 주관, 이성과 감성, 삶과 꿈의 긴장관계를 상보적으로 재해석함으로써 무질서 속에서 질서를 이끌어낼 수 있는 '환상의 규칙성'을 탐지한다. 슬라보예 지젝은 그러한 규칙성은 편견을 가중시키는 일의적 관점이나 변증법과 같은 어설픈 종합적 관점이 아니라 시각을 달리한 '시차적 관점'(*parallax view*)을 통하여 온전히 파악할 수 있다고 역설한다(Žižek, 2009).

융합적 생성물에서는 환상과 실제가 상호 분리된 것이 아니라 중간

계라는 지점에서 서로 맞닿아 있다. 이 점은 최근 높은 대중적 인기를 누리는 환상소설이나 영화 혹은 음악, 미술, 만화 등에서 두루 찾아볼 수 있다. 기독교 변증가이자 소설가인 클라이브 스테이플스 루이스(Clive Staples Lewis)가 쓴 《나니아 연대기》(*The Chronicles of Narnia*) 시리즈의 첫 영화 작품인 〈나니아 연대기: 사자, 마녀, 그리고 옷장〉(*The Chronicles of Narnia: The Lion, the Witch and the Wardrobe*, 2005)에서 현실계와 환상계는 옷장을 경계로 상접해 있다. 옷장은 현실세계와 환상세계를 이어주는 가교의 은유적 설정이라고 할 수 있다.

조앤 K. 롤링(Joanne K. Rowling)의 《해리포터》(*Harry Potter*) 시리즈에서도 현실계로서의 인간세계와 상상계로서의 마법사의 세계가 런던 킹스크로스 기차역의 벽돌 기둥을 통하여 서로 교접한다. 할리우드 영화 〈캐리비안의 해적: 세상의 끝에서〉(*Pirates of the Caribbean: At World's End*, 2007)에서도 그와 유사한 구조가 발견된다. 선원들은 선장을 구하기 위해 사자(死者)의 세계로 들어가고자 한다. 생자(生者)의 세계인 현세와 사자의 세계인 내세는 바다의 수면을 두고 위 아래로 맞닿아 있는데, 이를 넘나드는 방법은 바다 위에서 배를 거꾸로 뒤집는 것이다. 우리 영화 〈전우치〉(2009)에서도 그림 족자를 통해 인물들이 과거와 현재를 오간다. 이처럼 현실계와 환상계는 옷장 기둥, 수면, 족자 등을 매개로 서로 연결되고 섞인다.

혼합적 공간(*mixed space*)으로서의 중간계는 이처럼 현대인들의 내재적 열망을 반영하는 상상적 현실계로서, 융합시대의 개인들은 인간의 상상력으로 분화되고 재융합된 콘텐츠를 소비하고 때로는 스스로 생산하면서 새로운 활력을 체득한다. 이러한 융합적 콘텐츠는 융합문명의 추동요인이 단순한 기술적 발전이 아니라 인간의 상상력임을 입증하는 단적 증거라는 점에서 중요성을 지닌다.

〈그림 8-4〉 옷장을 통해 맞닿은 현실세계와 환상세계, 〈나니아 연대기〉

4. 조직적 · 산업적 융합

2009년 4월 미국의 데이터베이스업체이자 매출규모 세계 2위의 소프트웨어 회사인 오라클(Oracle)사는 세계 4대 컴퓨터 서버업체인 썬 마이크로시스템즈(Sun Microsystems)를 74억 달러에 인수하였다. 오라클의 인수합병은 같은 하드웨어 기업인 IBM의 썬 마이크로시스템즈 인수협상이 결렬된 직후 나온 결과여서 IT 업계에 미치는 영향이 더욱 컸다. 오라클의 인수합병 사례는 소프트웨어 및 데이터베이스 기업인 오라클이 하드웨어 시장에서 영향력 있는 썬 마이크로시스템즈를 인수함으로서 시장의 소비자에게 소프트웨어와 하드웨어를 모두 아우르는 통합적 솔루션을 제공할 수 있게 하여 당시 산업계에 큰 반향을 불러일으켰다.

융합시대에 자주 나타나는 서로 다른 분야 기업(소프트웨어와 하드웨어 기업, 인터넷 사업자와 이동통신 사업자, 통신 기업과 소프트웨어 기업) 간의 인수합병 사례들은 융합사회에서 컨버전스가 디지털 기기의 기능이나 미디어, 콘텐츠 차원뿐만 아니라 조직의 차원에 있어서도 중요한 이슈임을 보여준다. 전술한 오라클의 사례뿐만 아니라, IBM의 텔레로직(Telelogic) 인수, SK텔레콤의 하나로텔레콤 인수, KT와 KTF의 합병, LG텔레콤과 LG데이콤, LG파워콤 합병 사례와 같이 IT 분야 전반에 걸쳐 영역을 달리하는 다른 조직과의 인수합병이 주요 이슈로 부각되고 있다.

서로 다른 영역에 속하는 기업들 간의 인수합병 문제는 융합문명에서 기업이 통상적으로 당면하는 과제에 속한다. 기업의 궁극적 목적인

〈그림 8-5〉 썬의 인수합병 후 구축한 오라클의 통합 솔루션

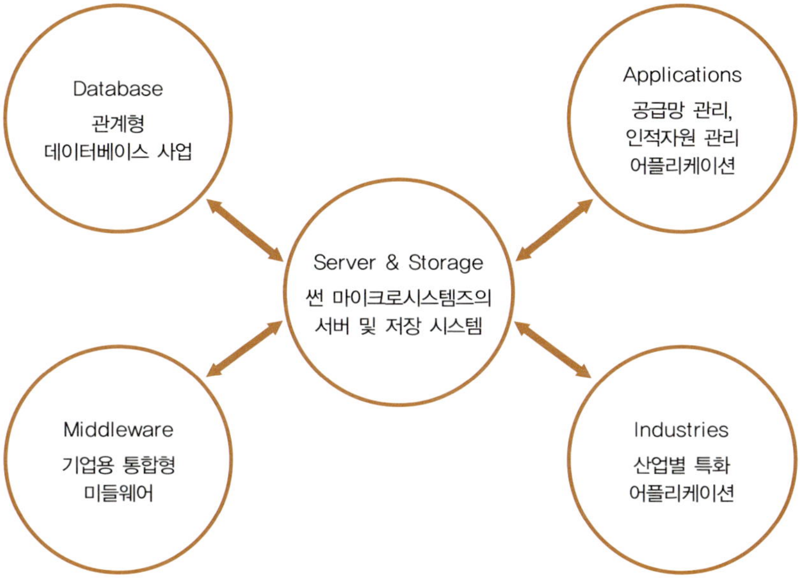

이윤 추구나 이를 위한 생산성 향상을 위해 기업은 다방면에 걸쳐 기업 간의 인수합병 및 합작을 시도한다. 개인 커뮤니케이션 영역과 언론의 영역이 서로 겹쳐지고, 하드웨어와 소프트웨어 간의 경계가 허물어지며, 생산업체와 유통업체 간의 구분이 없어지는 등 융합시대의 산업 간 크로스오버 현상 속에서 기업은 인수합병을 통해 새로운 이윤 창출의 기회를 모색한다.

이는 융합이 단순한 기술적 차원에 그치는 것이 아니라 소비와 생산의 영역, 기업 및 조직의 영역에까지 결부되는 것임을 함축한다. 융합으로 인해 소비자와 생산자의 구분이 희미해지고, 조직의 내부와 외부의 경계가 유연해지고 있으며, 나아가 절대적인 것과 상대적인 것 사이

의 근본적 차이마저 불분명해지고 있다(Shirky, 2008).

융합시대에 나타나는 동질적·이질적인 기업 또는 조직 간의 융합현상은 최근 업체의 흥망을 좌우하는 중대 사안으로 간주되기까지 한다. 기업 간의 다양한 인수합병 현상과 관련해 장 루이 미시카(Jean-Louis Missika)는 오늘날 미디어 융합현상이 기업들 간의 융합을 촉진시켰고, 이후 직종들 간의 이합집산을 야기하고 있음을 지적한다. 제작자, 방송사업자, 전송자와 같이 업무 영역이 명확히 구분되고 영역별 세력이 적절한 균형을 이루던 이전 상태에서, 새로운 기술적 환경 변화로 인해 인터넷 서비스업체와 통신업체 같은 새로운 시장 참여자들이 등장하고 경쟁자들이 초고속 인터넷, 전화, 텔레비전을 결합한 새로운 미디어 서비스를 선보이면서, 기존 시장의 미디어 기업들은 전송자 및 방송사업자들과 같은 새로운 경쟁자가 등장하는 상황에 놓이게 되었다는 것이다(Missika, 2007). 이렇듯, 융합시대에 나타나는 시장의 변화는 업종 간 경계를 모호하게 만들어 시장에서 미디어 기업의 통일성을 더 이상 유지하지 못하도록 하고 있다. 전송자, 접속 서비스업체, 송출자, 배급자, 방송사업자, 제작자 등—얼핏 보기에 비슷비슷하게 느껴지는 업종들을 지칭하는 이 많은 직능어들은 현재 시장이 겪는 혼란을 직설적으로 대변한다. 헨리 젠킨스는 또한 지금까지 각각의 미디어는 중심화되었느냐 탈중심화되었느냐, 뉴스 중심이냐 엔터테인먼트 중심이냐, 정부 소유냐 민간 소유냐의 여부에 따라 고유의 기능과 시장이 있었고 그에 걸맞은 제도에 따르고 있었으나, 최근 서로 다른 미디어 간의 경계를 허무는 힘들이 나타나기 시작했다는 점을 지적한다. 뉴미디어 기술들은 동일한 콘텐츠가 다양한 채널로 유통되고 또 수용되는 시점에 다양한 형태를 취할 수 있게 한다는 것이다. 그것은 '원자를 바이트로' 변환시키는 작업이라고 불렀던 디지털화 및 '크로스미디어 소유권'(*cross-media ownership*)이라는 새로운 현상의 출현과 관련된다. 기업들이 하나의 미디어 플랫폼보다 다양한 채널을 넘나들며 콘텐츠를 유통시키고, 디지털화는 융합의 새로운 조건을 창출하며, 거대 복합 기업들은 그 원칙을 새로이 창조한다는 것이다(Jenkins, 2008b).

5. 제도적 융합

전통사회에서는 가정과 직장, 일과 놀이, 노동과 여가, 교육과 놀이, 노동과 교육이 분리된 형태로 존재하지 않았다. 하지만 전통사회가 산업사회로 이행되기 시작하면서 사회구성원의 일상행동을 지배하는 새로운 규범이 조성되었다. 산업화가 진행되는 과정에서 나타나는 새로운 규칙인 동시화·규격화·극대화가 정치, 경제 혹은 사회 일반에 적용되면서 사회구성원들은 시간을 엄수하고 계획된 일정을 중시하게 된다(Toffler, 2002).

이 같은 추세에 따라 일터와 가정이 분리되고 출·퇴근 시간과 같은 일상생활의 패턴이 표준화되었으며 일/놀이/여가/교육의 제도적 분리가 가속화되었다. 하지만 6장에서 상세히 거론한 바와 같이, 융합문명은 이전 산업사회의 전형이었던 가족/직장/노동/놀이/학습/여가의 구분을 희석시키고 있다. 미디어 융합이 가져오는 시·공간의 재구성이 새로운 경제구조, 가족, 교육 등 현대인의 일상생활에 새로운 규칙을 제시하고 있는 것이다. 즉, 융합문명에서 나타나는 융합적 패러다임은 기기나 미디어 간의 융합에 머무르는 것이 아니라, 사회의 제도적 차원에 광범위하게 영향을 끼침으로써 융합적 논리를 기축으로 하는 새로운 사회질서의 재편을 추동하고 있다. 융합시대에 나타나는 제도적 융합은 일/놀이, 가족/직장, 생산자/소비자와 같이 기존의 산업사회에서 분리되었던 제도적 경계가 허물어지고 뒤섞이면서 나타나는 새로운 현상인 것이다.

융합기술의 발달은 조직적・산업적 차원의 유연성을 증가시키며, 일상생활의 활동 범주에도 새로운 변화를 야기하고 있다. 따라서 현대사회에서는 '힘든 노동'과 '즐거운 여가'라는 전통적 노동관과 여가관의 경계가 차츰 약화되어, 생계수단의 일환으로 간주되던 노동의 일부가 창의성을 발휘해 몰두할 수 있는 '힘든 재미'로 재인식되고 있다. 그 결과 기존 사회에서 여흥이나 스포츠 등 취미생활에 속하던 여가활동이 현대사회에서는 높은 부가가치를 창출하는 산업으로 발전하고 있다. 스카이다이버, 스쿠버다이버, 카레이서, 심해다이버, 프로게이머 등과 같이 여가활동에서 유래한 것이되 돈벌이 산업으로 편입되는 '조직화된 전문 놀이꾼들'이 속출하고 있다(Toffler, 1971).

일과 여가의 경계 해체는 가정과 직장이라는 공간적 경계 해체와도 맞닿아 있다. 가정과 직장의 융합적 현상은 유비쿼터스 미디어 환경 구축을 통한 시・공간의 유연성 확보의 결과물로 볼 수 있다. 그 결과 근로 형태는 플렉스타임제나 파트타임제 등과 같이 유연하고 다양한 방식으로 변하고 있으며, 이에 따라 기존 사회에서 엄격하게 분리되었던 직장과 가정의 경계도 허물어지고 있다. 즉 디지털 기술을 기반으로 하는 미디어 융합은 사회구성원이 직장이나 가정이라는 특정한 공간에 구애받지 않고 일을 수행할 수 있는 환경을 만들어가고 있다. 재택근무는 직장과 가정의 공간적 경계가 융합되어 나타나는 대표적인 사례이다. 통신기업 KT의 경우 2010년부터 재택근무를 도입해 시행하고 있다. KT는 컨퍼런스콜, 메신저, 가상PC 등을 구현한 클라우드 서비스를 통해 직원들이 스마트폰, 태블릿PC 등을 이용하여 장소에 무관하게 자유롭게 일하도록 했으며, '스마트워킹' 참여율을 2013년 말까지 전 직원의 20% 수준으로 끌어올리려 하고 있다(〈중앙일보〉, 2013. 3. 15). 여타 기업이나 관공서에서도 재택근무를 위시한 스마트워킹 시스템 개발에 적극성을 보이고 있다. 즉 공·사 영역의 분리가 엄격했던 지난날 가정은 정서적 안식처나 험난한 사회에 대비되는 공간으로서 사회의 보호망에 한정된 역할을 담당하였으나, 직장/가정의 경계가 파괴되어가는 최근에 이르러 가정은 사무실의 기능도 겸하면서 작업보조적 기능을 지닐 수 있게 되었다(김문조, 2005b).

제도적 영역의 융합현상은 경제활동에도 영향을 미친다. 정보통신기술의 발달은 소비자와 생산자의 소통 가능성을 증대시켜 소비자가 보다 능동적으로 자신이 원하는 물품을 구매할 수 있도록 한다. 토플러는 현대사회에서 나타나는 이 같은 소비자 유형을 '프로슈머'(*prosumer*)라고 명명한 바 있다. 프로슈머는 단순히 상품을 구매하는 것에서 벗어나 전문적 지식을 통해 물건을 직접 만들고 소비하는 능동적 소비자를 의미한다(Toffler, 2002). 프로슈머의 등장 또한 생산자/소비자의 영역이 분명하게 구분되었던 과거의 노동세계와는 달리 생산/소비의 경계가 해체되어 상호 융합되는 사례에 속한다.

미디어 분야에서도 능동적 소비자가 나타나고 있다. 과거의 일방향적인 전송 시스템에서 시청자는 수동적이고 고립된 개인들의 집합이었지만, 미디어 기술의 발달로 양방향 혹은 이동성 소통기회가 늘어나는 융합시대에 들어서면서 미디어 소비자들은 언제 어디서나 다양한 방식으로 소통할 수 있게 되어간다. 따라서 새로운 소비자들은 기존 네트워크나 미디어에 대해 낮은 충성도를 보이며, 사회적으로 긴밀하게 연결되어 시끄럽고 까다로운 모습을 드러내고 있다. 이러한 상황은 미디어 기업들에게 성장의 기회를 부여하기도 하나 동시에 위협 요인이 되기도 한다(Jenkins, 2008b).

6. 문화적 융합

최근 문화현상으로 하이브리드, 퓨전, 잡종성이 주목을 받고 있다. 이는 융합문명에서 나타나는 새로운 문화의 흐름을 대변하는 용어라고 할 수 있다. 앞서 언급했듯, 젠킨스는 융합을 다양한 미디어 플랫폼에 걸친 콘텐츠의 흐름, 여러 미디어 산업 간의 협력, 그리고 자신이 원하는 엔터테인먼트를 경험하기 위해 어디라도 기꺼이 찾아가고자 하는 미디어 수용자들의 이주성 행동으로 정의한 바 있다. 그렇기 때문에 미디어 융합시대에는 모든 중요한 이야기들이 전해지고, 모든 브랜드가 알려지며, 모든 고객들이 다양한 미디어 플랫폼의 유혹을 받게 되는 것이다. 이는 기업 미디어와 풀뿌리 미디어, 올드미디어와 뉴미디어가 복잡한 방식으로 상호작용한 결과라고 할 수 있다(Jenkins, 2008b).

〈그림 8-6〉 〈이상한 나라의 앨리스〉의 원더랜드와 모자장수

영화 〈이상한 나라의 앨리스〉(*Alice's Adventures in Wonderland*, 2010)는 융합문명에서 흔히 보이는 문화적 융합을 대변하는 문화상품의 하나라고 할 수 있다. 루이스 캐럴의 원작을 바탕으로 한 이 영화는 원작소설의 스토리 이후에 어른으로 성장한 앨리스가 다시 원더랜드를 재방문하면서 겪는 이야기를 소재로 한 것이다. 영화 속 원더랜드에는 실재와 허구가 뒤섞여 혼재한다. 〈그림 8-6〉과 같이 상상의 산물인 동물들과 식물들은 정교한 컴퓨터 그래픽을 바탕으로 더욱 생동감이 넘치며, 조니 뎁이 연기한 모자장수는 과장된 분장으로 인해 마치 만화 캐릭터와 같은 느낌을 준다. 즉, 실재와 허구가 뒤섞인 원더랜드에서는 가상의 존재가 더욱 현실감 있고 생동감이 넘치며, 실재하는 배우는 오히려 과장되고 허구적인 캐릭터를 연기한다.

문화적 융합은 비단 영화와 같은 문화 콘텐츠뿐만 아니라 우리 일상생활 전반에서 나타나는 현상이기도 하다. 대한주택공사에서는 〈그림 8-7〉과 같이 주택 한가운데 마당이 있고 뒤쪽에는 장독대가 마련된 한옥 스타일의 아파트를 선보인 바 있다. 이 아파트는 단순히 내부 인테

〈그림 8-7〉 한옥식 아파트 조감도

① 한옥식으로 설계한 전체 외관, ② 저층부 디자인, ③ 안마당을 도입한 아파트 실내

리어뿐만 아니라 외관에 있어서도 벽체와 지붕을 한옥식으로 꾸미는 등, 한국 전통의 디자인과 서구의 아파트형 주거공간의 이점을 골고루 갖춘 주거양식이라고 할 수 있다.

융합현상은 식생활에서도 성행하고 있다. 세계 각처에 소재한 퓨전 레스토랑에서 바로 그러한 면모를 직시할 수 있다. 한식과 직결된 사례의 하나로서 우리 전통음식인 갈비와 멕시코의 타코를 혼합한 퓨전 음식인 '갈비 타코'를 들 수 있다. 이동식당 '고기'(Kogi BBQ)는 한국식 양념으로 만들어진 멕시칸 음식 고기 타코를 미국에서 선보였는데, 특히 갈비 타코와 양념돼지 타코, 김치 카사디아와 같은 메뉴의 개발에 힘을 기울였다. 뿐만 아니라 트위터를 이용해 트럭의 현재 위치 및 이동경로를 소비자에게 전달함으로서 소비자들이 더욱 쉽게 이동식당을 찾을 수 있는 서비스도 제공했다. 이 갈비 타코가 꾸준히 인기를 끌자

〈그림 8-8〉 인피니온의 스마트웨어와 오클리의 mp3 선글라스

레스토랑 체인점 T. G. I. Friday's도 2012년부터 미국 전역에서 '코리안 스테이크 타코'를 판매하기 시작했다고 한다.

의류산업에서도 융합적 시도들이 이루어지고 있다. 독일의 반도체 기업인 인피니온(Infineon)은 의류에 전자기기를 융합시키는 스마트웨어 기술을 개발하여, 오닐(O'Neil) 사의 'HUB 스노보드 점퍼'나 로스너(Rosner) 사의 'MP3BLUE'와 같이 mp3 플레이어를 의복에 적용시킨 제품을 선보였다. 또한 스포츠웨어 기업인 오클리(Oakley)는 선글라스에 mp3 플레이어 기능을 추가한 덤프(THUMP)를 선보였다. 나아가 현재는 디지털 기기의 착용성을 높이고 직물 회로를 이용하여 디지털 기기를 의복에 통합하는 연구가 적극 추진되고 있다(김지은 외, 2009).

이들 외에도 융합문명기에 맛볼 수 있는 다양한 문화적 융합현상들은 오늘날 우리 일상생활 전반에서 널리 발견할 수 있다. 영화나 문학, 음악에서 나타나는 다양한 크로스오버 현상이나 판타지적 요소, 잡종성에서부터 실생활과 밀접한 음식이나 주거공간, 의복에서까지 나타나는 퓨전현상들을 관장하는 융합 패러다임은 융합시대로 진입하는 현대문화를 재구성하는 핵심원리로 작동하고 있는 것이다.

7. 의식적 융합

융합의 논리가 사회구조적 토대를 이루게 되는 미디어 사회에서 융합은 기술적 차원을 넘어 제도적 · 문화적 차원까지 영향을 미침으로써 위력을 강화해왔다. 하지만 융합 효과는 급기야 개인 내면세계에까지 영향을 미침으로써 정신적 차원에 새바람을 일으키고 있다. 기술체계와 사회문화적 요소들은 궁극적으로 개인의 내면적 의식세계와 연동적 관계를 지니기 때문이다.

의식적 융합현상은 현대인의 성 의식 변화에서 단적으로 확인할 수 있다. 생물학적으로나 사회적으로도 구분이 비교적 명료했던 성 관념의 해체가 융합문명기에 나타나는 의식적 융합의 적실한 사례에 속한다. 생물학적인 성(*sex*)과 사회적인 성(*gender*)을 바탕으로 한 성 의식의 변화는 디지털 미디어와 정보통신기술의 발달로 인한 새로운 융합적 현상의 산물이라고 할 수 있다. 한마디로 융합사회의 새로운 성 의식은 창조, 공감, 조화, 공존 등의 능력을 필요로 하는 '하이 콘셉트(*high-concept*) 상태'를 지향한다(Pink, 2006).

융합사회에서는 남성성과 여성성이 공존하는 통성적 특성이 가장 두드러진다. 여성의 사회활동 증가나 남성 섹슈얼리티에 대한 기준의 변화 등이 성에 대한 기존 관념을 변화시켜 자유로운 성적 취향과 다양한 생활방식을 표현하는 젠더 유형들이 속속 등장하고 있다. 따라서 융합시대의 성은 차별을 강조하기보다 서로 다름을 인정하되 이전의 고정관념을 탈피해 남성성과 여성성이 혼재된 이중적이고 모호한 형태로 변모하고 있다(권정숙, 2008).

'LGBT'는 융합문명에서 나타나는 다중적인 성정체성을 대변하는 약어의 하나로서, 레즈비언(*lesbian*), 게이(*gay*), 양성애자(*bisexual*), 그리고 생물학적 성과 자신의 성적 정체성이 일치하지 않는 트랜스젠더(*transgender*)를 포괄하는 개념이다(Penn & Zalesne, 2007). 최근에 이 약어는 성정체성이 확립되지 않고 의문을 가진 퀘스쳐닝(*questioning*), 유전자적으로 양성의 특징이 모두 나타나는 인터섹스(*intersex*), 성애에 관심이 없는 무성애자(*asexual*)가 추가된 'LGBTQIA'로 확장되고 있다. 이러한 현상은 단순히 성적 취향의 다양성을 지시하는 수준을 넘어 개인의 인권과 자아정체성 논의와 결부되어 격렬한 논쟁을 불러일으키는 민감한 사회적 쟁점이 되어간다.

세대 간 경계의 경우도 예외는 아니다. 디지털 기술의 발달로 인해 1970년대 한국의 대표적인 만화인 〈로보트 태권 V〉(1976)나 1980년대 초 외화인 〈ET〉(1982)와 같은 많은 영화작품들이 디지털로 복원되어 재개봉되고 있다. 이 같은 과거 대중문화 콘텐츠들의 재등장은 융합문명을 살아가는 성인들의 가슴 속에 잠재해 있던 동심을 일깨운다. 어릴 적에 그런 것들을 보며 자랐던 아이들이 어른이 되어서도 인터넷 동호회에서 과거 포스터를 모으고, 캐릭터 상품을 구매하는 등 유년기적 소비행태를 그대로 답습하는 것이다.

이처럼 융합시대에 개인은 생물학적, 사회적으로 구분되던 성적 구분이 혼융되어 새로운 정체성을 획득하기도 하며, 생물학적인 연령을 초월하여 개인이 선호하는 문화를 향유할 수도 있다. 이러한 사회문화적 현상의 이면에는 의식적 차원에서 이루어지는 융합으로 인해 기존 사회에서 존재한 성이나 세대 간 구분을 넘어서는 새로운 사회적 관계망을 구축하여 새로운 집단 정체성을 구성하고자 하는 욕구가 내재해 있다.

8. 신체적 융합

우리 사회에서 사용되는 대부분의 기술은 기본적으로 삶의 질을 향상시키려는 방향으로 진전해왔다. 융합문명기에 나타나는 다양한 기기, 매체 간의 융합현상 또한 일단은 인간의 편의성을 증대시키기 위한 동기에서 출원한 것이라고 해도 과언이 아니다.

그러한 목적의식하에 정보통신기술은 사용자들의 감각을 확장시키는 쪽으로 발전해왔다. 인간은 시각, 청각, 촉각, 미각, 후각 등의 다양한 감각을 통해 정보를 습득하고 흡수한다. 이러한 인간의 다섯 가지 감각 중 시각과 청각은 미디어 매체가 인간에게 정보를 전달하기에 용이한 감각에 해당한다. 따라서 TV, 신문, 라디오와 같은 기존의 주류 미디어는 물론이요 컴퓨터나 mp3 플레이어, PMP, 휴대폰 등에 이르는 대부분의 신구 미디어는 거의 예외 없이 시청각 정보를 중심으로 발달해왔다.

하지만 융합문명에서 선보이는 새로운 기술들은 인간과 기기 간의 소통 채널을 촉각, 미각, 후각의 영역으로까지 확장시키고 있다. 즉, 3D 영화는 주로 기존 영화의 감각 채널인 시각과 청각에 의존하는 것인 반면, 4D 영화는 영상에서 효과가 발생할 경우 그 물리적 효과까지 생성할 수 있도록 제작되어 있다. 4D 영화에서는 영화 속 주인공이 하늘을 날고 있으면 관람객이 앉아 있는 좌석이 움직이며, 꽃밭을 지나는 장면에서는 꽃향기가 흘러나온다. 또한 비가 오는 장면에서는 물이 튀기기도 하는 등 인간의 오감을 모두 만족시킨다. 즉, 4D 영화는 기존 영화로 체험할 수 있던 시각과 청각 경험뿐 아니라 촉각 및 후각까지 만족시키기 위한 새로운 감각체험 기술을 활용한 것이다.

4D 영화와 같이 인간의 감각을 확장시키는 새로운 기술들은 궁극적으로 사이버네틱스 연구로 이어진다. 오클리 사가 개발한 '브레인포트'(Brainport)는 시각 장애인을 위한 사이버네틱 장비로서, 이것은 시각적 이미지를 전기신호로 변환해 사용자의 혀를 자극함으로써 시각적 이미지를 재구성한다. 즉 인간의 미각을 이용해 시각적 이미지를 전달하는 것이다. 브레인포트와 같이 생물과 기계의 제어와 통신의 문제를 종합적으로 다루는 사이버네틱스 기술의 궁극적 목표는 인간과 기계의 융합이다. 이렇듯 첨단 기술력을 기반으로 한 융합문명의 시대에 우리는 인간과 기계의 융합을 통해 신체적 한계를 극복하고 새로운 감각을 체험할 수 있게 된다.

따라서 최근 신체강화, 장기이식 혹은 유전자 변형치료 등을 목적으로 하는 인간과 기계의 융합이 적극적으로 추진되고 있다. 실용화되고 있는 의족, 의수, 의안, 인공와우, 뇌심부 자극술 등이 그 성공적 융합 사례에 해당한다. 이들 사례는 기술이 단순히 부수적이고 도구적인 차원을 넘어 우리의 몸과 정보를 교환하고 커뮤니케이션하는 인간존재의 일부가 되고 있음을 시사한다. 그러나 생명공학기술에 의해 생명 복제나 유전자 조작이 성행할 포스트휴먼 시대(*post-human age*)로 접어들면 몸과 사물의 융합을 통하여 우리의 상상을 초월한 다양한 변종 생명체

〈그림 8-9〉 인간과 기계의 융합

레이디 가가의 앨범 〈Born This Way〉(2011)의 앨범아트 변형

들이 대거 등장해 생명권이나 생명윤리에 관한 논쟁을 격화시킬 것으로 전망된다(〈그림 8-9〉 참조).

9. 소결: 융합적 삶(Vita Convergens)

오늘날 국내외 IT 세계의 화두는 단연 스마트폰이다(김동욱 외, 2013). 기능적 융합을 성공적으로 실현한 정보통신기기의 전형으로 주목받는 스마트폰은 다양한 정보통신 기능들을 압축적으로 장착한 실로 '영민한'(*smart*) 휴대기기이다. '스마트'라는 수식어로 유추해볼 때, 현대사회에서 융합은 대체적으로 영특하고 이로운 것으로 인식된다. 이처럼 융합에 긍정적인 의미가 부여된다는 사실은 디지털 기기에서 발원한 융합현상이 기술적 측면을 넘어서 현대인의 일상적 삶에서 널리 애호되고 있음을 함축한다.

기기의 융합은 기존의 매체, 콘텐츠, 장르, 산업, 시장, 제도 그리고 문화와 같은 사회생활 전반에 걸쳐 융합적 재구성을 촉발한다. 즉 현대 사회에서는 모든 분야에 걸쳐 융합의 가치가 실현되고 있다. 이 같은 전방위적이고 연동적인 사회 변화가 궁극적으로 우리 사회를 융합문명으로 이끌고 있는 것이다. 그런데 융합 패러다임은 복잡성을 증대시키는 한편 사회를 보다 다원적이고 양가적이며 불안정하고 불확실하게 만들어 계산 불가능성 · 예측 불가능성이라는 새로운 '보편'을 야기하고 있다. 따라서 융합사회는 어떻게 변화할지 쉽사리 예단할 수 없는 고도의 복잡성을 지닌 초(超) 복잡계 사회(*high-complexity society*)로 향진하게 된다.

이에 따라 미래사회에서는 그러한 생활환경적 특성이 반영된 인간과 미디어가 능동적으로 만나 결합하고 상호 발전하는 공진화 현상이 보다 확산될 것으로 예상된다. 공진화란 상호의존적 요소들이 서로 영향을 끼치며 동반적으로 진화해나가는 현상을 말한다. 공진화 이론은 실제의 진화가 생명체의 돌연변이가 환경에 의해 선택된다는 적자생존의 논리에서 벗어나, 전체가 개체를 진화시킬뿐더러 개체도 전체를 진화시키는 데 기여하는 상호변환적 과정을 강조하는데, 우리는 공진화를 전제로 하는 융합사회가 향후 인류가 몸담고 살아가야 할 새로운 현실임을 인정해야 할 것이다. 이와 더불어 '초복잡성'을 특징으로 하는 융합문명기에 나타날 고도의 복잡성, 혼돈 및 불안은 새로운 사회적 도전과제가 될 것임에 틀림없다. 융합문명의 근본적 속성과 동학을 파악하여 새로운 응전방안을 모색해야 하는 것은 바로 이 때문이다.

제9장

융합문명의 특성과 동학

융합은 모이고(수렴), 섞이고(혼합), 바뀌고(변형), 나뉘고(분화), 거듭나거나(재구성), 새로운 것으로 창발하는 현상으로 정의된다(황주성 외, 2009). 이러한 복잡다단한 과정들을 포괄하는 융합사회는 일단 하나의 거대한 복잡계(*super complexity system*)로 규정할 수 있다. 그런데 초대형 복잡계로서의 융합사회는 종전에는 논외로 했던 인간과 사물 간의 융합까지를 포함함으로써 인간중심적 사회에서 배제되거나 객체화되었던 사물의 새로운 정의, 역할, 기능 및 의미가 부활하는 새로운 경지로 향진하고 있다. 거기서는 종전에 주체와 객체로 엄연히 구분되었던 인간과 여타 생명체 혹은 인간과 사물과의 비대칭성이 와해됨으로써 인간중심주의(*anthropo-centrism*)에 기초해온 이전 사유체계의 일대 변혁이 초래되며, 시간관/공간관의 변화까지 가세해 세상 모든 것들이 서로 어울리고 섞일 수 있는 '만유융합(萬有融合)의 원리'(*principle of universal convergence*)가 실현되는 새로운 세계관이 풍미할 것으로 예견된다. 그런데 개방성, 유동성, 혼종성 등을 강화하는 융합은 혼란이나 불확실성을 가중시키게 되는바, 이러한 초과 혼돈의 시대에 새로운 사회질서를 추구하는 과정에서 통상적인 복잡계의 경우와는 질적 성격을 달리하는 '융합계'(*convergence system*)가 창발할 것으로 본다.

1. 초복잡계로서의 융합계

디지털 기술의 등장을 기점으로 융합이 기술 영역, 미디어 영역, 사회 영역, 문화 영역, 의식 영역 등으로 파급되는 융합사회는 복잡계적 성격을 강화하면서 지속적으로 재편되는데, 복잡도가 더 이상 감내할 수 없는 임계점에 도달하게 되면 그것은 '초복잡계'라는 새로운 단계로 도약하게 된다. 즉, 융합문명은 단순한 복잡계적 성격을 넘어선 초복잡계적 성격을 지향한다. 따라서 통상적 복잡계와는 변별되는 초복잡계의 특성을 파악할 수 있다면, 향후 구현될 융합문명에 대한 이해를 크게 증진할 수 있을 것이다.

1) 초개방성

초개방체계는 체계 안에 공존하는 하위체계들 간의 교류는 물론이요, 체계와 환경 간의 상호 교류를 저해하는 어떠한 경계도 상정하지 않는다. 즉, 기존의 개방체계론이 체계와 환경 간의 경계를 통한 인적, 물적, 정보적 교환이나 교류를 중시했다면, 초개방체계는 어떠한 형태의 경계나 영역 설정도 인정하지 않는 무경계성, 무한정성을 전제로 한다.

초개방적 체계로서의 융합계는 '요소중심적 연결망' 개념을 실타래(*thread ball*) 혹은 근경(*rhizome*) 이미지에 근거한 '관계중심적 연결망' 개념으로 전치한다. 따라서 융합계에서는 요소들 간의 관계구조보다 그들 간의 연결이나 연합, 즉 요소들 간의 '동맹'(*alliance*)이 중요시된다(Latour, 1987). 또 융합계에서는 기존의 개방체계가 고수하던 체계와 환경 간의 개념적 경계마저 함몰되어, 전후/좌우/고저/내외/안팎 모든 방향으로의 출입이 허용되는 원융회통(圓融回通)의 세계가 도래할 것으로 예상된다.

2) 다중성

융합계는 다양한 구성요소들의 복합적 상호작용을 통해 새로운 현상이나 질서가 중첩적으로 포개진 다중적 세계를 구성한다. 즉 세상은 하나가 아니라 복수의 세계가 층층이 겹쳐져 있는 다중적 형태를 지니고 있음을 의미한다. 이러한 다중적 세계관은 실제 현실과 꿈속의 현실, 나아가 꿈속의 꿈속의 꿈속의 현실까지 병존하는 다층적 세계를 주제로 한 영화 〈인셉션〉(*Inception*, 2010)에서 잘 엿볼 수 있다. 또 비소(As) 기반 박테리아에 관한 미국항공우주국의 최근 발표에 의한 새로운 생명권의 발견으로부터도 다중적 세계의 현실적 일면을 단편적으로 감지할 수 있다. 하지만 다중적 세계관은 세상이 단일한 유니버스가 아니라 복합적 상태라는 '멀티버스'(*multiverse*) 이론에 대한 천체물리학계의 새로운 가설로부터 명시적으로 확인할 수 있다(Davis, 2004; Bernard, 2007).

다중적 세계에서는 부분과 부분, 부분과 전체가 연계해 서로를 변화시키면서 세계를 재창조하며, 그런 과정을 통해 또 다른 새로운 세계가 창발한다. 미셸 칼롱(Michel Callon)과 존 로(John Law)는 우주개발이라는 거대과학 프로젝트에 관한 행위자연결망 분석을 통해 광역 네트워크 안에 국지적 네트워크가 중첩적으로 존재한다는 사실을 밝힌 바 있는데(Callon & Law, 1997), 이러한 연구들을 통해서도 탈경계적 상호작용을 통해 재창조되는 융합계의 중층적 성격을 추정할 수 있다.

3) 탈선형성

특정 활동이 하나 이상의 결과를 만들어내며 그들이 부분의 합 이상을 넘어서는 결과를 창출할 때 해당 체계가 비선형적 성격을 지니고 있다고 말한다. 또 기묘한 끌개와 같이 주어진 분기점 밖에서는 어느 방향으로 경로가 잡힐지 예측하기 어려운 궤적을 나타내는 체계를 우리는 비선형적 복잡계로 규정한다(Capra, 2004).

초·분·시침이 정밀한 톱니바퀴로 연결되어 어김없이 돌아가는 시계를 전형으로 하는 기계론적 세계관에서는 비례 원리에 입각한 선형적 진단이나 해법이 통용될 수 있다. 그러나 자연세계든 인간세계든 어느 것을 막론하고 날로 복잡성을 더해가는 오늘날의 현실은 점차 선형적인 과정으로 추론할 수 없는 비선형성을 견지하고 있다는 것이 복잡계 이론가들의 공통된 지적이다.

그러나 세상은 바야흐로 직선 형태의 선형적(*linear*) 단순계 및 곡선 형태의 비선형적(*non-linear*) 복잡계를 넘어서 단절, 도약, 분지, 합류, 역전 등을 포함하여 함수적 해법을 적용하기 힘든 비곡선적 탈선형성(*a-linearity*)을 현시하는바, 우리는 고난도 함수 풀이조차 불가한 탈선형적 경향을 쏠림·엮임·튀김 등이 횡횡하는 다중(多衆, *multitude*)의 과민한 행태에서 간파할 수 있다(Hardt & Negri, 2008).

4) 공(共)생산성(Co-Production)

'자동생산성'(*autopoiesis*)이란 칠레의 산티아고 학파를 대표하는 움베르토 마투라나(Humberto Maturana)와 프란시스코 바렐라(Francisco Varela)가 '생명 순환의 원리를 기본으로 하는 생물 시스템의 자기지시적 조직화 과정'에 대한 연구 과정에서 창안한 개념이다.

살아 있다는 것은 무엇인가? 그들이 생물 시스템과 무생물 시스템을 구분할 수 있다는 기준으로 제시하는 자동생산성의 실체는 무엇일까? 유기체론적 생물학자들이 생물학적 형태의 본성에 대한 탐구에 골몰하고 사이버네틱스 연구가들이 정신의 본질을 이해하고자 노력하던 1960년대 말에 마투라나는 두 가지 난제를 단번에 풀 수 있는 열쇠가 '생명의 조직'(*organization of living*)에 대한 이해에 달려 있다고 확신하고 신경계의 순환조직이 모든 생물 시스템의 기본임을 천명하였다. 1970년부터 바렐라와 공동연구에 착수한 마투라나는 신경조직에 관한 자신의 새로운 사고를 '자동생산성'라고 이름 짓고, 후속 저작들을 통해 그 개념을 적극 개진했다(Maturana & Varela, 1980).

그들은 자동생산성에 관한 자신들의 입장을 '조직'과 '구조'의 차이점을 중심으로 상론하였다. 생물 시스템의 구조가 물리적 구성요소들 간의 실질적 관계를 뜻하는 것이라면, 조직이란 그것이 특정 집단에 속하는 것으로 특징짓는 구성요소들 간의 관계성을 의미한다는 것이다. 따라서 관계들의 추상적 기술인 조직은 그 구성요소와는 근본적으로 무관하다고 본다. 이렇듯, 그들은 관심사가 구조가 아니라 조직임을 명시하면서 자동생산성이 모든 생명체의 공통적 속성임을 역설하였다(Maturana, 1988). 이러한 자동생산성 논리를 사물의 세계로 연장시키면 우리는 만유소통의 단계를 넘어 만유협력 및 만유공감이 시현되어 서로가 서로를 재구성하는 데 기여하는 공생산적 존재로서의 융합적 체계를 상정할 수 있다(Bjiker, 1993).

2. 복잡계와 융합계

거대 복잡계에서 초복잡계(*supra-complexity system*)로의 이행은 분화문명이 융합문명기로 진입하고 있음을 알리는 결정적 단초라고 할 수 있다. 이러한 융합화의 진전에 따라 복잡계는 자체의 기본 속성을 탈피한 융합계(*convergence system*)라는 새로운 상태로 도약하게 된다(〈그림 9-1〉 참조).

융합계는 개체들의 관계망을 통하여 동맹구조를 형성한다. 융합계의 동맹(*alliance*)은 인간/비인간을 막론한 모든 존재들의 상호관계를 지시하는 하나의 계약이자 규칙이라 할 수 있다. 이는 하위체계와 상위체계

〈그림 9-1〉 복잡계에서 융합계로

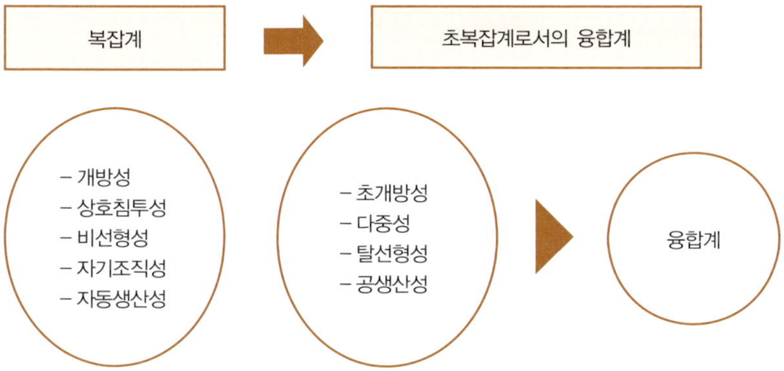

의 관계를 평등한 관계로 동등화함으로써 수직에서 수평으로 관점을 전환하고, 인정과 타협을 강조하는 화합적 특성을 대변한다. 또 그것은 체제의 질서를 이루는 내부 요소들 사이의 상호작용이 누군가에 의하여 하향적으로 기획되거나 의도적으로 형성된 것이 아님을 의미한다.

융합계의 질서는 어디까지나 구성요소들 간의 상호작용에 의해 창발되는 내재적 작동과정의 산물로서, 융합계에서 요소보다 연결성이 보다 중시되는 것은 바로 이 때문이다(Latour, 2009). 융합계의 연결망은 연결된 선들일 뿐 결코 면은 아니다. 따라서 연결망은 표면을 뒤덮지 않고도 포함시킬 수 있으며, 매우 넓은 범위를 자랑한다 해도 포괄적이지도, 세계적이지도, 체계적이지도 않다. 연결망을 확장할 수 없는 곳은 없으며, 심지어 시공을 채우지 않고도 공간뿐만 아니라 시간 속으로 확장이 가능하다. 지역에서 세계로, 인간적인 세계로부터 비인간적인 세계로 연속적으로 이동할 수 있는 개방적 연결망은 전후좌우 어디로든 확장해갈 수 있으며, 그런 의미에서 융합계는 외계와 구별되는 체계의

〈표 9-1〉 복잡계와 융합계

	복잡계	융합계
복잡성의 정도	복잡(Complex)	과(過) 복잡(Hyper-Complex)
논리적 기점	요소(Element)	연결(Link)
핵심 개념	구조(Structure)	관계(Relation)
메타포	수목(Tree)	근경(Rhizome)
포괄 영역	생명계 및 유사생명계	우주계 전체
이론적 근거	복잡성 이론 (Complexity Theory)	행위자네트워크 이론 (Actor Network Theory)
체계/환경 구분	있음(경계성)	없음(탈경계성)
진술 양식	설명	기술
작동 원리	인과성(Causality)	배열성(*Agencement*)
지향	조화적 질서(Harmonic Order)	혼효적 질서(Hybrid Order)
시대정신	근대(Modern)	비(非) 근대(Non-Modern)

하나에 그치지 않고 우주론적 의미를 담지한 '융합적 은하계'(*convergent galaxy*)로 진전한다. 이상의 논의들을 종합해, 통상적 복잡계와 변별되는 융합계의 질적 차이를 정리하면 〈표 9-1〉과 같다.

3. 융합사회의 후속적 시나리오

1) 융합사회의 기본 동학

융합시대에는 모든 존재가 단일한 속성으로 존속하는 것이 원천적으로 불가능하다. 생체의 장기를 구성하기 위해 다양한 고분자가 필요하며 기업조직을 구성하기 위해서도 경영자, 관리자, 노무자 등 여러 부류의 사람들이 필요하듯, 상이한 각 활동단위들이 서로 영향을 주고받으며 전체 체계를 형성하게 된다.

이때 우선적으로 주시할 점은 각개 요소들의 상호작용이 기본적으로 만남(*meeting*)에서 시작된다는 것이다. 만남을 통한 상호작용은 혼돈 상황에도 놀라운 변화를 일으킨다. 극히 작은 요동도 구성요소들의 틈새로 전파되는 과정에서 증폭되면서 커다란 영향을 미칠 수 있다. 이러한 증폭 현상은 이질적 요소들의 상호작용으로 인한 섞임(*mixing*)의 결과라고 할 수 있다. 복잡계 이론가 요시나가 요시마사는 "각개 요소가 다른 요소와 끊임없이 상호작용함으로써 전체적으로 각 부분의 움직임의 총화 이상에 이를 수 있다"고 말한다(吉永良正, 1997). 구성요소들 사이의 상호작용은 한쪽 방향으로만 이뤄지지 않고 다양한 경로를 거쳐 자신에게 되돌아오기도 하고 다른 존재로 향하기도 한다. 이러한 현상은 변화를 진정시키거나 증폭시키는 역할을 수행하는데, 이 과정은 일종의 변성(*changing*)이라 할 수 있다. 이는 동일한 구성요소들을 모아놓은 시스템이라 해도 섞임에 따라 복잡성의 양상이 다를 수 있음을 시사한다. 이런 양상을 보이는 구성체 내에서 섞임이 원활할 경우 복잡성이 감소되며 섞임이 취약할 때는 복잡성이 커지면서 '새로운 질서'의 창발(*emerging*)을 요청한다. 섞임의 강약이 창발의 원천으로 작용할 수 있는 것은 만나는 요소들의 결합력과도 관련된다.

'창발적 질서'는 열린 시스템을 구성하는 하부 구성요소들이 특정 조건에서 긴밀한 상호작용을 통해 만들어내는 일종의 질서 모수(*order parameter*)라고 할 수 있다. 이때 형성된 질서는 다시 하부 구성요소들에 영향을 가해 새로운 질서를 창발하는 메커니즘을 반복한다. 〈그림

〈그림 9-2〉 융합계의 일반적 진전도식

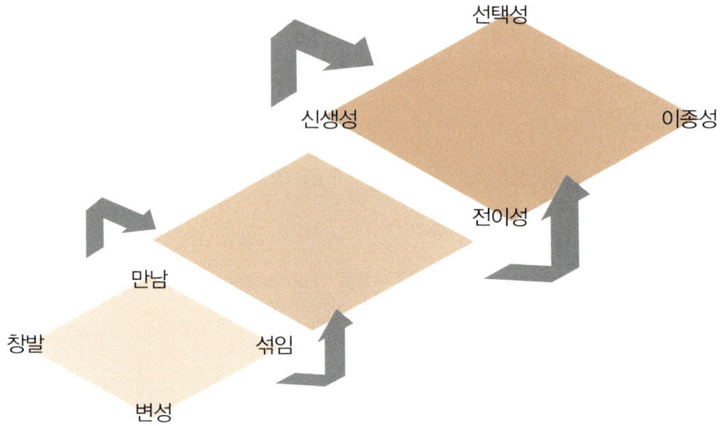

9-2〉에서 볼 수 있듯, 열린 시스템의 요소들과 질서 모수 사이에 인과 고리(*causal loop*)가 구축됨을 인지할 수 있다. 이러한 인과 고리가 작동하기 위해서는 시스템이 적절한 상태로 조율되어야 한다. 시스템에 출입하는 에너지, 정보, 재화 등 여러 환경요인이 조화로워야 질서의 창발이 촉진되는데, 이렇게 생성된 질서는 급속히 시스템 요소들에게 환류효과를 야기하면서 역동성을 지속해나간다(윤영수·채승병, 2005).

2) 융합사회의 부수적 속성들

융합사회에서는 선택적 만남인 교접(交接)과 이종적 섞임인 혼합(混合), 전이적 변성(變性), 신생적 창발(創發)의 속성을 바탕으로 한 변화가 지속적으로 반복된다. 이종적 성격의 개체 간 결합은 물리적 혼성에서 머무는 것이 아니라 질적 변성을 통해 새로운 개체를 생성한다.

혼합이 기존 개체들의 성격에서 파생된 변화를 의미한다면, 변성은 질적 속성을 달리하는 새로운 산물로의 전환을 뜻한다. 또한 창발 현상은 예상을 초월한 전혀 새로운 생성물의 출현을 의미하는바, 창발은 이전 형태와 질적으로 변별되는 상이한 상호작용과 생태적 지위를 조성하는 현상에 해당한다. 이때 요소들 간의 친화력 못지않게 중요한 것이 결속력으로, 결속력은 체계에 탄력성(*resilience*)을 부여함으로써 연결망 유지에 결정적 역할을 담당한다. 그런데 교접과 혼합, 변성과 창발이라는 융합시대의 네 가지 본원적 특성은 선택성(*electiveness*), 이종성(*hybridity*), 전이성(*transition*), 신생성(*natality*)이라는 속성들을 지향함으로써 융합사회의 변혁을 영속화한다.

(1) 선택성

융합사회에서 각 요소들 간의 상호작용은 일차적으로 만남을 전제로 한다. 모든 형태의 만남이 있을 수 있지만, 체계의 지속과 안정은 어떤 만남이냐에 의해 달라진다. 행위자네트워크 이론(ANT: *Actor-Network Theory*)은 만남에 있어 요소들 간의 선택적 동맹에 주목한다. ANT는 세상을 제대로 이해하기 위하여 자료, 설계도, 세균, 위원회 등과 같은 '비인간'까지 대상화하여 이들과 어떤 동맹을 맺는가의 차이를 중요시한다. 만남에 있어서 중요한 것은 요소들 간에 얼마만큼의 친화력이 있는가 여부이다. 예컨대 증기에 대하여 해박한 엔지니어와 정밀한 선박을 제작하는 장인의 지식이 만났을 때 증기기관 실린더가 만들어질 수 있었던 것이다(Latour, 2009). 네트워크의 형성에 있어서 중요한 사항은 각 요소들 간에 '서로에게 영향을 줄 수 있는 요소들이 얼마나 내재해 있느냐'이다. 브뤼노 라투르(Bruno Latour)가 '번역'(*translation*)이라고 부르는 네트워크 형성과정은 인간이나 비인간을 막론한 여러 요소들을 네트워크에 편입시켜 형태를 다채롭게 변모하면서 다양한 전략을 구사하는 상황에 해당한다. 라투르는 과학과 비과학적 삶의 영역 사이의 단절(*coupure*) 대신, 서로 다른 행위 경로들을 우회(*détour*)시켜서 연결하고 새롭게 구성(*composition*)하여 파악한다. 이러한 과정을 통해 융합사회의 구조적 변화나 진보를 담보할 수 있는 핵심적 기제가 구현된다. 따라서 각 요소들의 상호관계성과 속성을 이해하는 것이 번역 과정의 관건이 된다. 번역은 질서의 기초를 형성하는 과정으로, 한 행위자는 다양한 행위자들이 이미 유지했던 네트워크를 끊어버리고 다른 요소들을 자신의 네트워크로 유인해 결합시키며 다시 떨어져 나가려는 것을 제지하면서 이종적 연결망을 하나의 행위자처럼 보이도록 한다. 성공적인 번역이란 영향력을 배가하는 권력 획득과정으로, 같은 네트워크 속에서 권력을 가진 행위자와 그렇지 못한 행위자들의 점유하는 위치가 다른 것은 전자가 더 큰 네트워크를 동원할 수 있는 위치에 있기 때문이다. 이때, 보다 큰 네트워크란 지리적인 개념이 아니라 더 많은 행위자가 견고하게 연결되는 선택성에 기반을 둔 네트워크를 뜻한다(Latour, 2012).

ANT 이론가 미셸 칼롱(Michel Callon)은 상기 과정을 '문제제기'(*problematization*), '관심끌기'(*interessement*), '등록하기'(*enrollment*) 및 '동원하기'(*mobilization*)라는 4가지 단계로 설명한다. 이들은 기존의 네트워크를 교란하고 다른 행위자들을 네트워크에서 분리하고 새로운 협상을 진행하면서 주어진 역할을 수행하여 자신의 네트워크로 포함시키는 일련의 절차에 해당한다. 선택성을 통해 중심에 위치한 행위자는 멀리 떨어져 있는 행위자들에게 지배력을 행사하면서 새로운 질서를 형성하고, 배열과 기입의 과정에서 중요하게 작용한다(김환석, 2006). 물리학자 마크 뷰캐넌(Mark Buchanan)은 이러한 선택성을 혼란 속에서 패턴이 생겨나고 스스로 에너지를 얻는 원자의 특성을 사례로 들어 설명한다(Buchanan, 2010). 이러한 특성은 사회적 원자에서도 능히 발현될 수 있는 속성이라고 할 수 있다. 사회 속의 개인도 사회조직을 알아내고 반응하는 다양한 사회과정에서 생성되는 일종의 패턴에 의해 조직화되기 때문이다.

(2) 이종성

이종적 결합의 사례는 생활 도처에서 찾아볼 수 있다. 아마도 사람들이 가장 쉽게 식별할 수 있는 결합 유형의 하나가 예술이나 연예 분야에서의 장르 간 경계 넘기가 아닐까 한다. 시와 그림이 함께하는 시화전(詩畵展)이나 연재소설의 삽화와 같은 문학과 미술의 융합은 오래 전부터 있어왔지만, 근자에는 인기 스타들의 노래와 춤 혹은 노래와 영상이 함께하는 복합적 퍼포먼스가 뮤직 비디오나 유튜브 등을 통해 대중적으로 널리 확산되고 있다.

예술과 예술 외적 분야 간의 결합도 꾸준히 진전되어왔다. 산업 일러스트로 경력을 쌓은 후 '공장'(*factory*)이라는 스튜디오를 근거지로 화폐, 잡화, 식품, 유명인물 등 일상적 소재를 아크릴이나 실크스크린 등으로 양산한 팝 아티스트 앤디 워홀(Andy Warhol)을 그 선도적 인물의 한 사람으로 꼽을 수 있겠으나, 보다 담대한 이종적 결합은 예술적 상

〈그림 9-3〉 미디어 아티스트 백남준의 작품세계

다다익선(多多益善, 1998)

독일 프랑크푸르트 커뮤니케이션 박물관 입구에 소장된 백남준의 작품

상력과 기술적 상상력의 접합을 통해 '미디어 아트'라는 새로운 표현 양식을 개척한 백남준의 작품세계에서 찾아볼 수 있다(〈그림 9-3〉 참조).

컴퓨터나 뉴미디어를 이용해 이미지를 생산하고 전달하는 예술을 뜻하는 미디어 아트는 기존의 예술 패러다임을 크게 바꿔놓고 있다. 예술가들이 창조적 영감에 의해 생성해낸 예술작품은 유일무이한 창조물로서의 아우라를 지닌다는 것이 전통적 예술관이었다. 훗날 비판이론가 발터 벤야민(Walter Benjamin)은 복제기술의 발전이 예술작품의 아우라를 손상시켰다고 주장한 바 있다〔Benjamin, 2010(1936)〕. 그러나 오늘날 디지털화를 통해 예술작품의 무한복제가 이루어지면서 예술에 전대미문의 자유가 부여되어, 예술은 아름다움을 넘어선 초미적(*trans-*

aesthetic) 목표(예술이 지적인 것의 보편화를 통해 모든 것을 미적 평범함과 무가치에 이르게 하는 상황)를 지향하고 있다(Baudrillard & Lotringer, 1996). 즉, 미디어 아트는 예술 고유의 '심미적 가치'와 기술이 추구해 온 '이성적 가치'의 결합을 통해 새로운 가치를 창출하고 있다.

(3) 전이성

일반적으로 상황이나 상태가 급변하는 것을 전이현상이라고 한다. 전이현상의 가장 극단적 형태는 급격한 변화를 통해 전혀 새로운 존재 상태로 진전하는 상전이(*phase transition*)를 들 수 있다. 상변화, 상변태, 상바뀜 등으로도 불리는 상전이는 하나의 존재양식에서 다른 존재양식으로의 이행을 지칭하는 열역학 용어이다. 이처럼 상전이라는 개념은 물리학에서 출원한 것이나, 최근 복잡다단한 사회현상을 이해하거나 설명하고자 할 때 널리 활용되고 있다. 특히 복잡계나 융합계로의 변형과 같이 선형적 관계에서 비선형적 혹은 탈선형적 관계로 뒤바뀌는 상황은 상전이를 대변하는 체계의 격변으로 간주할 수 있는데, 이는 안정성을 유지하던 체계가 갑자기 붕괴 상태에 이르는 파국(*catastrophe*)을 설명하는 데 특히 유효하다.

기계론적 관점에서는 비례적 변화를 전제로 하는 선형성(*linearity*)이 강조되어왔다. 과거 수백 년 동안 자연현상은 선형성에 입각한 뉴턴의 역학이론에 의해 설명되어왔으며, 인간과학에 있어서도 인간의 행동이나 심리를 설명하는 데 선형적 모형이 널리 적용되어왔다. 그러나 익명적 집합행동이나 주식 투매 혹은 네티즌들의 과열반응 등에서 간파할 수 있듯, 사소한 사건이 부분의 합 이상을 넘어서는 엄청난 결과를 산출할 때 체계가 선형성을 이탈한다고 말할 수 있다. 이는 곧 고전적 인과율에 의거한 결정론적 서술방식이 더 이상 통용되지 않을 것임을 시사한다.

기술발달에 의해 위험이 고도화하며, 사회적 복잡성에 비례해 불확정성이 가중되며, 전시가치(*exhibition value*)를 지향하는 장관이 팽배한 오늘날 현실은 '위기'라는 용어로 대변되는 파국적 상황으로 진단되는 경우가 많다. 자포자기에 의한 파산신고나 자살율의 상승, 파국적 드라마의 성행, 나아가 생명마저 위협받는 극한 스포츠에 대한 열기 등에서 바로 그러한 전조를 발견할 수 있는데, 이런 상황에서는 파국을 회피하려는 방어적 자세보다 그것을 인정하면서 대응방안을 탐색하는 적극적 자세나 생활전략이 절실히 요구된다.

(4) 신생성

상전이는 넓게 보아 일종의 '영역이동'(*domain shift*)으로 규정할 수 있다. 이는 하나의 상황에 적용되는 원리가 다른 상황에도 적용될 수 있음을 함의하되(Sennett, 2010), 어떤 형태가 한 상태에서 다른 상태로 넘어갈 수 있다는 점을 시사하기도 한다. 이러한 상전이에 의한 신생성은 수직과 수평 이동을 통한 요소들 간의 자유로운 결합에 의해 실현된다. 신생성은 내적 진화를 통해 이루어지는 일반형, 그리고 이질적 혼합과 합성에 의한 영역이동을 동반하는 특수형으로 구분할 수 있다. 후자의 경우, 여러 영역을 가로지르는 도약을 통해 기대치 않은 창조물이 발현되기도 한다. 그 과정에서 몰랐던 사실이 갑자기 드러나고 이전의 생각과는 차원을 달리하는 새로운 관계가 형성된다.

고대 그리스에서는 놀랍고 신기한 현상을 창조(*making*)의 어원인 포이에인(*poiein*)이란 말로 표현했다. 플라톤은 경이로움을 낳는 근원인 포에시스(*poesis*)를 가리켜 "없는 상태에서 생겨나는 모든 것"으로 규정한 바 있다. 창발이 구성요소들 간의 상호관계를 통해 새로운 창조물이 생겨나는 것을 의미한다면, 신생성은 외면적 변화뿐 아니라 내재적 성격 변화를 동반한 뜻밖의 것의 발현을 의미한다. 이러한 종류의 창발성은 시스템 차원에서의 질서가 내부 요소들 사이의 상호작용을 통해 상향식으로(*bottom-up*) 창조된다는 뜻을 함축한다. 자연계나 사회계의 질서는 단순히 누군가에 의해 하향적으로 재단되거나 의도적으로 형성된 것이 아니라는 것이다(민병원, 2005). 신생성을 전제로 한 융합사회의 진전과정에서는 개체적 차원이 아닌 관계적 차원의 상호작용이 각별히 중시되는데, 이때 체제 전체의 질서는 구성요소들 간의 상호작용에 의해서 창발되는 내생적 메커니즘의 산물로 이해할 수 있다.

4. 고형사회 → 유동사회 → 파동사회

과거는 '공간'과 '시간'이 확정적인 것으로 간주된 유한의 시대였다. 시간과 공간의 초월은 인간의 인식범주 안에서만 가능했을 뿐, 실질적으로는 시공간 장벽을 체험하면서 도저히 어쩔 수 없는 실존적 한계를 인정해야 하는 시기였다. 지그문트 바우만(Zygmunt Bauman)은 그러한 시대를 '무거운 근대'로 정의하면서 공간과 시간에 연연하는 근대적 집착증이 맹위를 발휘한 시기로 규정한다. 국경을 확장하고자 정복을 강박하던 근대사회의 핵심 요건은 강력한 힘의 소유라고 할 수 있다. 하드웨어의 시대 혹은 무거운 근대로 규정되는 이 시기는 '크기가 힘이요, 부피는 성공'으로 간주되는 중량의 시대였다. 이 시대에는 고정된 장소와 일과 속에서 총체적으로 견고하게 짜인 단일한 논리에 예속된 일상화된 시간이 적용되며 그러한 시간에 순응적인 삶이 통상적이었다. 요컨대 단조롭고 변경할 수 없는 연속체로 배열하기에 적합한 같은 당량의 시간관·공간관이 풍미하던 '고형사회'(*solid society*) 라고 불릴 만한 시절이었다(Bauman, 2009).

이러한 고형사회는 인간의 실천행위에 의해 다종다양한 모습으로 변모해왔다. 확정성의 종말은 보다 유연하고 개방된 형태로 삶을 이끈다. 시공간적 제약으로부터 해방된 현대인은 창의와 기술로 무장한 채 '공간을 가치로, 시간을 도구로' 자유롭게 활용할 수 있게 되었다. 하드웨어 시대에서 소프트웨어 시대인 '가벼운 근대'로 접어들면서 사회체계는 보다 유연하고 가변적인 시대로 진입하게 된다. 지난날의 꽉 조여진 체제는 느슨하고 쉬운 형태의 조직으로 변모하며 때때로 불명료하고 모호하고 확실한 결론조차 부재한 느슨한 상태로 바뀌게 된다. 시공간의 차이가 무의미해지기 때문에 '저 멀리'와 '바로 여기' 혹은 '몇 시간 전'과 '바로 지금'의 차이가 무화된다. 이것이 곧 자유로운 만남과 가치가 각광받는 시대, 이른바 '유동사회'(*liquid society*) 로의 전환이다. '고체근대'는 상호 결속의 시대였던 반면, '액체근대'는 결속 풀기와 회피 혹은 탈주나 해방 등을 속성으로 한 용해(溶解) 의 시대이다. 지속과 순간의 경계선마저도 모호해져버린 가벼운 근대에서 즉시적 만남과 섞임은 인간의 공존양식을 뒤바꾸어놓는다. 이러한 즉시성의 시대에 만남의 주체들은 결과에 연연치 않고 만족을 추구하는 유동적 생활양식을 선호하게 된다. 하지만 "액화되어 흐르고 넘치고 쏠리는 취약한 유대를 특징으로 하는" 유동사회에서 현대인들은 혼돈의 상태를 벗어날 수 있는 또 다른 출구를 갈망한다(Bauman, 2009).

그 결과, 융합시대는 유동적 액체 상태를 넘어서 팽창과 수축을 거듭하며 운동 형식을 달리하는 '파동사회'(*wave society*)로 우리를 인도한다. 강력한 접착성에 기초한 고형사회에서 유연한 연결성을 속성으로 한 유동사회를 지나 극도로 가변적인 상호의존성을 지향하는 기체상태의 파동사회로 이르게 된다. 고형사회에서는 시간과 공간이 자유도를 가로막는 결정적 장애물로 작용했고, 유동사회에서는 그들이 유동성을 좌우하는 사회적 점성(*social viscosity*)으로 전환되었다면, 파동사회는 시간과 공간의 악력이 제거된 완전 개방형으로 변모하게 된다(김문조 외, 2011).

파동사회에서는 자율적 선택에 의한 연결만이 잔류한다. "응축과정뿐만 아니라 해체과정도 동일하게 이해될 때" 연결짓기(*linking*)라는 역동성을 온전히 이해할 수 있다고 지적한 해리슨 화이트(Harrison C. White)의 진술은 바로 그러한 융합적 파동사회의 요체를 적시한 것이라고 여겨진다(White, 2002). 이때 연결짓기는 배태(*embedding*)와 분리(*decoupling*)의 과정을 통괄하는 개념인바, 연결은 생성과 해체의 의미를 동시적으로 내포한다. 이러한 사고의 근간에는 액체보다 더 자유롭게 움직일 수 있는 기체적 운동 원리가 내재해 있다. 융합사회가 지닌 네트워크의 효과는 마약, 피어싱 혹은 테러 등에 대한 감염적 행위(*contagious behavior*)를 통해 손쉽게 감지할 수 있다. 요컨대 소설 《해리포터》 시리즈의 성공을 이해하고자 할 때도 텍스트 그 자체가 아니라 너나 할 것 없이 읽는다는 이례적 경향부터 살펴봐야 하는데, 이 같은 식의 선풍적 현상이 바로 역병처럼 퍼지는 기체적 감염행위의 전형에 속한다고 하겠다.

5. 소결: 연결이 창조의 원동력

융합사회에서는 모든 존재들이 하나의 전체를 이루며, 전체는 낱낱의 존재로 귀일될 수 있는 '전일적 총체성'의 성격을 지닌다. 전일적 총체성은 부분을 전체에 종속시키거나 전체를 부분으로 환원시키는 것이 아니라 부분이 전체요 전체가 부분인 합일의 상태에 해당한다. 각개 요소는 자신의 존재 근거를 다른 요소에 근거해 생성시키는 원리로 작동한다는 상호내재성과 상호연관성이 융합사회의 본질에 해당한다. 따라서 사회는 그 자체가 하나의 살아 있는 존재, 즉 자신의 생명을 자신의 고유한 메커니즘에 따라 지속적으로 재생산하는 생동적 체계로 간주된다. 이러한 상황을 두고 체계이론가 니클라스 루만(Niklas Luhmann)은 "사회세계를 바라보는 중심적 관점이 소실되어 사람들이 국가라고 부르든 사회라고 부르든 전체를 올바로 관조할 수 있는 그 어떤 입장도 확고한 것이 없게 된다"(Luhmann, 1984)고 선언한다. 이러한 다(多)중심 사회에서는 점유가 아닌 연결이 결정적 위력을 발휘한다. 요컨대, 서로 원하는 것들끼리의 결합을 뜻하는 인터넷 용어인 '링크가치'(*link value*)가 사용가치, 교환가치 및 기호가치로 이행해온 종전의 가치 유형을 대신할 주류적 가치 유형으로 등장하는 새로운 시대가 도래한다.

이때 개인은 자신만의 고유한 능력을 소유한 특권적 존재가 아니라 특정 연결망에 의해 구성되는 존재이며, 사물 역시 자연(*nature*)이라는 귀속적 성격에 결박되어 수동적으로 반응하는 존재가 아니라 특정 연결망 상태에 대한 적극적 참여의 역사에 의존한다. 따라서 인간과 사물 혹은 사회와 자연이라는 이분법에서 벗어나 모든 것들 간의 차이나 차이의 성격에 대한 관심이 높아진다(Callon, 2003). 한스 마그누스 엔첸스베르거(Hans Magnus Enzensberger)는 현대사회를 '네트워크화된 소수가 끊임없이 변화하는 복합체'로 규정한다. 즉, 중심 역할을 담당하는 '머리가 없이' 스스로 움직이는 사회라는 것이다(Engensberger, 1993). 이런 점에서 융합사회는 초(超)연결사회(*hyper-connected society*)라고 할 수 있는데, 초연결사회에서는 자체적 속성을 떠나 고도의 연결능력을 갖춘 요소나 현상들이 강한 생존력을 지니게 된다. 더구나 첨단 미디어를 통해 커뮤니케이션 세계의 네트워크 밀도가 높아지면, 사회체계는 더 이상 구성원들의 개별적 속성이나 크기와는 무관한 별도의 속성을 지니게 된다(Bolz, 2000).

제10장

융합시대의 도전과제

1. 융합문명의 지속가능성

융합문명은 과학기술과 사회문화가 급격하게 변하고 공진화하면서 나타나는 새로운 양상을 견지한다. 융합문명에서 관찰되는 창발적 특성들은 기술 발전 — 특히 미디어 기술의 융합적 발전 — 에 상응해 초복잡계적 세계를 구축한다. 이렇듯 전방위적이고 연동적이며 역동적인 융합미디어의 특성이 문명적 수준에 도달한 것이 바로 초복잡계로서의 융합계의 진면목인 것이다. 초복잡계적 상황에서 개방성, 유동성, 호환성, 혼성성을 지향하는 융합문명은 지속가능성이라는 존재론적 위기

* 이 장은 2012년 〈사회와 이론〉 20집에 실린 김문조의 논문 "융합사회의 문제점과 대응 방안"을 수정 · 보완한 것임.

에 봉착할 수 있는데, 이는 크게 '잉여의 문제'(*problem of excess*)와 '균형의 문제'(*problem of imbalance*)로 나눌 수 있다.

초복잡계적 모습으로 나타나는 개방성, 유동성, 혼성성, 호환성은 사회를 궁극적으로 무질서 상황으로 인도하며, 이 같은 무질서는 사회 내 주체들에 '진정성 상실의 위기'를 초래할 개연성이 높다. 안정적인 것들이 사라지면서 개별 주체들이 겪는 혼란이 가중되어 융합사회는 어느 것도 확실한 것이 없는 '총체적 난국'으로 전락할 위기에 직면하게 된다. 따라서 융합문명기의 잉여의 문제는 주로 '혼돈'(*Disorder*), '단절'(*Disconnect*), '방치'(*Discard*)라는 '3Ds'로 표현할 수 있는 난제를 유발할 것으로 예상된다.

한편, 융합문명의 수직적, 수평적 불균형은 또 다른 난제를 생성할 것으로 전망된다. 과거 물질적 생산 레짐이 지배적이던 산업사회에 비해 새로 등장하는 융합사회에서는 비물질적인 상징과 기호에 대한 의존성이 증가한다. 또한 융합시대의 통제는 기존의 전통적인 '판옵티콘(*panopticon*)적 은유'에서 '시놉티콘(*synopticon*)적 은유'의 형태로 전환된다. 판옵티콘적 모델이 순응의 일반화를 꿈꿨다면, 융합문명의 시놉티콘적 전략은 개인들이 최대한 자유롭게 그 자신을 표현하도록 보장하는 듯하면서 궁극적으로 사람들을 문명의 뒤안길로 유인한다. 그러한 문명적 사각지대에서 자원과 권력의 불균형이 초래된다. 따라서 융합사회의 불균형 문제는 '불화'(*Dissonance*), '격차'(*Devide*) 및 '추방'(*Displacement*)이라는 또 다른 '3Ds' 형태의 난제를 배태할 것으로 예상된다.

고도 복잡계로서의 융합사회는 안정적인 상황과는 반대로 극도의 혼

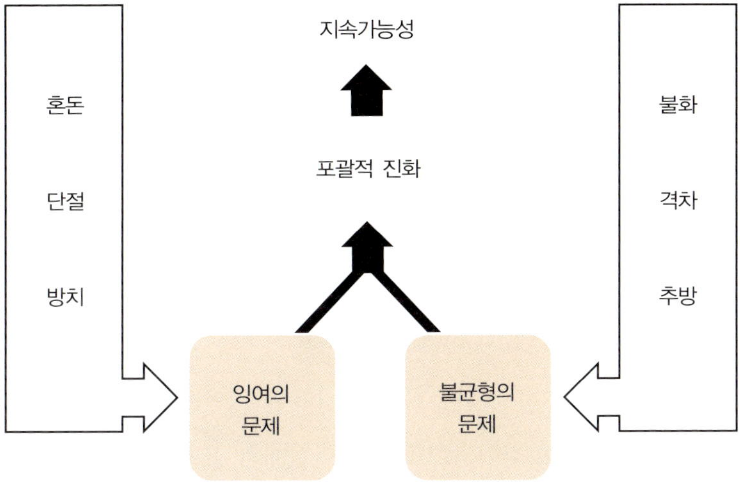

〈그림 10-1〉 융합사회의 문제점 구도

란을 야기할 위험성을 지니고 있다. 안정적인 질서가 항시 미덕은 아니지만, 비평형적 평형을 주제로 하는 자리에서 그러한 우려는 늘상 거론되어왔다. 문명의 최소 조건은 소정의 질서를 보장하는 안정성이다. 따라서 융합문명의 안정성을 담보할 수 있는 규제 양식의 정립이야말로 융합문명의 최대 과제인 지속가능성의 기본요건이라고 할 수 있다.

2. 잉여의 문제

사회적 개방성 · 유연성 · 다양성이 배가하는 융합시대에 들어서면서 의사소통공간이 날로 확장되고 있다. 그뿐만 아니라 접속성, 휴대성 및 이동성을 겸비한 최첨단 정보통신체제의 등장으로 누구나 언제, 어디서, 누구와, 어떤 형식이나 내용의 메시지든 자유롭게 주고받을 수 있는 전재적 의사소통(*ubiquitous communications*)이 완결 국면에 이르고 있다. 그러나 시공간적 제약을 초월한 무제한적인 소통환경에서 남아도는 과다 정보는 전례 없는 사회적 혼돈, 단절 및 방치 상황을 초래할 것으로 보인다.

1) 혼돈

첨단 미디어를 활용한 생활공간은 현실적인 제약을 넘어선 초현실계(*hyper-reality*)를 지향한다. 그러나 초현실계의 표류하는 이미지는 삶을 주체적으로 관장할 수 있는 통어력을 박탈함으로써 사람들을 기호학적 혼돈으로 인도한다(Baudrillard, 2001). 그뿐 아니라 미디어 기능의 향상과 더불어 기계와 같은 객체가 주체 못지않은 주체적 역할을 대행하는 '진정성 위기'(*crisis of authenticity*) 상황까지도 예상된다(Turkle, 2008). 그런데 미디어 기술의 발달로 모사적 현실이 실제 현실 못지않은 영향력을 발휘하고, 양자가 뒤섞인 혼합현실이나 증강현실이 실생활에 보다 적극적으로 유입될 융합시대에 들어서면(Bolter & Grusin, 2006), 경험적 사실에 입각해 참과 허위를 분별하려는 실재론적 사고에 대하여 진위 판별에 천착하지 않으려는 상대주의에 의해 도전받게 될 것으로 예상된다. 때문에 융합사회로의 이행이 사회를 인류가 의도한 방향으로 이끌어갈 것이라는 확신이 흔들리게 된다. 그 결과, 인류가 자신이 만든 기술의 노예로 전락할 것이라는 고전적 기술비판론과 유사한 우려, 즉 인류가 창안한 융합사회가 그 창조자인 인간으로부터 통제력을 환수할 것이라는 암울한 전망이 재현될 것으로 본다.

뿐만 아니라, 진정성 상실과 자율성 상실이라는 이중적 도전에 직면할 개인들은 심각한 정체성 혼란에 처하게 될 것으로 예상된다. 따라서 지그문트 바우만(Zygmunt Bauman)이 '물품보관소로서의 공동체'라고 지칭한 불안정한 대중이 사회 전면에 포진할 것으로 보인다(Bauman, 2009). 물품보관소로서의 공동체는 불확실성이 고조되는 오늘날 선·후진 국가군을 막론한 세계 도처에서 출몰하는 변덕스러운 무리로서, 대중의 자발성을 강조하는 자율주의 사상가들이 '다중'(*multitude*)으로 지칭하는 그들의 충동적 행태는 사회 변혁 및 사회 해체 모두에 양면적으로 작동할 수 있다(Hardt & Negri, 2008).

2) 단절

물질이나 정보의 과잉으로 인한 혼돈은 사회적 결속력을 약화시킨다. 융합매체의 발전에 비례한 풍요와 과잉이 역설적으로 단절이라는 사회 해체적 징후를 촉발하는 것이다. 이질적인 사회구성원들의 상생관계를 요구하는 융합시대에는 개개인의 소질이나 능력이 억제당할 경향이 상존하지만, 뉴미디어를 적절히 사용하는 부류와 그렇지 못한 부류 간의 격차로 인한 사회적 단절이 심화될 위험성이 높다. 특히 모든 것들이 숨 가쁘게 돌아가는 '고속사회'(*high-speed society*)에서는 지체나 지연이 퇴행의 원천이 됨으로써(Virilio, 2007; Rosa & Scheuerman, 2010), 촉박한 과제 해결을 위한 수단들이 소수의 수중에 귀속될 가능성이 커진다. 이처럼 융합사회에서는 표면적으로는 개방이 강조될지언정, 그 실질적 활용이 차등화되어 사회적 단절이 확대될 위험성이 크다.

융합시대에는 다음 두 가지 형태의 사회적 단절이 가장 문제시될 것으로 본다. 첫째는 집단 간 단절로서, 세대 간 단절이 그 전형에 속한다. 융합시대에 이르게 되면 세대 간 갈등이 첨예화한다. 첨단 미디어가 속출할 융합사회에서는 미디어 적응 능력이 앞선 젊은 세대가 기성세대를 압도하는 세대 덮기(*generation lap*)로 세대 간 단절의 골이 심화될 전망이다(Tapscott, 1997; Palfrey & Gasser, 2008).

두 번째 형태는 현실세계와 가상세계 간의 단절이다. 현실과 초현실의 자유로운 접합이 촉진될 융합사회에서는 가상세계에 대한 현실세계의 존재론적 우위성이 반감된다. 때문에 가상세계에 몰입해 현실적 존재 기반을 포기하는 은둔적 인간형이 늘어나게 된다. 그런 기미는 블로그, 채팅 혹은 소셜 네트워킹에 몰두해 정보통신 공간에 칩거하는 인터넷 외톨이, 마니아, 폐인 혹은 중독자들로부터 찾아볼 수 있다(齋藤環, 2005; 이규정 외, 2010). 요컨대 현실세계와 가상세계가 병존할 융합시대에는 현실세계를 중시하는 시티즌과 가상세계에 몰입하는 네티즌 간의 세계관 단절이 현실계에서의 그것 못지않은 심각한 문제로 돌출할 전망이다.

3) 방치

미디어에 대한 의존도가 배가할 융합시대에는 미디어 활용역량이 집단 간 차이를 증폭시키는 핵심적 요건이 된다. 매체 사용자는 일방향적이고 소극적인 소비자(*consumer*)와 양방향적이며 능동적인 생비자로서의 크리슈머(*cresumer*: *creator* + *consumer*)라는 두 유형으로 구분될 것으로 보인다. 그 결과, 새로운 미디어 환경에 적응하지 못하는 낙오자들이 집단적으로 방치되는 폐해가 초래될 수 있다. 하지만 정보과잉 상황에서의 정보격차는 정보매체를 능란하게 다루는 사람들에게도 악영향을 끼칠 수 있는데, 신상정보와 관련된 쟁점에서 그 점을 여실히 지각할 수 있다. 시공간 제약이 이완되어가는 융합시대에는 사생활 침해이나 사생활 노출이 자의적으로나 타의적으로 손쉽게 자행될 수 있다(〈매일경제〉 세계지식포럼 사무국, 2012). 여기에 인터넷상의 새로운 공론장에 네티즌들의 견해가 폭주하게 되면 진지한 공적 담론보다 개인 신상에 관한 낭설이나 유언비어가 난무할 가능성이 높다.

개방성, 공유성, 참여성이 강조되는 온라인 소통공간에서는 현실계에서 쉽사리 성사될 수 없는 활발한 대화나 토론으로 새로운 공감대나 협업의 기반이 구축되는 긍정적 효과를 기대할 수 있다. 수평적 차이는 인정하되 수직적 차이는 거부하는 공명정대한 조처로 빅브라더로 표상되는 전제적 감시체제의 억압이나 횡포가 현격히 억제될 수 있기 때문이다. 그러나 간편하고 저렴한 범용 감시기구들을 통한 일반인들의 저변감시(*soursveillance*)는 지위고하를 막론한 모든 이들을 신상 털기의 제물로 방치하는 새로운 부작용을 유발할 수도 있다(Mann, Nolan & Wellman, 2003; 김문조, 2011a).

3. 불균형의 문제

물적 자산과 생산 레짐에 기반한 산업자본주의사회의 중심권에 속하지 못한 주변인이나 사회적 낙오자들은 기층민이나 부랑자로 존속해왔다. 하지만 상징적, 언어적 생산이 가세되는 융합사회에서는 지적 생산과잉에 따른 새로운 형태의 배제가 문제시된다. 미셸 푸코는 권력과 지식이 공변하는 사회를 '결핍의 레짐'(*regime of scarcity*)으로 규정했는데, 이것은 계몽정신을 바탕으로 한 근대화 프로젝트가 견인해온 산업자본주의 본연의 모습이었다(Prozorov, 2007). 그러나 융합사회는 후기자본주의사회의 물적 생산과잉에 비물질적 생산과잉이 중첩된 상태로 규정되는바(De Giorgi, 2006), 이 같은 이중적 과잉현상은 물적 생산력에 기초한 고전적 권력통제 양식으로는 적절히 제어할 수 없게 된다.

융합시대에 접어들면, 주도적 지식에 의해 정당화되는 통제권력이 훈육된 생산자들을 양성하는 수준을 넘어 열성적 소비자들을 산출하는 새로운 단계에 이르게 된다. 이 같은 논의는 현대사회가 생산중심 사회에서 소비중심 사회로 전환되고 있다는 소비이론가들의 논지와도 상통하는데(Featherstone, 1991; Baudrillard, 1999), 이 단계에서는 표준화되고 규범화된 개인들을 겨냥했던 통제 기제는 심미적 소비의 측면으로 관심을 돌려 개개인에게 최대한의 자유를 보장하는 '유혹적 통제체제'(*seducive regime of control*)를 축조하게 된다. 즉, 집권적 판옵티콘형 통제모형이 순응의 일반화를 목표한 것이었다면, 분권적 시놉티콘형 통제전략은 개개인에게 자기 의지를 최대한 실현하도록 허용하되 그들을 자족과 향유의 늪으로 유인해 시장 법칙에 복속시키고자 한다. 이처럼 변화된 상황에서는 '불화'(*Discord*), '격리'(*Detachment*) 및 '추방'(*Displacement*)이라는 부작용들이 첨예한 사회적 쟁점으로 추가될 것으로 전망된다.

1) 불화

매체 발달과 콘텐츠 융합을 계기로 본격화할 융합시대에 사회체계는 지식의 분절화·파편화로 예기치 못한 불화를 자초할 수 있다. 시공간적 제약을 벗어날 융합사회는 독자적인 자기조직화를 시도하게 된다. 새로운 소통양식에 근거한 융합적 사회구성 원리는 기존의 정치적 지형, 자원배분 양식, 문화가치 등과 변별되는 새로운 사회변혁을 추동한다(Crouch, 2008). 2008년 우리 사회를 강타한 광우병 촛불시위, 후속된 중동 일대의 민주화운동, 남유럽 청년시위, 월가 등지에서의 점거투쟁 등이 그 전조적 사례라고 할 수 있다.

융합시대에 접어들면 개인은 각종 매체들을 통해 자신의 생각이나 느낌을 타자에게 개진하면서 자유롭게 공감대를 형성할 수 있다. 요컨대 새로운 소통환경은 사회적 소외층에게 자신의 입장을 당당하게 표출할 수 있는 기회를 제공한다. 이처럼 융합사회는 새로운 공론장을 발전시킬 수 있는 잠재력을 내포하고 있음에도 불구하고, 여론조작이나 동질화 압력을 통해 특정 견해의 추종을 조장하거나 강요할 위험성을 동시에 내포한다(Rowe & Frewer, 2005). 즉 다양한 견해들이 어느 때보다 존중되고 포용되어야 할 융합사회에서도 소통 부재로 인한 오해의 소지가 엄존한다. 더구나 접속적 소통이 보편화할 융합시대에는 악성

댓글, 악의적 명예훼손이나 마녀사냥 등과 같은 부적절한 행위가 증폭될 소지가 크다.

2) 격리

융합문명의 형성과 발전에 중추적 역할을 담당하는 것이 뉴미디어이다. 뉴미디어는 메시지 전달이라는 미디어 일반의 기능 면에서는 물론, 미디어 세계와 사회세계를 매개한다는 측면에서도 각별한 의의를 부여할 수 있다. 하지만 그러한 매개 기능이 사용자의 사회문화적 지위에 의해 차등화될 수 있다는 점에 문제의 심각성이 있다. 속출하는 뉴미디어에 대한 활용격차 및 수용격차로 매체나 콘텐츠를 능숙하게 다룰 수 있는 사람들이 유·무형의 자원을 독점적으로 소유하거나 향유함으로써, 나머지 사람들은 본의 아니게 사회적으로 격리될 수 있다(Kim & Kim, 2001).

비판적 정보사회론자 허버트 쉴러(Herbert Schiller)는 일찍이 정보의 접근과 분배 과정에 계급불평등이 원초적 요건으로 작용한다는 사실을 정치경제학적 시각으로 분석한 바 있다(Schiller, 1996). 계급적 지위가 정보의 생성이나 향유 기회를 분할한다는 점은 시대나 장소나 체제를 막론한 보편적 현상이라고 여겨진다. 그러나 융합시대에 풍미할 사회적 상호작용의 장에서는 종전의 유형을 크게 벗어난 새로운 형태의 격리현상을 목도할 수 있다. 인맥을 예로 들자면, 과거의 인맥이 혈연, 지역, 학연 등과 같은 실물적 요소와 직결된 것이었다면, 새로운 인맥에는 각종 뉴미디어를 통한 '넷맥'(*net-tie*) 형 접속관계를 포함시킬 수 있다.

더구나 융합시대의 사회성은 점차 자원의 점유나 이해타산과 직결된 도구적, 공리적 목적 추구의 단계를 지나 욕망하는 개체들의 존재가치를 충족시킬 수 있는 표출적, 의미론적 단계로 탈바꿈한다(Wittel, 2001). 이러한 경향은 최근 소셜 쇼핑이나 소셜 러닝에서 소셜 엔터프라이즈이나 소셜 메디슨 등에 이르는 '사회적인 것'의 성행으로부터 감지할 수 있는데, 그것은 향후 소셜 미디어의 확산에 의해 가속화할 전망이다. 온-오프라인에서의 어울림이 보다 강조되는 '소셜의 시대'에 돌출하게 될 새로운 격리현상으로 인하여 평등, 정의, 복지와 같은 대의에 입각한 제도적 개선책들이 이전과 같은 위력을 행사하지 못할 것으로 본다. 대신 관심, 취향, 기대, 가치, 신조 혹은 영성 등에 호소하는 의식적 접근이 유효성을 더해갈 전망이다.

3) 추방

불화나 격리는 사회적 거부감을 조장해 타 집단의 퇴출을 획책한다. 통상적으로 내적 이질성의 증가는 결속 범위의 확장을 추구한다. 하지만 불화나 격리가 소정의 임계점을 넘어서게 되면 타자에 대한 배타성을 자극해 집단적 추방을 초래하게 된다.

자유로운 이동이나 이합집산으로 사회적 불안감이 고조될 소지가 높은 융합적 사회질서에서는 개인적 생존이나 성취가 공동선을 향한 공적 이해관심에 선행함으로써, 교육제도나 직업체계와 같은 거시적 사회구조에서 대인관계나 자아정체성과 같은 미시적 생활세계에 이르는 사회체계 전역에서 한시성 · 단편성 · 가변성이 강화될 것으로 전망된다. 즉 '생애교육', '계약직 노동', '약한 유대', '다중 자아' 등에 대한 사회적 수요가 높아져 당장 쓰이지 않는 유휴인력이나 제도적 울타리 또는 관심권 외곽에 위치한 낙오자들의 추방이 '사회 유연화'라는 명분하에 촉진되고 있으며(Sennett, 2002), 그러한 추세는 '선택과 집중', '경쟁력 강화' 혹은 '창의력 증진'과 같은 신자유주의적 정명(*neo-liberal imperatives*) 하에 공고화되고 있다.

이처럼 융합사회에서의 선택의 자유는 구성원들 간에 간극을 심화시켜, 선택의 자유가 넘쳐나고 과도한 자유를 만끽하는 중심층과 선택의 자유를 온전히 행사하지 못하는 주변층 간의 공존은커녕 상대방의 존재조차 인정치 않으려는 적대적 관계가 조성될 위험성이 예견된다. 즉 융합사회는 본원적으로 개방성을 지향하는 열린사회이건만, 그러한 개방적 혹은 초개방적 여건에서조차 문화 코드의 독점이나 조작을 통해 편을 가르고 층을 나누는 차별화를 시도하려는 폐쇄성이 발동할 수 있다. 이러한 추방의 위험성은 인종이나 계급을 달리하는 집단들 간에 크게 나타날 것임이 자명하나, 같은 민족이나 계층 내에서도 주류 세력이 강요하는 문화 코드에 의한 사회적 퇴출이 자행되는 '개방성의 역설'이 열림과 섞임, 연대와 통합을 내세우는 융합사회에서 번성할 가능성을 배제할 수 없다.

4. 난제의 융복합화

현대사회를 잉여와 쓰레기의 문명이라고 규정했던 바우만의 현실 진단은 융합사회의 향방을 전망하는 데 크나큰 유용성을 발휘한다. 융합시대의 정보 과잉과 그로 인한 사회적 손실은 현대적 사회질서의 '불확실성' 논제와 연결된다. 현대인을 괴롭히는 가장 절박한 문제는 일상생활에서 간단없이 체감하는 불확실성으로, 이처럼 생활 전망이 불분명한 상황에서 개인의 불안감은 고조된다(Bauman, 2008; 김문조·박형준, 2012).

더구나 자기선택성이 강조되는 융합시대에 개인은 가중되는 선택의 압박과 자책의 부담으로 상시적 불안에 시달린다. 선택은 더 나은 미래에 대한 기회를 제공하지만, 보다 많은 것을 기대하는 탐욕도 획책한다. 그뿐 아니라 개인화 시대의 자기 선택은 결과에 대한 책임을 본인에게 전가시킨다. 따라서 융합사회는 순간적 충만을 강조하는 단명한 생활양식(*ephemeral lifestyle*)을 고취해 대중을 유행을 추종하는 '허영의 시장'(*vanity fair*)으로 인도한다. 일시성, 가변성, 차별성을 지향하는 유행은 존재하는 모든 것들의 퇴출을 촉구함으로써 궁극적으로 자아정체성의 포기를 강요한다(Bauman, 2008).

안정적 삶이 필요로 하는 자아정체성, 그리고 반대로 자아정체성의 포기를 요하는 유행의 압력 사이에서 융합사회의 성원들은 심각한 모순과 혼란을 체험하게 된다. 이러한 모순이나 혼란은 산업사회에서 찾아볼 수 없던 새로운 형태의 사회병리를 생성한다. 즉 산업사회의 양대 문제점이었던 소외(*alienation*)와 아노미(*anomie*) 대신 '아노미적 소외'

(*anomilienation*) 혹은 '소외적 아노미'(*alienomie*) 라고 이름 붙일 수 있는 융복합적 형태의 사회병리가 나타난다. 이러한 융복합적 위기는 선형적 진화 모형에 입각한 통상적 개선책으로는 해소되기 어렵다. 새로운 통찰에 의거한 사회진화 방안이 강구되어야 하는 것은 이 때문이다.

5. 대응방향

갈라파고스 군도의 핀치 새에 대한 연구를 통해 같은 종의 생물이라도 주변 환경이 다른 곳으로 분리 배치되면 커다란 차이를 지닌 생물로 변화할 수 있다는 결론에 도달한 찰스 다윈(Charles Darwin) 은 진화론을 창안하고 확산시킨 인물로 알려져 있다. 하지만 그의 진화론은 생물학 분야를 넘어 사회과학을 위시한 다양한 학문 영역으로 확장되기에 이른다. 하지만 사회현상의 경우 다윈의 진화론이나 그 직접적 계승이론들만으로는 설명하기 어려운 부분들이 드러나고 있다. 특히 질서와 혼돈이 교차하는 융합문명기에는 적응이나 균형과 같은 개념들을 주축으로 한 고전적 진화론(*classical evolution model*) 으로 온전히 설명될 수 없는 현상들이 허다하다. 그러한 한계는 다윈주의의 외연을 넓힌 확장적 진화론(*extended evolution model*) 의 경우에도 근본적으로 다를 바 없다.

따라서 융합문명에 대한 적절한 대응방안과 추진전략을 모색하기 위해서는 창발하는 새로운 문제점들을 이해하고 조망할 수 있는 새로운 진화 모형이 모색될 필요가 있다. 즉, 융합시대의 진화에 관한 논의는 인간이나 생명체의 범위를 넘어선 물질세계를 포함하는 포괄적 진화론

(*inclusive evolution model*)을 통해 적절히 해명될 수 있을 것으로 기대된다.

포괄적 진화론은 기본적으로 인간만이 주체인가에 대한 의문에서 출발해, 기존의 기계론적 진화론과 목적론적 진화론을 넘어서려는 새로운 진화론적 모형이다. 인간만을 주체로 상정하는 인간중심적 관점을 넘어서 인간과 인간이 아닌 존재의 교호적(交互的) 효과를 중심으로 진화의 양상을 살펴보자는 것이 포괄적 진화론의 핵심이다. 기존의 진화론이 이성적 존재로서의 인간을 상정하고 그를 주체로 진화의 양상을 설명하고자 했다면, 포괄적 진화론은 이성적이자 감성적인 복잡한 인간을 주체로 삼음과 동시에 인간-생물-비생명체 간의 관계나 연결에서 새로운 진화의 가능성을 모색하고자 한다. 그럼으로써 인간중심적 사고를 뛰어넘어 이성과 감성이 복합적으로 작용하는 융합적 인간 및 비인간의 관계 모두를 포함하는 포괄적 진화론이 도출된다. 이러한 포괄적 진화론에서는 기존의 선형적 모형이 아닌 공진화적 상호작용 모형이 주축을 이루게 된다. 이처럼 다양한 관계에서 초복잡계적 창발과 자기조직화의 양상이 드러내는 혼돈의 모형들을 담아내는 것이 포괄적 진화론의 요체라고 할 수 있다.

1) 진화론의 3가지 유형

(1) 고전적 진화론

아리스토텔레스는 종의 불변을 주장했으나(Wuketits, 2008) 그 후 간단없이 제기되던 진화론적 발상은 다윈이 이해하기 쉬운 간명한 원리로 제시함으로써 생물학이나 물리학과 같은 자연과학 분야뿐만 아니라 사회학, 심리학 등 다양한 사회과학 분야로 확장되었다. 진화론적 사고의 확산은 정적인 세계관에서 역동적인 세계관으로의 이행을 촉구했다는 점에서 지성사의 획기적 사건으로 간주하지 않을 수 없다.

진화론적 사고의 1세대에 해당하는 고전적 진화론은 장 밥티스트 라마르크(Jean Baptiste Larmarck)나 다윈 등이 집중적으로 탐구했던 자연현상이나 생물학 분야와 인간학적 분야로 구분되어 전개된다. 고전적 진화론은 계몽주의의 영향으로 기계론적이며 목적론적인 성격이 강했다. 즉, 모든 생물 유기체는 유전적 전달을 추구하며 진화는 특정한 방향을 목표로 하고 있어 진보와 같은 의미로 볼 수 있었던 것인데, 이러한 발상은 '생물학적 지식을 이용하여 사회현상을 탐구하는 학문'으로 정의되는 사회생물학으로 이어진다.

고전적 진화론자들은 연구대상이나 변화의 주체에 관한 인식에 있어서는 다소간 관점을 달리하나, 연구 수행자를 이성을 지닌 인간으로 상정한다는 점에서는 일관성을 보인다. 이처럼 세상을 목적론적 견지에서 바라보고자 한 고전적 진화론은 단선적이고 일차원적인 형태로 귀결한다. 그러나 고전적 진화론은 사회가 점차 복잡해지고 다층적으로 확장되면서 스스로의 한계를 노정하게 된다.

(2) 확장적 진화론

확장적 진화론은 사회진화론(*theory of social evolution*)의 발전 사례를 통해 그 내용을 적시할 수 있다. 고전적 진화론이 보는 진화의 방향은 단선적이며 목적적이었다. 그러나 확장적 진화론 모형은 비선형적이며 다차원적인 형태의 진전을 강조한다. 따라서 진화의 방향이 곧 일률적이라는 고전적 진화론의 전제는 무너지고 진화의 방향이 다양해질 수 있다는 새로운 사고가 부가된다. 사회진화론이 제시하듯, 하나의 방향을 향해서 가는 것으로 보이는 진화의 양상은 내부적으로 다양한 방향과 과정을 취하는 별개의 사건들로 판명되었기 때문이다. 바로 이 점이 고전적 진화론과 확장적 진화론의 결정적 차이점이라 할 수 있다.

사회진화론으로 확인할 수 있는 확장적 진화론은 최초로 등장한 역동적 세계관이었던 고전적 진화론에 이어 복잡성과 다층성을 가미한 진화론으로 볼 수 있다. 그리고 사회를 설명하는 데 있어 인간적이며 문화적인 측면을 보다 중시한 관점이라고 할 수 있다. 따라서 확장적 진화론이 상정하는 변화의 주체는 이성적 인간이기보다 이성과 감성을 겸비한 '양가적 인간'으로 표상된다.

(3) 포괄적 진화론

전재적, 유동적 지식정보나 다양한 관계가 그 어느 때보다 큰 파급효과를 발하는 융합문명 시대는 질서와 혼돈이 상호작용을 하는 융합과 초월의 시대라 할 수 있다. 따라서 사회진화 방향의 모색은 다윈의 사상을 중심으로 한 '고전적 진화론'이나 그를 대신한 '확장적 진화론'을 넘어 포착 가능한 현상 일체를 망라적으로 고려하는 '포괄적 진화론'으로 확장될 필요가 있다.

포괄적 진화론은 기계론적이고 목적론적이었던 고전적 진화론 및 확장적 진화론을 넘어서는 새로운 진화론이다. 포괄적 진화론이 기존의 진화론들과 구분되는 일차적 변별점은 방향성 문제이다. 고전적 진화론이 진화가 곧 진보를 의미한다고 생각하는 단선적 방향성을 모델로 했던 반면, 확장적 진화론은 진보도 퇴보도 될 수 있는 다방향적인 진화의 가능성을 제시하였다. 그러나 포괄적 진화론의 방향성은 공진화적 상호모형으로 설명할 수 있다. 진보를 지향하기도 하나 퇴보를 야기하기도 하는 다방향성을 기반으로 하되, 궁극적으로는 질서를 추구하나 때때로 혼돈을 초래하는 일련의 아이러니를 모두 담아내자는 사고가 바로 포괄적 진화론인 것이다.

포괄적 진화론은 주체의 설정에 있어서도 이전의 진화론보다 넓은 범역을 포괄한다. 고전적 진화론이 이성적인 인간의 관점으로 생명체를 대상으로 한 진화의 과정을 탐구하고자 한 것이었다면, 확장적 진화론은 이성과 감성을 모두 가진 인간의 관점으로 진화과정에서 일어나는 모든 사건들을 고려 대상으로 포함시키고자 한 것이다. 그러나 포괄적 진화론은 과연 인간만이 진화를 바라보는 주체인가마저 의문시한다. 때문에 포괄적 진화론은 사회적인 것을 넘어서서 환경 변화까지 널리 포함하는 우주적이고 생태적인 관점을 지향한다. 즉, 포괄적 진화론은 인간중심적인 관점에서 벗어나 인간과 비인간의 상호관계도 주요한 소재로 수용하면서 진화의 양상을 살피고자 하는 것이다. 따라서 진화의 관점은 인간이 아닌 것들이 포함된 관계, 즉 HNI(*Human-Non-human Interaction*)적인 것들을 망라한 무한영역까지 확장된다.

요컨대 포괄적 진화론은 우주적이고 생태적인 열린 관점을 견지하며, 다방향적이고 공진화적인 모형을 지향한다. 즉, 기존의 인간중심적 사고에서 벗어난 만물론적이고 다형적인 모형을 전제로 한 다차원적 접근이며, 부분적 현상을 초월한 총체론적 관점을 취하는 것이 바로 포

〈그림 10-2〉 진화론의 유형

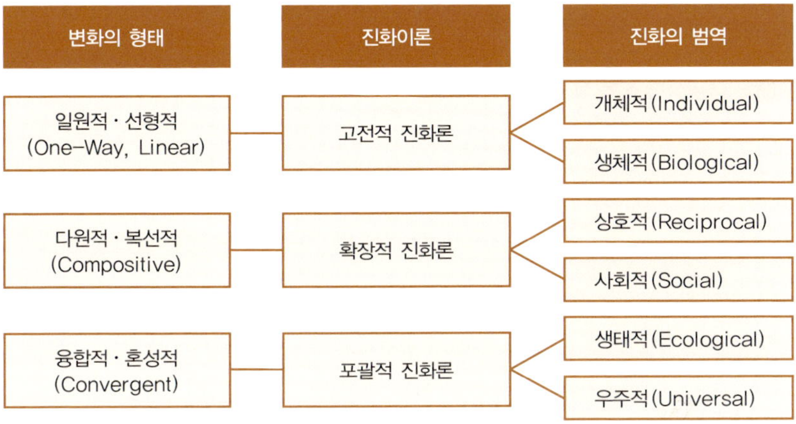

괄적 진화론이라고 말할 수 있다. 포괄적 진화론이 지향하는 다방향성이나 공진화성과 같은 아이디어는 융합시대가 단순 복잡계를 넘어선 초복잡계라는 점을 가장 적절히 반영하는 관점임을 입증하는 결정적인 단서라고 할 수 있다(〈그림 10-2〉 참조).

2) 포괄적 진화론의 요청

프리드리히 니체(Friedlich W. Nietzsche)는 일찍이 《차라투스트라는 이렇게 말했다》(*Also sprach Zarathustra*)에서 다원주의에 대한 비판을 내포한 변형된 진화관을 시사한 바 있다. 외적 환경에 대한 인간이나 생명체의 적응을 중시한 기존의 진화론을 넘어, 일방향적이지 않고, 하나의 유(類)만 포괄하지 않으며, 환경에 대한 소극적 적응에서부터 나오는 것도 아닌 진화관을 제안해 포괄적 진화론의 발상을 피력했던 것이다.

이렇듯 니체에서 단초를 발견할 수 있는 포괄적 진화의 개념을 체계화한 인물은 창조와 파괴가 공존하는 혼돈의 의의를 심도 있게 고찰한 미래학자 토마스 롬바르도(Thomas Lombardo)였다. 지난날 질서를 어지럽히고 사회적 혼란을 야기하며 불안정하고 병리적인 상태로서 규정된 혼돈(*chaos*)에 대한 지적 관심이 매우 소극적이었다고 역설한 롬바르도는 "카오스가 질서를 주도할 수 있으며 반대로 질서가 카오스를 이끌어갈 수 있다"고 주장하였다(Lombardo, 2001). 동시에 그는 세계를 질서 잡힌 상태로 이해하기보다 각기 별도의 패러다임으로 설명 가능한 이질적인 상황으로 인식하고자 했다. 이 같은 롬바르도의 논의는 문명의 진화 양상을 가장 폭넓은 관점에서 조망할 수 있는 시각을 제공한다. 과잉, 불확정성, 유동성을 특징으로 하는 현대사회는 안정과 극적인 변화가 리드미컬하게 진화를 구성하는 기간으로, 때때로 혁명적 변화를 동반하는 시대로 규정할 수 있다. 그러한 변화의 주체를 인간으로만 상정하게 되면 융합문명에서 일어나는 사회의 변화를 충분히 포착하기 어렵다. 따라서 인간적 측면에서의 진화뿐만 아니라 우주적 진화, 시간의 진화, 나아가 진보의 진화론까지를 포함한 포괄적 진화 모형이 현 시점에서 융합문명으로의 향진을 포착할 수 있는 가장 합당한 시각이라고 판단된다.

6. 소결: 융합 엔트로피의 축소

융합문명에서 발생하는 다양한 문제점들을 극복하기 위한 가장 핵심적인 과제는 융합문명화 과정에서 발생하는 혼돈, 즉 융합 엔트로피를 적절히 규제하는 일이다. 즉 질서보다 무질서, 확실성보다는 불확실성을 특징으로 하는 융합문명에서의 잉여의 문제는 엔트로피의 축소를 필수적으로 요청하는데, 이를 위해서는 인류 역사의 산물인 문화의 잠재력을 최대한으로 활용하는 것이 바람직하다고 본다.

미디어 융합은 소통의 혁명적 확충을 초래하고 있다. 미디어 융합은 우리에게 수많은 플랫폼을 손에 들려줌으로써 새로운 매체의 주체를 생성하고 있다. 그 결과, 융합적 속성에 기반한 새로운 문화적 논리가 형성된다. 그런데 '차이를 만들어내는 놀라운 기계'로 정의되는 문화는 아직도 세계적으로 불균등하거나 차별적으로 존속한다. 따라서 융합문화의 가능성은 이질적인 문화나 언어생활에 관한 차이가 용인된 행위자들이 국경을 넘어 새로운 관계를 형성할 수 있는 코즈모폴리터니즘 정신을 통해 구현될 수 있으리라 본다(Beck, 2002, 2006; 김문조, 2009).

이때, 다양한 문화적 혼융을 전제로 하는 코즈모폴리터니즘의 발현은 순탄한 이행이나 대체가 아니라 대립과 갈등을 수반하는 역동적 과정임을 숙지할 필요성이 있다(Beck, 2002; Appiah, 2009). 질서와 혼돈이 뒤엉킨 융합문명 내에서 야기될 불화의 늪을 넘어서기 위해서는 문화적 깊이와 다양성을 최대한으로 감안한 융합적 합리성이 발양되어야 할 것이다.

융합적 합리성은 근대적 합리성과 탈근대적 합리성의 접점에서 모색될 수 있으리라 본다. 융합문명에 관한 사회적 합리성 논쟁에서는 이성의 장막 뒤로 물러났던 감정, 상상력, 환상 등과 같은 요소들을 복권시키는 일이 요구된다. 근대성을 특징짓는 이성, 진보, '자연의 수학화'에 바탕이 되는 배제의 논리에 따른 이성적, 확정적, 체계적 분류나 일관성 및 명판성으로는 수많은 플랫폼을 손에 쥐게 되어 엄청난 소통의 확장이 실현된 융합시대의 '합당성'을 쉽사리 포착할 수 없다. 또 산업자본주의와 맞물려 있는 근대성이나 합리성 문제를 놓고 볼 때, 도구적 합리성 혹은 기존의 의사소통 합리성과 같은 것으로 귀착되는 합리성 개념만이 합당하다고 강변할 근거도 미약하다. 융합사회가 종전의 개방체계를 넘어선 초개방적 체계임을 고려할 때, 더구나 향후의 사회진화가 인간이라는 유적 경계를 초월한 포괄적 진화여야 함을 감안한다면, 융합문명 시대의 합리성은 미디어 생태계를 주축으로 한 생활세계의 새로운 변화상에 대한 진지한 성찰에 의거해 도출되어야 할 것이다.

제11장

융합시대의 정책적 구상

1. 융합시대의 미디어 정책

미디어 융합시대의 의사소통은 누가, 누구에게, 언제, 어디서, 어떤 내용의 메시지든 다양한 경로나 방식으로 주고받을 수 있다는 점에서 '전재성'(*ubiquity*)을 지향한다. 그러나 소통기회의 확장은 혼돈·갈등·불신을 조장함으로써 사회불안이 팽배한 고(高) 엔트로피 상황을 유발하기도 한다. 참여성, 공유성, 개방성을 특징으로 하는 Web 2.0 시대로의 진전과 더불어 미니홈피, 트위터, 페이스북과 같은 경박단소(輕薄短小)형 소셜 미디어가 성행하고 있다. 또 위키피디아와 같은 집

* 이 장의 전반부는 2011년 〈담론201〉 14권 3호에 실린 김문조의 논문 "융합시대의 미디어 정책: 목표와 방향"을 수정·보완한 것임.

단 지식의 창출로 소통의 질이 향상되고 있으며, 소통 당사자들도 주어진 메시지를 받아들이는 수동적인 존재에서 메시지 생성과 전달에 능동적으로 관여하는 주체적인 존재로 변모하고 있다. 그러나 방송과 통신이 결합하고, 소통공간의 활용성이나 이동성이 강화되며, 첨단 소통도구들을 능숙하게 다루는 영민한 이용자들이 늘어나면서 사회적 경쟁, 충돌, 불화와 같은 부작용들이 속출하고 있다.

물적 생산력 확장이 국가발전의 최대 과제였던 산업사회에서는 자원의 효율적 동원이나 배분을 통한 경제위기(*economic crisis*)의 극복이 국가의 최우선 과제였고, 사회갈등의 해소나 통제가 긴요한 사회적 과제로 대두한 탈산업사회에서는 상충하는 집단적 이해의 조정을 통한 정당성 위기(*legitimation crisis*)의 해소가 공공정책의 핵심이었다. 그러나 정체성 위기(*identity crisis*)가 부각될 미래사회에는 주체적 생활역량을 제고할 수 있는 생활정치적 비전과 실천전략의 개발이 공공정책의 핵심이 되어야 한다. 특히 디지털 기술을 기반으로 한 미디어 융합으로 사회적 긴장이 고조될 가능성이 큰 융합시대의 미디어 정책은 자율성이나 관용성에 입각한 융합적 합리성의 증진으로 '삶의 수준'(*level of living*)이나 '삶의 질'(*quality of life*)을 넘어 '삶의 의미'(*meaning of life*)를 진작시키는 데 역점이 주어져야 할 것으로 본다.

1) 한국 미디어 정책의 개관

미디어 정책은 여타 공공정책과 마찬가지로 당대의 정치적, 경제적, 사회적, 문화적, 기술적 요인들이 복합적으로 개재된 결과라고 할 수 있다. '언론정책'이라는 용어로 대변되어온 한국의 미디어 정책 역시 신문-방송-인터넷으로 이어지는 중심 매체의 이동을 중심으로 한 복합적 환경 변화의 소산으로 간주된다.

정치권력의 위력이 막강했던 초창기 한국사회의 언론정책은 '언론 길들이기'를 자행한 정부의 통치적 의도에 의해 좌우되었다. 이승만 정부나 박정희 정부는 신문을 친정부적인 것과 그렇지 않은 것으로 구분해 정부에 비판적 자세를 취한 신문에 제재를 가했으며, 때로는 신문을 정부의 홍보, 선전 수단으로 이용하기도 했다. 신문에 이어 주류 매체로 등장한 방송에 대해도 마찬가지였는데, 그 점은 제 5공화국 정부가 통치적 정당성을 확보하기 위해 1980년에 시행한 언론통폐합과 같은 일련의 강압적 정책들에서 직시할 수 있다(김민환, 2002).

1980년대 중반 이후 민주화 시대에 들어서면서 한국의 방송정책은 방송이 이용하는 전파가 공적 자원이라는 주장 및 주파수 희소성의 원칙을 내세워 공공성과 공익 실현을 강화하는 쪽으로 규제 방향을 전환하였다. 더구나 직소력(直訴力)이 큰 방송에 대해서는 공익성 원리를 엄격하게 적용해 진입규제, 소유규제, 내용규제 등을 부과하였다(한진만·박천일 외, 2002). 통신매체에 대해서도 공공성이나 공익성 원리가 강조되었다. 따라서 통신업계에 자연독점권을 보장해주는 대신, 진입규제와 독점보호 그리고 보편적 서비스의 달성을 위한 요금규제 등을 시행하였다(김영주, 2004).

이처럼 지난날 한국 미디어 정책의 성격은 기본적으로 통제적이었다. 그러나 인터넷을 기반으로 한 뉴미디어의 등장은 종전의 통제 위주의 언론정책의 변경을 요구해왔다. 다양성, 중층성, 분산성, 우발성 등을 속성으로 하는 뉴미디어에 대해서는 규제에 관한 일률적인 원칙이나 기준을 부과하기 어려울 뿐 아니라 규제의 가능성과 실효성에 대한 검증도 용이하지 않기 때문이다. 또 가속적 기술 혁신 및 뉴미디어 사용자들의 역량 증진으로 규제 제도와 현실과의 격차가 증폭되고 있는데, 이러한 '정책적 지체'(*policy-lag*) 현상은 미디어 융합 추세와 함께 심화될 것으로 예상된다. 요컨대, 기술사회적 변화와 더불어 기존의 언론정책의 적합성이 날로 퇴색하고 있어 정책적 혁신이 절실히 요청되는 실정이다.

미디어 선진국들은 이미 이러한 상황에 발 빠르게 대처해왔다. 정책적 강조점이 다르기는 하나 그들은 규제완화를 공통적으로 추구해왔다. 세계 어느 나라보다 신속히 방송통신융합에 대처한 영국은 2003년 방송법과 통신법을 통합한 '커뮤니케이션법'(*Communication Act*)을 제정하고 규제기관을 일원화한 OFCOM을 출범시켰다. 미디어 및 커뮤니케이션의 통합화와 디지털화에 따른 탈규제정책의 결정판이라고 할 수 있는 커뮤니케이션법은 '최소 규제의 원칙'(*Light Touch Regulation*)을 천명하면서, 자율규제하에 모든 사업자들이 공정하게 경쟁할 수 있는 미디어 환경을 조성하고자 했다. 미국 역시 핵심적 규제기구인 FCC를 설립한 후, 1996년 '경쟁과 시장개방'을 촉진하는 텔레커뮤니케이션법의 제정을 통해 미디어 융합시대에 대비한 법률체계의 정비를 도모하였다. 규제완화적 정책 기조하에 경쟁원리를 도입함으로써 미디어 경쟁을 활성화하고자 했으며, 업계가 자율규제를 채택하는 것을 적극 권장하면서 정부의 간섭을 최소화하고자 했다.

이러한 선진국들의 조처에 부응해 우리나라에서도 기존의 통제 중심적 미디어 정책을 탈피해야 한다는 견해가 부단히 제기되어왔다. 지난날 우리의 미디어 정책은 그 대상을 주로 미디어 사업자로 삼았다. 따라서 미디어 이용자들을 미디어 행위의 주체로 여기기보다 단순 소비자 혹은 미디어 사업자가 전달하는 것을 그대로 받아들이는 수동적 수용자로 간주하는 인식이 지배적이었다. 이는 신문, 잡지, 라디오 혹은 텔레비전과 같은 일방향적 매스미디어가 풍미하던 시절에 형성된 사고의 잔재라고 본다. 하지만 융복합 기능을 갖춘 첨단 뉴미디어의 출현, 특히 정보의 생산-전달-향유를 동시적으로 수행할 수 있는 생비적(*prosuming*) 1인 미디어의 약진과 더불어 미디어 경관(*media-scape*)이 급변하고 있다. 더구나 '융합'이라는 개념으로 축약할 수 있는 사회체계의 제도적, 구조적, 문화적, 의식적 메가트렌드는 미디어 정책의 목표나 실천전략에 대한 혁신의 당위성을 높여주고 있다.

2) 미디어 정책의 새로운 방향

미디어 융합으로 인한 소통질서의 변화와 그로 인한 사회환경 및 사회의식의 변화는 새로운 미디어 정책의 필요성에 대한 폭넓은 공감대를 형성하면서 그 추진방안이나 실천전략에 대한 제안들을 고취하고 있다. IPTV와 같은 새로운 형태의 매체를 규정하는 문제, 규제기관의 통합 문제, 진입규제, 소유규제 등에 관한 저간의 논의들이 그 대표적 사례에 속한다(김문조, 2008). 이런 과정에서 대안적 정책 목표나 전략의 성격을 좌우할 기본 정책의 방향 정립이 선행되어야 할 과제로 떠오르고 있다.

(1) 정책적 지향점

미디어 융합사회는 매체 사용의 기회구조를 확장하는 반면 정보 선택의 어려움을 가중시키는 정보과다(*information overflow*) 상황을 야기할 위험성을 동반한다. 따라서 불확실성이나 혼돈 극복을 위한 소정의 규제가 불가피하다. 하지만 새로운 미디어 정책은 개방성, 공유성, 참여성이라는 뉴미디어의 기본 속성을 감안해야 함은 물론이요, 이성적 차원을 넘어선 감성적 차원까지를 포괄하는 확장된 소통성을 지향해야 한다. 따라서 자율적 규제론이 새로운 미디어 정책의 근간이 되어야 한다고 여겨진다. 그런데 자율규제는 시장요인을 약화하는 과도한 공적 규제의 완화나 제거를 목표로 하는 탈규제(*deregulation*) 혹은 국가기구로부터의 독립을 의미하는 비규제(*un-regulation*)와 개념적으로 구별될 필요가 있다. 자율규제는 규제 자체를 거부하거나 해체하는 것이 아니라 규제 행위의 주체나 방식을 개선하자는 것으로, 공적 규제와 별도로 존속하는 것이 아니라 화합적으로 공존할 수 있다.

자율규제는 국가가 아닌 개인, 기업 혹은 민간기구들이 규제의 주체가 되는 것으로, 이는 정보화와 세계화의 확산에 따른 지배양식 변화의 일환이라고 할 수 있다. 정보화는 정부, 기업, 시민사회라는 국가운영 주체들 간의 관계구도를 변화시켜 산업화 시대에 풍미하던 국가 중심의 통치양식을 넘어선 사이버 거버넌스라는 협력적 규제 양식을 고취하게 된다. 사이버 거버넌스하에서는 국가기구나 시장의 통치 기능이나 역할이 감소되는 반면 시민사회의 중요성이 부각된다. 따라서 자율적 미디어 정책의 구상 과정에서는 개인 혹은 집단적 존재로서의 시민의 소통적 역량 강화에 역점이 주어져야 한다고 본다.

지난날 한국의 미디어 정책은 미디어 시장에 대한 정부의 독점적 규제를 중심으로 이루어졌다. 융합미디어에 대한 규제 논의들도 기존 혹은 신생 미디어 기업에 대한 국가의 통제에 관한 것이 대부분이었다. 하지만 국가-시장이라는 이원 체제가 주류적 시각이었던 과거와 달리 국가-시장-시민사회의 삼분 모형이 학계 안팎으로 각광받는 이즈음, 자율규제론을 근간으로 하는 새로운 미디어 정책을 구상함에 있어 시민사회에 대한 배려가 필수적이라고 여겨진다. 융합시대에 미디어 세계의 주역으로 등장할 시민은 급변하는 미디어 환경에서 자율규제에 적극 동참해 미디어 세계를 감시하는 역할에 진력해야 하며, 국가는 시민사회를 공적 규제나 보호의 대상이 아닌 미디어 활동의 능동적 행위주체로 인정하여 자율적 환경조성을 위한 정책 개발에 주력해야 한다.

미디어 융합시대에 소통행위의 새로운 주체로 부상한 시민은 이제 더 이상 과거의 수동적 시민이 아니다. 미디어 기술과 지식이 보편화하고 정보 생산과 소비의 경계가 사라져 미디어 전문가들이 독점해왔던 기능에 관여하는 일반인들의 소통 역량은 날로 향상되고 있다. 예컨대 블로그나 인터넷 개인방송 등을 통해 자신이 선정한 의제에 관한 뉴스나 정보를 지구 전역으로 전파하고 세계인들과 교류하면서 엄청난 영향력을 행사하는 일반인들이 늘고 있다. 여기에는 거대하고 복잡한 기술이 아닌 노트북, 휴대폰 혹은 스마트 기기와 같은 간편한 개인적 소통 도구들이 결정적 역할을 담당해왔음은 물론이다.

시민사회의 위상 변화는 미디어 정책을 입안하는 국가가 그들을 이전과 다른 시각으로 바라보아야 함을 의미한다. 경제적 이해갈등의 해소가 관건인 노동정책의 경우 노 · 사 · 정 3자 간의 대타협이 강조되어왔지만, 소통 증진을 목표로 하는 융합시대의 미디어 정책에 있어서는 핵심 주체들 간의 협상, 타협, 조정의 차원을 넘어선 설득과 조율이 중시된다. 따라서 시민들은 단순한 협상의 대상이 아닌 설득과 조율의 파트너가 되어야 한다. 조율이란 국가권력에 의해 조정당하는 것이 아니라, 행위주체들이 자체적 원칙과 기준하에 정책적 이슈에 주체적으로 대처하는 능동적 행위를 말한다.

요컨대, 융합사회로 이행하면서 기존의 규제중심적 정책이 적합성을 상실하게 되는바, 새로운 소통질서의 창출을 위해서는 자율적 규제론에 입각한 대안적 미디어 정책이 강구되어야 할 것이다. 동시에 그것은 급속한 정보통신기술의 발전에 부응해야 하고, 미디어 주체로 발돋움하는 시민사회의 역량을 적극적으로 반영해야 하며, 감성사회, 유동사회, 질주사회와 같은 새로운 시대적 동향에 부응할 수 있는 정책적 유연성도 겸비해야 한다. 따라서 빅브라더로 대변되는 중앙집중적 규제체제보다 성숙한 시민의식을 전제로 하는 대안적 규제체제가 바람직한데, 이는 감시와 처벌 위주의 강제적 규제를 최소화하고 시민사회의 자율적 의사결정권을 강화함으로써 확립될 수 있다고 본다.

(2) 시민적 책무의 증가: 모든 사람이 의사소통의 수문장

미디어 수문장(*gatekeeper*)이란 각종 메시지가 들어오고 나가는 언로의 관문을 지키는 문지기를 뜻한다. 그런데 전통적 미디어인 신문이나 방송에서 기사와 방송 내용을 선택하고 편집하던 수문장의 의미가 생산자와 소비자 구분이 약화되어가는 융합사회에 들어서면서 크게 변모하고 있다. 언론기관에 소속된 전문 언론인은 물론이요 메시지의 경로에 영향을 미칠 수 있는 어느 누구든 수문장에 포함될 수 있는데, 그러한 사실은 새로운 통신정책의 핵심을 이루는 자율적 규제론의 당위성을 높여 준다.

더구나 디지털 기술의 발달로 이제 개인들이 단순한 문지기 역할을 넘어 공급자인 저널리스트 역할에 동참하게 되는 새로운 미디어 환경이 조성되고 있다. 인터넷의 등장으로 일반인들도 블로그 등을 통해 뉴스를 생산할 수 있다. 이는 아마추어인 일반인들도 기자나 방송인과 같은 전문직이 수행해온 일들을 담당할 수 있음을 의미한다. 《우리가 미디어다》(*We, the Media*)의 저자 댄 길모어(Dan Gillmor)는 미래의 저널리즘은 풀뿌리 저널리즘(*grassroots journalism*)이 될 것으로 단언한다. 그는 기본적으로 강의형(*lecture-type*)인 기존 뉴스 전달방식은 수용자의 피드백에 무관심했지만, 블로그를 이용한 풀뿌리 저널리즘에서는 언론사의 견해가 아닌 독자의 목소리가 크게 반영될 것이라고 말한다. 한마디로 모두가 저널리스트가 될 수 있는 시대로 접어들고 있다는 것이다. 실제로 블로거들은 9·11 테러나 이라크 전쟁과 같은 대사건으로부터 개인적인 호기심을 자극하는 신변잡기적 소재에 이르는 다양한 정보를 블로그로 전달하거나 카페에 올리고 있는데, 이러한 정경은 미디어 융합과 더불어 보다 전면화하고 있다. 정해진 시간과 형식하에서 메시지를 송출하던 올드미디어와 이동성·실시간성·상호작용성을 지닌 뉴미디어가 조우하면서 기존에 웹상에서나 떠돌던 이야기가 올드미디어를 통해 많은 사람들에게 전달되고, 기존 미디어에서 다루지 않은 내용들이 인터넷을 통해 순식간에 전파됨으로써 대중적 메시지의 파급력이 급등하고 있다.

미디어 융합이 형성하는 새로운 소통공간에서 일반 사람들이 저널리스트 역할을 수행할 수 있게 되면서 종전에 접하지 못하던 다양하고 풍부한 정보를 향유하게 되리라는 점은 부인할 수 없다. 하지만 이전의 그것과는 질적으로 판이한 새로운 미디어 환경에서 유익한 정보를 선택하고 검증하고 걸러내는 방안이 제도적으로 완비되지 못하고 있어 수문장 활동이 지속적으로 요구된다. 이때, 관료, 기업가 및 전문가와 같은 사회지도층 문지기들이 유통되는 정보에 관한 접근과 소통을 통제하는 일을 독점하는 것이 부적절하다고 생각하는 일반인들은 미디어 융합시대의 새로운 가치나 윤리 기준에 준거해 수문장으로 동참하기를 원한다. 또한 그럼으로써 참여 · 공유 · 개방을 지향하는 새로운 소통공간에서 주체적 지위를 강화할 수 있으리라 기대한다.

실제로 수문장으로서의 일반인은 때때로 미디어 전문가들보다 더 다양한 시각에서 소재를 선택하고, 현장감 있는 보도를 통해 정보의 가치를 제고하거나 정보의 중요도를 식별해낼 수 있다. 더구나 이런 작업은 밀폐된 공간에서 소수에 의해서가 아니라 개방적 공간에서 다수에 의해 투명하게 이루어지기 때문에, 핵심 권력자의 위세나 소수 집단의 편견으로 인한 의사소통 정보의 왜곡이 지양될 가능성도 크다. 따라서 국가는 일차적으로 시민 각자가 올바른 수문장 역량을 갖출 수 있는 미디어 환경을 조성하는 데 진력해야 한다. 그러나 흘러넘치는 과잉정보나 정보혼돈의 상황에서 시민들은 능동적이고 자율적인 수문장이 아니라 방관자적인 소비자로 전락할 위험성이 상존한다. 뿐만 아니라 사적 기업 권력이 신문이나 방송계를 넘어 인터넷이나 새로운 융합미디어 세계를 장악하려는 시도도 도처에서 감지되고 있다. 따라서 국가는 시민적 자율성의 강화와 더불어 국가 기구나 시장권력에 의해 자행되는 의도적 폐해를 차단할 수 있는 보완책 마련에 부심해야 할 것이다.

3) 대안적 정책모형

정보통신 분야에서 나타나는 일련의 변화들은 발전적인 가능성과 문제점을 동시적으로 시사한다. 특히 기술적 측면에서의 미디어 융합과 사회문화적 측면에서의 소통성 확장이 변화의 기축을 이루는 최근에 이르러 복합적 변화의 진폭은 보다 확장될 것으로 예상된다. 따라서 기존 방송통신정책은 새 시대에 걸맞은 형태로 개편되어야 할 것이다. 이때 시민사회의 위상 변화에 상응한 개선책이 적극 모색될 필요가 있는데, 여기에 대해서는 앞서 자율적 규제론이라는 대원칙을 제시한 바 있다. 요컨대, 소통의 장을 넓혀 보다 자유로운 의사표현 및 교감을 원하는 국민 다수의 소통적 욕구를 만족시킬 수 있는 자율적 규제론에 정책적 초점이 모여야 한다.

이러한 입장을 감안해, 본 절에서는 새로운 정보통신정책의 요체에 해당하는 '미디어 관여 모형'(MEM: *Media Engagement Model*)을 제시하고자 한다. 이는 시민들이 미디어 행위에 적극적으로 동참해 합당한 판단을 내릴 수 있는 자율적 역량을 전제하는 정책모형으로, 그 구상 과정에서는 '과학대중화 모형'(PUS: *Public Understanding of Science*)에서 '과학에 대한 대중의 관여 모형'(PES: *Public Engagement of Science*)에 이르는 과학기술사회학의 최근 논쟁들을 널리 참작하였다.

(1) 미디어 관여 모형

① 과학대중화 운동

지식의 역사를 되돌아볼 때, 근대사회로의 전환은 사람들로 하여금 객관적 진리를 추구하는 과학을 이성적 사고의 전형으로 간주하게 했다. 따라서 과학은 전문적으로 훈련을 받거나 탐구하는 과학자들에게 소여된 것으로 인식되어, 일반인들은 과학 담론에서 배제되었다. 그러나 과학지식의 잠재적 수혜자인 일반인들의 호응이 따르지 않고는 지속적인 과학 발전이 사실상 불가하므로, 많은 국가에서 일반인들의 과학지식이나 과학의식을 향상시킬 수 있는 정책 방안들이 출현하게 되었다. 과학대중화론으로 알려진 영국의 과학정책은 바로 그 전형적인 사례라고 할 수 있다.

영국의 왕립협회(The Royal Academy)는 일반인들을 위한 강연을 마련해 과학지식을 과학자 공동체 밖으로 전파하고자 일찍부터 애썼다. 19세기에 들어 영국은 기계학 학교(Mechanics Institute) 운동 등을 통해 과학대중화 제도를 마련하고자 했고, 이를 통해 일반인들이 과학지식을 실질적으로 가까이할 수 있었다. 하지만 그것은 일반인들이 과학 담론에 적극적으로 참여할 수 있도록 기획된 것은 아니었다. 과학에 대해 일반인들이 지녀야 할 최소한의 소양을 교육하여 과학 발전에 관한 이해를 제고하려 했던 것이 주목적이었다. 요컨대 일반인은 과학적 측면에 관한 한 주체적 행위자가 아니라 그에 대한 지식을 주입받고 이해함으로써 과학 발전의 지지자가 되어야 하는 깨우침의 대상으로 인식되었다.

초창기 PUS 모형은 이러한 논법에 의해 구성되었다. 물론 국가 발전에 대한 요청에 따른 대중의 과학이해 필요성을 주장하는 선을 넘어, '일상생활의 과학적 이해' 또는 위험 관리의 측면에 과학대중화가 중요하다는 점들이 강조되기도 했다. 그러나 기본적으로 과학에 대해 무지한 일반인은 과학지식을 습득하고 받아들여야 하는 대상으로 인식되었다는 점에서 PUS 모형은 19세기 과학대중화론의 연장선상에 있었다고 말할 수 있다.

근자에 이르기까지 반복적으로 제기되어온 PUS 모형은 1990년대 들어 큰 전환을 겪게 된다. 앞서 언급한 대로, 초창기 PUS 모형은 대중을 수동적인 행위자, 그리고 과학에 대한 '인지적 결핍 상태'에 놓여 있는 무지한 존재로 가정하였다. 전통적 PUS 모형이 '대중적 수용 모형'(*Public Acceptance Model*) 또는 '결핍 모형'(*Deficit Model*)이라고 불리는 것은 바로 그 때문이다(김동광, 2003).

이러한 전통적 PUS 모형은 한동안 크게 문제시되지 않았다. 지적 특권을 가진 과학 전문가들이 그렇지 않은 대중들에게 일방적으로 지식을 전달하고 주입시키는 데 큰 반론이 제기되지 않았던 까닭이다. 그러나 차세대 PUS 연구가들은 전통적 과학대중화론에 내재한 한계, 즉 대중이 수동적인 존재로 상정되었다는 점을 비판하고 기존 모형의 한계를 넘어서고자 했다. 그들은 사회와 과학기술의 관계에 주목하는 구성적 PUS 모형을 대안으로 제시하였다. 구성적 PUS 모형의 핵심 인물로는 네덜란드의 기술사회학자 비베 바이커(Wiebe E. Bijker)를 들 수 있는데, 그는 트레버 핀치(Trevor Pinch), 토마스 휴즈와 함께 작업한 《기술체계의 사회적 구성: 사회학과 기술사의 새로운 방향》(*The Social*

Construction of Technological Systems: New Directions in the Sociology and History of Technology, 1989)과 《과학 기술은 사회적으로 어떻게 구성되는가: 자전거, 형광등, 미사일, 전기자동차, 항공기의 성장사를 통해 본 현대사회》(*Of Bicycles, Bakelites, and Bulbs: Toward a Theory of Sociotechnical Change*, 1995) 등의 저작을 통해 구성적 PUS의 방법론을 상술하였다. 1970년대 초 나타난 과학지식사회학(SSK: *The Sociology of Scientific Knowledge*)이 과학지식의 해석적 유연성(*interpretive flexibility*)을 강조한 것이라면, 1980년대에 등장한 구성적 PUS 모형은 지식 너머의 문제까지를 고려하려는 것이라고 할 수 있다. 구성적 PUS 모형은 기술 중심주의를 비판하고, 단선적이며 목표지향적인 학문 경향을 거부하였으며, 앎과 삶의 구성 자체가 사회현실이나 사회 집단들 간의 이해관계에 의해 이루어진다는 관점을 강조했다. 즉 과학지식의 절대성과 순수성에 반기를 들고 대중을 광의의 과학사회학적 네트워크에 안착시키고자 한 것이다.

②미디어 관여 모형

전통적 PUS 모형에서 구성적 PUS 모형에 이르는 과학기술의 대중적 확산에 관한 지금까지의 논쟁은 '미디어 관여 모형'이라는 새로운 정책 모형을 제안하기 위한 단초를 제공한다. 미디어 관여 모형은 미디어와 그 행위주체와의 관계에 관한 것으로, 그 범주는 크게 다음 세 가지로 구분된다. 전통적 PUS 모형과 기본적 입장을 공유하는 미디어 이해 모형(PUM: *Public Understanding of Media*), 구성적 PUS 모형과 성격이 유사한 미디어 지각 모형(PAM: *Public Apprehension of Media*), 그리고

〈그림 11-1〉 대중의 미디어 이해 모형(PUM)과 그 후속적 발전

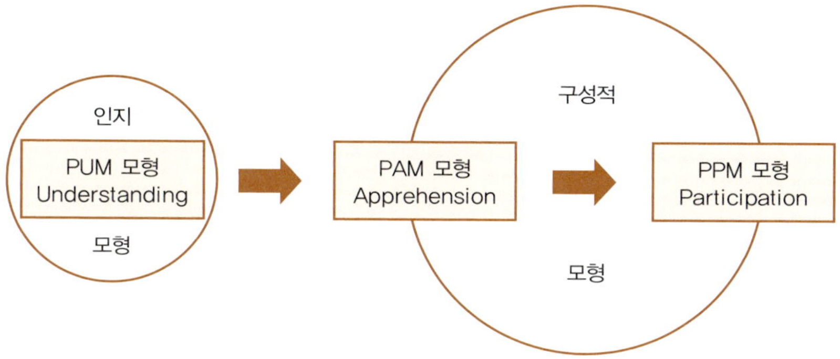

실천적 행위까지를 포함한 보다 포괄적 구성론으로서의 미디어 참여 모형(PPM: *Public Participation of Media*)이 그것이다. 이를 도식화하면 〈그림 11-1〉과 같다.

PUM 모형에 따르면 일반대중은 전문가들로부터 주어지는 미디어에 대한 지식을 습득하고 그러한 식견을 통해 미디어 산업을 지지 혹은 지원할 수 있어야 한다. 하지만 그것은 미디어 전문가 혹은 미디어 권력자들의 전횡을 감시하고 비판할 수 있는 주체적이고 적극적인 미디어 주체들의 양성을 뜻하는 것이 아니다. 대중은 여전히 수동적인 미디어 수요자나 소비자로만 간주되기 때문이다. 따라서 지식 습득 위주의 인지적 차원을 강조하는 이해 모형은 폭넓은 차원의 분별력을 지시하는 대중의 미디어 지각(PAM: *Public Apprehension of Media*) 모형으로 전환될 필요가 있으며, 이는 궁극적으로 대중이 미디어에 직접 참여해 현실에 능동적으로 대처하는 대중의 미디어 참여(PPM: *Public Participation of Media*) 모형으로 외연될 수 있으리라 본다.

이때 PUS 모형과 PUM 모형 사이에 소정의 간극이 존재한다는 점에 유념할 필요가 있다. 과학이 사회적으로 구성된다는 주장이 수용되는 데는 오랜 시간이 걸렸으나, 범용성이 높은 미디어의 경우 사회와의 연관성은 별도의 논쟁이 불필요할 정도로 명백하다. 미디어가 사회, 문화, 정치, 경제 등 복합적인 요소로부터 콘텐츠를 얻고 이야기를 구성하며 이들이 가시적 사회생활의 다방면에 영향을 끼친다는 것은 주지의 사실이다. 그럼에도 불구하고 PUM 모형이 미디어 정책을 논의하는 데 유효한 출발점에 될 수 있는 이유는 PUS가 상정했던 대중과 과학 사이의 관계가 종전의 대중과 미디어의 관계와 역사적으로 매우 흡사하다고 생각되기 때문이다.

③누구에 의한 어떤 관여인가?

오늘날 미디어 세계의 일반인들은 과거의 단순한 소비자, 소극적 수용자의 입장에서 벗어나 보다 적극적이고 주도적인 역할을 담당하는 존재로 변모하고 있다. 이는 일반인들의 요구에 의한 것이기도 하지만, 미디어 세계의 변화에 따른 결과이기도 하다. 때문에 PUM 모형에 입각한 기존의 미디어 정책은 더 이상 적절치 못하다고 본다. 이러한 점은 앞서 언급한 PAM, PPM 모형을 도입함으로써 부분적으로 해소될 것으로 기대된다. 그러나 PUM에서 PAM, 그리고 PPM으로 이어지는 일련의 전환은 행위 차원에 대해서는 타당성을 지닐지 몰라도 대중이라는 단일한 행위주체만을 상정한다는 점에서 한계를 지닌다. 따라서 행위를 넘어 행위주체 및 행위의 대상이 되는 미디어까지를 고려함으로써 미디어 관여론에 대한 논의를 획기적으로 진작시킬 수 있을 것이다.

가. 행위의 차원

디지털 기술의 발달과 융합시대의 도래에 따라 급변하는 미디어 세계 속에서 미디어에 대한 시민사회의 영향력은 날로 커지고 있다. 그들은 미디어 정보를 인지적으로 이해하는 데 그치지 않고 문화적으로 지각하며 행동으로 실천하는 다각적 양상을 보인다. PUS 모형이 '사실에서 논쟁으로', 나아가 '과학논쟁에서 사회논쟁으로' 쟁점을 전환했던 것과 마찬가지로, PUM 모형의 다변적 확장은 '미디어 기술 자체에서 일상적 행위의 측면으로', '미디어 기술 논쟁에서 사회 속의 미디어 기술 논쟁으로' 논의의 폭을 넓혀가고 있다. 매체철학자 레지스 드브레(Regis Debray)는 매체가 사상을 매개화하는 방식에 물질적·기술적 조건과 사회적·조직적 조건이 관여되고 있다고 주장한다. 그는 "어떠한 메시지도 자력으로 시간과 공간을 통과할 수 없다"고 단언한다. 이는 곧 특정 매체가 지닌 사회성, 요컨대 사회체계와의 연계성을 의미한다. 뿐만 아니라 같은 문제를 행위자네트워크 이론의 관점에서 바라보면, 미디어 네트워크 속에서는 미디어 기술도 하나의 행위자로 존재하며 대중 역시 하나의 주체적 행위자로 간주된다. 이들 모두는 사회 속의 개인이 구사하는 미디어 행위양식의 중요성을 강조하는 것이라고 할 수 있다.

미디어 대중화론의 원초적 형태에 해당하는 PUM 모형에서 '이해'(U: *Understanding*)가 의미하는 바는 미디어에 대한 인지적 사고를 뜻한다. 대중은 여러 형태의 교육이나 미디어 활용과정을 통해 미디어와 접촉하면서 인지적 차원에서의 지식을 강화하게 된다. 하지만 그러한 지식은 쉽사리 다른 형태로 전환되거나 실행되지 못한다는 한계를 지닌다. 이와 달리 PAM 모형에서의 '지각'(A: *Apprehension*)은 정서적 측면까지 포함하는 보다 맥락적이고 문화적인 것을 의미한다. 이해 모형에서 대중이 미디어에 대해 알게 하는 것이 정책자나 미디어 전문가들의 최종 목표라면, 지각 모형에서의 대중은 자신이 처해 있는 상황이나 소속해있는 집단에 따라 미디어를 맥락적, 통합적으로 체험하면서 서로 교감을 나누는 존재로 인식된다. 한편, PPM 모형에서의 '참여'(P: *Participation*)는 미디어에 대한 실천적 관여를 의미한다. 이때 참여는 의식적 차원 및 실행적 차원을 망라한 다양한 방식으로 구분 가능하다.

나. 주체의 차원

미디어 대중화 모형의 확장은 행위적 측면에서는 물론, 행위자 차원에서도 식별할 수 있다. 사실상 오늘날 사회를 구성하는 모든 사람들을 대중이라는 단일한 범주로 귀속시키는 것은 집합체의 성격을 지나치게 단순화한 것이라고 여겨진다. 사회 속에서의 사고방식과 행위양식에 따라 어느 집합체든 대중, 다중 혹은 공중이 될 수 있다. 뿐만 아니라 총체적 분별력에 따라 집합체는 총명한 현중과 몽매한 우중으로 분류되기도 한다. 이상과 같은 여러 형태의 집합체 특성들을 간략히 요약하면 다음과 같다.

• 대중 •

오늘날 대중이라는 단어는 매우 일반적이고 보편적으로 쓰인다. 《대중문화와 고급문화》(*Popular Culture and High Culture*)의 저자 허버트 갠스(Herbert Gans)에 따르면 '대중'(*mass*)이라는 용어는 독일어의 'die Masse'에서 유래한 것으로, 이때 mass란 근대 유럽사회의 비 귀족적이고 교육 받지 못한 계층을 지칭한다. 즉 대중은 상류층과는 대비되며 어떠한 사건에 대하여 능동적으로 대응할 능력을 가지지 못한 부류를 말한다. 파레토(Vilfredo Pareto), 모스카(Gaetano Mosca), 미켈스(Robert Michels) 및 밀스(C. Wright Mills)와 같은 엘리트이론가들 역시 대중에 대해 그와 유사한 속성을 부여한 바 있다.

엘리트이론은 한 사회에는 중요한 의사결정을 수행하는 극소수의 지배집단이 있다고 가정한다. 이들 엘리트가 다수의 대중과 유리된 채 그들을 지배한다는 것이다. 보수주의적 엘리트 모형에 따르면 사회체계는 기본적으로 엘리트 간의 경쟁을 통해, 그러나 선거와 같은 합법적 절차에 의해 민주적으로 유지된다. 대중은 신뢰할 수 없고, 가치 있는 실질적 변동을 주도할 능력이 없으며, 따라서 스스로 통치할 수 없는 존재인 까닭이다. 특히 밀스는 대중사회(*mass society*)의 대중을 사회의 저변에 위치한 '기층민'(基層民)일 뿐 아니라, 정치적으로 파편화되어 저항 의지를 상실한 채 매스미디어에 의해 수동적으로 조정당하는 무기력한 존재로 묘사한다. 현대사회에서 매스미디어는 사회화 과정에 깊이 관여해 대중의 실존적 의미를 차단하고 열망 수준을 조정함으로써 참을 수 없는 사회를 참을 수 있는 상황으로 유인하는 탈정치화 효과를 발휘한다. 따라서 매스미디어에 의한 대중 조작이 횡횡하는 사회에서는 합리적이고 자유로운 의사소통이 차단된다.

• 다중 •

파올로 비르노(Paolo Virno)에 의하면, '민중'과 '다중'이라는 두 가지 개념 중 어느 것을 택할 것인가의 문제는 17세기 정치사상계의 핵심적 논제 중 하나였다고 한다. 상기 개념들은 각기 토마스 홉스(Thomas Hobbes)와 바뤼흐 스피노자(Baruch Spinoza)에 의해 제시되었는데, 이들은 근대사회에서 첨예하게 대립하였으나 민중의 승리와 함께 다중은 잠시 자취를 감추고 말았다는 것이다. 홉스는 그의 저작 《시민론》(*De Cive*)에서 "민중은 하나인 어떤 것이다. 즉 민중은 하나의 단일한 의지를 가지고 있고, 하나의 단일한 의지에 귀속되는 것이다"라고 진술했는데, 이는 민중과 국가의 '실존'이 서로 필수불가결한 범주임을 밝힐 때 자주 인용된다. 이에 반해 다중은 "정치적 통일을 기피하고, 복종을 거부하며, 지속가능한 협정을 체결하지 않으며, 자신의 고유한 권리를 주권자에게 결코 양도하지 않기 때문에 법적 인격의 지위를 획득하지도 못하는 존재"로 묘사된다. 스피노자에게는 '영구적 형태'를 가지는 실존적 다수이자 '시민적 자유의 주춧돌'이었던 다중이 홉스에게는 민중과 국가의 존립을 흔드는 위협적 존재로 기피되었던 것이다. 이런 이유로 다중은 개인적 영역으로 치부되어 공적 지위를 박탈당했다. 그러나 비르노는 현대사회의 공적 영역을 성찰할 경우, 민중보다는 다중 개념이 오히려 유용함을 지적한다. 즉 근대사회 또는 자유주의 국가에서 보였던 집단은 민중의 성격에 가까웠을지라도 최근의 현대사회에 존재하는 집단은 다중으로 인식하는 것이 보다 적실하다는 것이다.

다중은 대중에 비해 지성적이고 공중에 비해서는 감성적이다. 그들은 어떠한 현상이나 사실에 대해 각종 매체를 통하여 정보를 수집할 능력이 있으며 이를 바탕으로 의견을 제시할 수도 있다. 하지만 그들은 의견을 이성에 기반하거나 토론의 산물로 제기하는 것이 아니라 감정적이고 감성적으로 제시한다. 또 홉스나 스피노자의 설명대로 다중은 공적 영역보다 사적 영역에 속해왔으며, 궁극적으로 하나의 '거대한 일자'(*homogeneous collective*) 이기를 거부하고 개별적 자유를 추구한다. 이러한 다중의 속성들을 종합해보았을 때 그들의 행태는 '편의주의, 냉소주의, 두려움, 호기심, 잡담' 등의 개념으로 설명할 수 있는데, 이는 다중의 한계와 가능성을 동시에 시사한다.

• 공중 •

하버마스는 인간의 합리성은 의사소통 능력과 담화를 통해 생활세계를 창조할 능력에 내재해 있다고 주장한다. 그는 이상적 발화상황의 기본 속성에 준거해 의사소통 능력의 조건인 '보편적 화용론'(*universal pragmatics*) 을 발전시켰는데, 이는 성공적인 의사소통을 위해 화자와 청자가 화법과 발화 내에서 구사하는 행위에 대한 상호 간의 기대를 조정할 수 있는 능력에 상응한다. 그러한 능력은 궁극적으로 발화자의 '타당성 요구'와 결부되는바, 이러한 접합은 "경험적 사실에 비추어 진리인가", "규범에 비추어 올바른가", "발언자 생각 그대로 진실인가"라는 기준에 의해 이루어진다(Roderick, 1992). 공중은 바로 이러한 합리성을 실현할 수 있는 각성된 다수를 뜻한다.

밀스에 따르면 견제와 균형, 정통성을 가진 모든 권력의 주체가 되는 공중은 민주적 권력의 형평을 유지하는 중추적 역할을 담당한다. 여론의 중심축인 공중은 자유로운 토론을 구사할 수 있다는 특징을 지닌다. 따라서 공중이 주역이 되는 민주사회에서는 그들의 양식이 사회적 규범의 준거가 되며, 그들의 비판적 담론을 통해 사회적 갈등이 조율된다.

(2)총체적 개념도

① 미디어 행위 매트릭스

〈표 11-1〉은 행위양식에 행위자 유형을 교차시킨 매트릭스 형태로 미디어 관여 모형을 분류한 것이다. 세로축은 미디어 행위에 따른 구분이고 가로축은 행위주체자에 대한 구분이다. 따라서 가로축과 세로축이 만날 때에 누가 어떻게 행위하는가를 총괄적으로 이해할 수 있다.

〈표 11-1〉에 제시한 유형들을 통해 알 수 있듯 미디어 관여에 관한 논의에는 다수의 모형이 존재하는데, 이들 중 가장 개연성이 높은 것은 '대중'과 '이해'가 만나는 '대중의 미디어 이해 모형'(MUM), '다중'과 '지각'이 맞물리는 '다중의 미디어 지각 모형'(TAM), '공중'과 '참여'의 접점에서 이루어지는 '공중의 미디어 참여 모형'(PPM)의 종축을 구성하는 모형들이다. 또 복잡하고 다원적인 현대사회의 특성을 고려할 때 삼자 간의 관계를 MUM→TAM→PPM이라는 일방적 경로만으로 규정할 수는 없지만, 궁극적으로 PPM 모형을 지향할 것이라는 주장에 대해서는 큰 이견이 없으리라 본다.

〈표 11-1〉 행위주체와 행위 양식에 따른 미디어 행위 유형

주체 / 행위	대중 (M: Mass)	다중 (T: multitude)	공중 (P: Public)
이해 (U: Understanding)	**MUM**	TUM	PUM
지각 (A: Apprehension)	MAM	**TAM**	PAM
참여 (P: Participation)	MPM	TPM	**PPM**

② 우중과 현중

대중, 다중 및 공중이라는 집합체가 역사적 맥락에서의 존재양식을 감안한 분석적 형태의 집합체 범주에 해당하는 것이라면, 우중(愚衆)과 현중(賢衆)은 현상적으로 쉽게 파악할 수 있는 범속적 형태의 '감광적 개념'(*sensitizing concept*)[1]에 속하는 것이라고 말할 수 있다. 우중이란 주체성을 지니지 못하고 사회에 수동적으로 참여하는 우유부단한 집합체를 말한다. 이에 반해 현중이란 합리성에 기반한 대화를 통해 판단력과 실천력을 연마한 각성된 존재를 의미한다. 앞서 제시한 세 가지 형태의 집합체들 — 대중, 다중, 공중 — 은 모두 우중이나 현중으로 전환될 가능성을 지니고 있을 뿐만 아니라 두 가지 속성을 동시에 겸비하고 있기도 하다. 이런 면에서 우중과 현중은 새로운 집합체에 부여되는 별도의 명칭이 아니라 대중, 다중 및 공중과 같은 집합체들이 변모할 수 있는 가능성을 시사하는 현상적인 개념이라고 말할 수 있다(〈그림 11-2〉 참조).

〈그림 11-2〉는 우중과 현중이 어떠한 방식으로 형성되는가를 개괄적으로 보여준다. 공중, 다중, 대중은 다수의 집합체를 명명하는 단어이지만, 그들 모두의 구성단위가 개인이라는 점에서 이들을 망라하는 선행적 개념으로 일단 개중(個衆, *isolated citizen*)을 상정할 수 있다. 개중이 미디어를 통한 상호접속을 시도하는 경우 연결적 개중은 현중 혹은

1) 감광적 개념이란 완전히 조작되고 정의, 규명된 규정적 개념(*definitive concept*)에 대조되는 개념으로서 일상적 경험에 의거해 관찰자가 방향성을 판단 가능한 개념을 일컫는다(Blumer, 1969). '서민층'이나 '민심'과 같은 것들이 감광적 개념의 적절한 사례에 속한다.

〈그림 11-2〉 우중이냐 현중이냐?

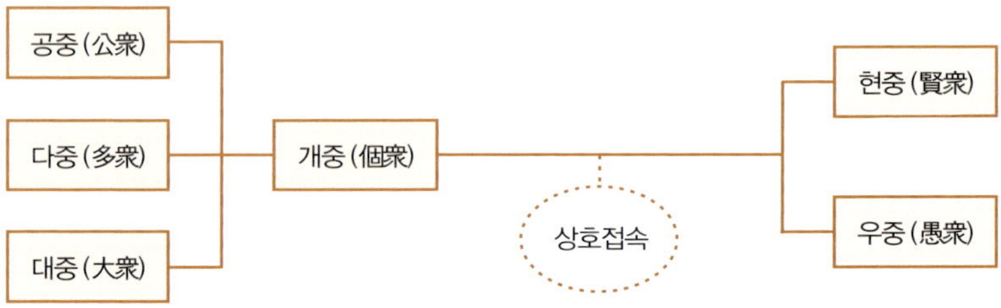

우중으로 이행하게 된다.

개중은 상황에 따라 대중, 다중 혹은 공중으로 변신할 수 있다. 인기 연예인이나 스포츠 스타에 대한 광팬의 맹목적 행태는 대중적 행위, 길거리 응원단의 초(超)감성적 행태는 다중적 행위, 그리고 NGO나 NPO 같은 민간단체의 공익적 행태는 공중적 행위의 전형으로 간주할 수 있다. 그러나 몽매한 대중이나 분별없는 다중이라도 차이에 대한 관용을 바탕으로 한 이성적 판단과 합리적 의사소통을 거쳐 현중으로 변모할 수 있는가 하면, 비판력이나 판단력을 유실하게 되면 광란적 우중으로 전락할 수 있다.

4) 맺음말

이상에서 미디어 관여 모형을 관여의 행위 및 주체의 측면에서 구성하고 논의하였는데, 그 대표적인 세 가지 유형들(대중의 미디어 이해 모형, 다중의 미디어 지각 모형, 공중의 미디어 참여 모형)을 미디어 형태와 교차시켜 미디어 정책의 지향점을 종합적으로 추정해보면 〈표 11-2〉와 같

〈표 11-2〉 관여 양식 및 미디어 형태에 따른 미디어 정책방향

	주체	행위	대상(Media)	정책 목표와 (수단)
대중의 미디어 이해 (MUM)	지식 수용자	인지적	매스미디어	사실에 준거한 합의 (Broadcasting)
다중의 미디어 지각 (TAM)	의미 전달자	지각적	다양한 형태의 개인 미디어	교감을 통한 일체화 (Narrow-Casting)
공중의 미디어 참여 (PPM)	행위 수행자	실천적	공조적 용구로서의 소셜 미디어	주관적 욕구의 조율 (Free-Casting)

다. 매스미디어를 주축으로 한 대중적 미디어 이해 모형에서는 '사실에 준거한 합의'를 목표로 하는 방송(*broadcasting*), 다양한 뉴미디어가 풍미하는 다중적 미디어 지각 모형에서는 '교감을 통한 일체화'를 목표로 한 협송(*narrow-casting*)이 지배적이었다. 그러나 소셜 미디어의 확산을 계기로 적극적 미디어 행위자들의 '주관적 욕구의 조율'이 첨예한 쟁점으로 부각될 미래사회에서는 개인의 미디어 선택권이나 미디어 활용성을 최대한 담보하는 '프리캐스팅'(*free-casting*)을 지향하는 미디어 정책이 구현되어야 할 것으로 본다.

2. 융합시대의 사회정책에 관한 열두 가지 명제

'헤쳐모여'가 이어지는 융합사회는 개방성, 다중성, 비선형성 및 자동생산성 등을 속성으로 하는 복잡계의 전형에 속한다. 그러나 복잡계로서의 융합사회는 초(超)개방성, 중첩성, 파형성, 공(共)생산성 등과 같은 새로운 속성들이 부가된 초복잡계로 진전하여 인간과 비인간의 결

합을 조장함으로써 '만유융합'(萬有融合)의 원리가 통용되는 새로운 세계를 창발한다.

이처럼 인간 이외의 생명체나 사물들까지 사회구성에 편입됨으로써 내적 구조나 관계성이 급변할 미래사회의 진전방향은 이질적 요소들 간의 유기적 결합을 지향하는 융합적 논리에 의거해 논의되어야 할 것이다. 따라서 이 절에서는 세상 만물의 복잡다기한 이합집산이 새로운 현실이 되어가는 융합시대의 사회적 비전과 대응전략을 일차적으로 사회 전체를 통괄하는 메타적 차원에서 고찰한 후, 거시적 및 미시적 차원으로 나누어 상론해보기로 하자.

1) 메타적 차원

(1) 사회적 성격: "이질계에서 융합계로"

소통혁명의 시원이라고 할 수 있는 디지털 혁명을 계기로 진행되어온 사회체계의 변화상은 지금까지 주로 시공간 변형을 포함한 내파 개념을 중심으로 설명되었다. 시공간 한계 극복을 조장하는 정보기술의 경제적 이용은 생산활동의 유연화로 이어져, 포디즘 원리로 대변되는 경직적·수직적·폐쇄적 직무구조가 포스트포디즘 원리로 압축되는 유동적·수평적·개방적 직무구조로 대체되는 유연사회로의 이행을 추동해왔다. 이는 오랜 동안 유지되어왔던 노동/여가, 일/놀이, 직장/가정 등 제반영역들 간의 경계를 허물어버리는 현상으로 파급되어, 유연화 테제로 요약되는 새로운 사회의 정경, 즉 이질적인 것들이 만나고 교차하는 '이질계'를 형성한다.[2]

그러나 최근 이질계에 새로운 질서가 태동하고 있다. 이는 정보기술을 중심으로 생명공학기술, 나노기술 등 현대의 첨단 기술들이 거대 규모로 시스템화하는 기술변화의 수반 현상이라고 할 수 있다. 그러한 변화는 정보가 발생, 저장, 처리, 전달되는 공통의 언어를 통해 기술 분야 사이에 공유영역을 확보하는 디지털 기술의 수렴적 힘과 무관치 않다(Castells, 2003). 개별 기술들의 수렴원리는 컨버징 파워(*converging power*)를 통한 새로운 창발로 이어짐으로써 통상적인 복잡계를 넘어선 초복잡계에 이르게 된다.

초복잡성은 기본적으로 기술장의 역동성을 만들어내는 내파, 융합, 압축 논리의 끝없는 자기확장, 그리고 자기조직화 과정의 반복에서 비롯된다고 할 수 있다. 즉, 보다 세분화되나 더욱 촘촘히 연결되어 상호의존성을 강화하는 기술 융합이 융합의 구성적 기반을 이룬다고 할 수

2) 'hetero'(*other*)와 'topic'(*place*)의 복합어인 'heterotopia'(이질계)라는 말은 미셸 푸코가 최초로 사용한 용어로서, 모사(*simulation*)와 장관(*spectacle*)을 구사하는 의사소통력(*power of communication*)과 지식의 경쟁적 사용(*competitive use of knowledge*)을 강조하는 도구적 합리성 윤리(*ethic of instrumental rationality*)가 혼재된 복합적 세상을 지칭한다(Faubion, 1999). 이질계는 구체적으로는 하나의 주어진 공간에 서로 양립할 수 없는 다수의 공간이 병존하면서 열림과 닫힘을 통한 분립과 관통이라는 모순적 관계를 유지하는 소우주(*microcosm*)로 정의할 수 있다(Lievrouw, 1998). 요컨대 정상상태에서는 상호 공존 불가한 동떨어진 장소라든가 시대를 달리하는 상황들이 동일 공간 내에 존재하는 경우를 말하는데, 예를 들자면 고대 로마와 현대 로마의 정경을 일시에 체험할 수 있는 라스베이거스의 시저스 팰리스(Caesar's Palace), 모노레일을 타고 '개척의 나라'(Frontierland)에서 '미래의 나라'(Tomorrowland)를 단숨에 오갈 수 있는 디즈니랜드 혹은 축소판 뉴욕, 파리, 하와이 등을 함께 모아놓은 캐나다 앨버타주 에드먼턴시의 WEM몰 등이 그에 해당한다(de Waal, 1996).

있는데, 그로부터 연원하는 융합사회는 이질성(*heterogeneity*)을 원천으로 하는 통상적 복잡계의 수준을 넘어 이질적 요소들 간의 결합에 의한 새로운 질서를 특징으로 하는 융합계를 지향할 것으로 전망된다.

(2) 사회구성의 원리: "응집성 원리에서 정합성 원리로"

정보혁명은 정보기술의 융합뿐만 아니라 여타 개별 기술들의 접점에서 생성되는 파생기술들의 수렴을 조장하며, '사회적인 것'들과 더불어 대규모의 기술사회 시스템을 구성하는 계기를 제공한다. 이때 상이한 기술들이 만나고, 섞이고, 변하고, 거듭날 수 있는 토대가 된 것이 정보를 표준화된 방식으로 부호화하는 '디지털 언어'이다.

디지털 언어의 독특한 언어구조와 논리구조는 새로운 결속 원리를 통해 정보기술 시스템이 확장되고 창발할 수 있는 사회체계의 기반으로 작용한다. 이러한 과정은 전술한 튜링의 추상기계에 관한 상상과 노이만의 구체적 실현, 또 지금까지 통용되는 정보의 개념, 피드백과 소통이라는 사이버네틱스 논리 등에 함축되어 있다. 더구나 서로 다른 양상에서 존립할 수 있도록 구성된 개념 기계에 대한 상상을 데이터 저장이나 연산작업의 수행에 활용할 수 있도록 재구성한 디지털 이진법 기기들이 속출하면서 복합적이고 유연한 시스템이 개발될 수 있는 경로가 확장되고 있다. 그런 점에서 개방성, 유연성, 복잡성, 잡종성, 창발성으로 표현되는 기술 헤게모니 시대의 사회질서의 핵심은 디지털 파워에 있다고 말할 수 있다.

디지털 파워는 피드백 과정에 준거해 모든 투입물을 공통의 정보체계로 변형시켜, 언제 어디서나 접근 가능한 검색 및 분배 네트워크를 통해 빠르고 정확하며 적은 비용으로 처리할 수 있는 역능을 제공한다. 또 디지털 파워는 현대사회의 핵심기술인 생명공학기술, 나노기술, 정보기술, 신경공학기술, 로봇공학기술 등뿐만 아니라 개별 기술들 내부에, 그리고 그들의 접점에서 파생되는 기술들을 정보기술 패러다임이라는 통합적 체제로 귀속시킨다.

실제로 오늘날 주요 첨단 기술들은 논리구조나 작동방식의 측면에서 많은 특성들을 공유하면서 상호의존성을 강화해나가며, 이들이 전파하는 메시지를 '정보'라는 보편적 범주로 수렴하고 있다. 그런데 획득된 정보를 해독하여 분리하고 조작하여 끊임없이 재구성하려는 '기술적 의지'는 무한한 잡종지대의 생성과 더불어 손쉽게 예단할 수 없는 창발의 세계를 조성한다.

따라서 융합사회는 유유상종(類類相從) 이라는 동질적 친화성(*homogeneous affinity*) 을 바탕으로 한 응집성 원리(*coherence principle*) 대신 이질적 요소들끼리의 선택적 친화성(*elective affinity*) 에 근거한 정합성 원리(*congruence principle*) 를 지향하는 새로운 사회 유형으로 탈바꿈할 것으로 예견된다.

(3) 행위주체: "인간중심주의를 넘어서"

융합사회는 복잡하고 요동치며, 얽혀가면서 서로를 구성하는 역동성을 함유한다. 끊임없이 경계를 넘나드는 잡종적 존재들에 힘입어 자연, 사회, 문화는 서로가 서로를 만들고 재구성한다(Latour, 1993). 이런 와중에 인간은 다양한 비인간적(*nonhuman*) 존재들과 조우하게 된다. 인간은 비인간의 힘을 통해 여러 당면 과제들을 해결하지만 그 과정에서 새로운 문제에 직면하고, 이러한 문제 해결을 위해 또 다른 종류의 비인간을 동원한다. 이런 상황에서 인간은 더 이상 비인간과 분리될 수 없어, 우리가 사회라고 부르는 것마저 인간-비인간의 복합체(*collective*)와 다름없게 된다. 따라서 인문학이나 사회과학조차 인간 외적 요소를 도외시하면 학문의 존립성을 위협받게 된다.

인간의 사물화, 사물의 인간화가 촉진되는 과정에서 객체를 변화시키고 움직이게 하는 행위를 이해하기 위해서는 종전의 인간중심적 사고틀을 넘어 인간-사물의 잡종적 연합을 기반으로 하는 새로운 발상이 요구된다(Latour, 2009). 그 결과, 인간은 태생적인 유기체적 능력을 발휘하는 특권적 존재가 아니라 특정 연결망에 의해 구성-재구성되는 행위소(*actant*)의 하나로 인식되며, 사물 역시 주어진 속성에 머무른 채 수동적으로 반응하기만 하는 존재가 아니라 특정 연결망 상태와의 번역 과정에 적극적으로 참여하는 능동적 행위소로 이해된다. 따라서 인간과 사물, 사회와 자연이라는 이분법을 벗어나 존재적 특성을 초월해 나타나는 복합체로서의 성격과 역동성을 규명할 수 있는 포스트휴먼(*post-human*) 인식론이 각광받게 된다(Callon, 2003).

(4) 정책방향: "사회적 결속에서 사회적 조화로"

탈경계적 상황에서 다양한 방식으로 융합이 가능하다는 것은 피아 간 구분이 의미를 상실한다는 것을 뜻한다. 즉, 내 편과 네 편이라는 구분이 중요한 것이 아니라 그들이 어떤 식으로 만나야 상생할 수 있느냐가 관건이 된다. 따라서 보수 아니면 진보, 선 아니면 악이라는 식의 진영론적 사고는 소모적 구태로 단죄된다. 새로운 대안 창출을 위해서는 양

〈그림 11-3〉 융합사회의 메가트렌드: 메타적 차원

사회적 성격	이질계(Heterotopia)에서 융합계(Convergentopia)로
사회구성 원리	응집성 원리(Coherence Principle)에서 정합성 원리(Congruence Principle)로
행위주체	인간중심주의를 넘어서(Beyond Anthropo-centrism)
정책방향	사회적 결속(Social Solidarity)에서 사회적 조화(Social Consonance)로

쪽으로 나뉜 모든 것에 눈길을 떼지 않으면서 양자 사이에 발생하는 다양한 연결고리를 추적해야 한다. 그런데 경계가 사라지는 초국경적 상황에서 중심축은 정치·경제와 같은 제도의 영역을 넘어 오랜 역사와 생활전통에 의해 축적된 문화 영역으로 이동하게 된다. 즉, 문화적 접합이 차츰 핵심적인 과제로 대두할 전망이다.

문화적 혼융을 주도하는 컨버전스 이념은 양립되기 어려운 주장들을 억지로 통합하는 것이 아니라 상이한 생각들을 조화롭게 결집하는 화합적 자세를 요구한다. 단순한 결속을 넘어 조화로운 사회로의 이행을 지향하는 포괄적 전략을 추구함에 있어 바람직한 것과 그렇지 않은 것이 무엇인가가 사전에 전제되어서는 안 된다고 본다. 오히려 공감적 이해를 통해 해결책이 스스로 드러나게 함이 바람직하다.

미디어 기술의 최신 버전인 유비쿼터스 기술은 본원적으로 직물 속에 엮인 실처럼 눈에 보이지 않게(*invisible*), 평온하고 은밀히(*calm and silent*) 일상생활 속에 잠입해(*disappearing*) 인간의 활동을 지원하되 사용자는 특별히 주의를 기울이지 않으면서 실시간으로 정보를 포착할 수 있도록 연결시켜주는 내밀한 기능을 담당한다. 그럼으로써 인간과 인간뿐 아니라 인간과 기계, 기계와 사물, 사물과 사물을 연결시켜주는 혼종적 공간이 열리게 된다. 따라서 융합시대에는 결속이라는 전래적 원리 대신 조화의 원리에 입각한 사회체계의 개편이 보편화되리라 본다(〈그림 11-3〉 참조).

2) 거시적 차원

(1) 권력형태: "소유적 권력에서 규정적 권력으로"

권력을 다루는 정치(*polity*) 란 희소한 자원들을 누구에게, 언제, 어떻게 배분하는가를 결정하는 체계적 행위에 해당한다. 따라서 정치체계는 권력(*power*) 과 권위(*authority*) 를 누가 지니며, 어떻게 획득하고, 어떤 목적에 사용하는가 라는 쟁점과 직결된 가치, 규범 및 법률의 복합적 제도체로 인식된다. 권력의 제도화에 관한 가장 대표적 형태는 국가와 정부이다. 국가는 정치제도의 핵심적 구성요소로서 비인격적 사회제도(*impersonal social institution*) 의 전형이며, 정부는 특정 시점에서 국가권력을 관할하는 사람들의 거소라고 할 수 있다.

하지만 인터넷이나 참여형 소셜 미디어의 확산은 참여·협력·분권·자율 등을 강조하는 탈분화되고 분산된 권력체제를 보편화하고 있다. 이에 따라 미래사회는 통치(*government*) 라는 개념으로 대변되는 산업사회의 권력구조 혹은 국가-시장-시민사회가 협력적으로 통치하는 정보사회의 협치(*governance*) 를 넘어 상호 융합되고 유기적으로 연계된 제도와 조직들이 권한의 공동 행사뿐 아니라 책임도 철저히 공유하는 공치(*co-governance*) 의 시대로 들어서게 된다. 공치 시대에 사회성원들 간의 상호작용은 공생이나 상생을 궁극적인 지향점으로 삼게 되는데, 그런 과정에서 리더십이 상황적 맥락에 따라 지식과 전문성, 경험을 보유한 행위자에 부여되면서, 다양한 행위자 간 융합정치를 촉진하고 활성화하는 것이 국가의 핵심적 역할이 될 것으로 예상된다.

융합시대로 이행하면서 시민들은 청중에 머물지 않고 참여자로 나서는 방식에 익숙해져 스스로 제안자가 되는 능동적 존재로 변하기 시작하며, 기존 미디어나 폐쇄적 사회관계망에서 소외된 사람들도 인터넷 같은 개방형 도구를 활용해 서로 소통하고 관계 맺으며 조직화하게 된다. 소셜 미디어와 네트워크를 기반으로 한 새로운 공론장에서는 직업 정치인들의 행태도 변화하게 된다. 소셜 미디어를 활용하는 정치인들이 늘어나면서 전문적인 정치영역과 비정치영역의 경계가 허물어지며 소통의 단계가 축소되고 소통의 흐름도 빨라진다. 이처럼 응집적 권력이 사회 각계로 분산되면서 소유적 권력이 규정적 권력으로 변모하게 된다.

(2) 시대적 성격: "배분의 시대에서 배합의 시대로"

융합사회의 예고한 전령의 역할을 담당한 인물은 현대사회의 거시구조의 작동원리가 고유한 내적 법칙에 따르는 자율적인 행위영역들의 분화가 아니라 분화된 사회 영역들 간의 '상호침투'(*interpenetration*) 라는 파격적 발상을 제시한 리하르트 뮌히(Richard Münch) 이다(김문조 외, 2011). 뮌히는 역사적으로 선행한 전통사회나 현재의 비서구사회들과 구별되는 현대 서구사회들의 기본적 특질이 내적 자기법칙성에 따르는 부분영역들의 (기능적) 분화과정이라는 구래의 주장에 의문을 제기하면서, "체계의 역량은 기능적 분화를 통해 제고(提高)된다"는 분화이론을 대신한 상호침투이론을 제시한다. 그에 따르면 "자기법칙성의 확대발전과 더불어 상호침투라는 양대 조건이 충족되어야 비로소 사회가 질적으로 다른 새로운 수준으로 전환할 수 있는 자기발전적 동력을 갖게 된다"는 것이다(Münch, 1982).

그의 이론에 의하면, 현대사회의 핵심 특징은 행위영역들이 분화되어 그들이 독자적 논리에 의해 합리성을 증대시켜나가는 것이 아니다. 분화된 각 영역들이 배분의 형태로 정체하는 것이 아니라 오리려 상반된 것들과 결합되는 배합의 형태를 지향하게 된다. 이는 모든 구체적 현대 제도들뿐만 아니라 현대의 규범적 기초가 형성되어가는 과정에 보편적으로 적용된다. 상반된 것들과의 결합 조건으로 작용하는 것이 바로 분화된 행위영역들 간의 상호침투인 것이다. 이러한 그의 상호침투론은 현대사회를 특징짓는 탈분화의 논리와 분화된 하위체계 또는 제도들의 뒤섞임과 역동적 상호교섭 과정에 주목해 분화된 하위영역들 간의 상호침투를 새로운 모더니티의 핵심 콘텐츠로 격상시켰다는 점에서 선각적이라고 평가할 수 있는데, 이는 정보통신기술의 발전으로 초복합적 융합계로 향진하는 오늘날의 사회적 정황을 진단할 수 있는 이론적 단초를 제시한다는 점에서 각별한 의의를 부여할 수 있다.

(3) 사회갈등: "점유적 갈등에서 소통적 갈등으로"

융합사회가 소통기술의 막강한 효능에 의해 경쟁적 사회관계를 심화시킬 것이라는 전망은 사회갈등과 관련해서도 시사하는 바 크다. 개인, 조직, 국가 등에 관한 구분이 융합 논리에 의해 용해될 것이라는 융합사회는 온갖 장애나 장벽이 제거된 유토피아가 될 것으로 속단할 수 없다. 조직과 영역의 경계가 허물어지는 현상 자체가 새로운 사회갈등의 원천이 될 수 있기 때문이다. 탈중심적 권한, 공유되는 책임, 통섭적 소통을 특징으로 하는 융합적 조직에서는 갈등이 하위 조직과 개인들에게 분산되는 경향을 띠는데, 문제는 그에 대한 통제기제가 중앙집권적 산업사회의 조직에 비해 상대적으로 취약하다는 점에 있다.

융합사회의 갈등은 당사자 간의 관계에서 비롯되는 다대다(多對多) 방식의 복선적 갈등과 탈중심적 권한관계에서 비롯되는 수평적 갈등의 복합적 양상을 나타낼 것으로 보인다. 따라서 융합기술을 매개로 한 부처와 부처 간 혹은 부처와 시민사회 간 소통과 협업이 중요시된다. 다양한 의사소통을 지원하는 스마트 기기와 솔루션이 급속히 확산됨에 따라 각 행정조직의 대내외적인 협력을 원활하게 하는 '스마트 협업환경'의 구현이 최근 공공영역의 주요 관심사로 부상하고 있다. 그러나 전자정부 사업 등을 통해 행정부 내의 업무처리 프로세스가 개선되어 행정업무의 효율성이 획기적으로 향상되어왔다고들 하나, 행정조직체들이 주요 현안과제와 정책과제 등을 상시적으로 협력해 업무를 원활히 처리할 수 있는 융합적 협업환경은 아직 요원한 실정이다(정충식, 2012).

또 지금까지 공공 행정업무는 국민의 만족도 향상을 위한 부처 간 협업이 주축을 이루었으나, 이제는 공공 부문과 민간 부문 간 상시적인 협업이 중요성을 더해가고 있다. 디지털 컨버전스로 인해 공공과 민간 영역 간의 경계가 모호해지면서 원활한 대국민 서비스 제공을 위한 공공·민간 협업의 새로운 패러다임이 요청되고 있는 것이다. 이에 따라 이동성, 편의성, 실시간성이 강화된 소셜 미디어를 활용하여 정책 결정 및 국가현안 해결 등에 민간 참여의 폭과 기회를 확대하려는 노력이 배가되고 있으며, 소셜 네트워크 서비스로 이미 형성된 사회관계망에 기반을 두고 정보의 실시간 공유와 피드백을 통한 협업으로 문제를 해결하는 소셜 소싱(*social sourcing*)도 적극 추진되어왔다(김주원, 2011).

하지만 융합시대에는 사통팔달의 정보통신기술을 통한 일상적 갈등의 확산과 새로운 갈등구조의 형성이 이면적으로 고조되고 있다. 그에 따라 갈등의 형태도 날로 다변화·정교화·중층화·융합화하고 있는데(김문조·김종길, 2007), 이런 와중에 점유의 문제를 중심으로 한 종전의 갈등보다 소통의 문제를 쟁점으로 하는 사회갈등의 해소가 보다 긴박한 사회적 과제로 대두하게 된다.

(4) 정책방향: "조정에서 조율로"

사회적 자유도의 증가, 여기에 개인적 욕구의 다변화 경향까지 감안할 때, 융합사회의 갈등은 실로 다양하고 복잡한 양상으로 전개될 것임이 분명하다. 게다가 전방위적으로 확장되어가는 정보통신망은 사회적 불만이나 불안을 증폭시키는 데 크게 기여할 것으로 본다. 촘촘한 정보통신망에 자유롭게 접근할 수 있는 융합사회의 구성원들은 자신의 욕구를 거침없이 표출하고 실현코자 함으로써 가치의 문제를 중심으로 한 사회갈등이 고조될 것으로 본다.

이때 현시되는 경향은 가치의 충돌을 조정하거나 통합하려는 노력보다 가급적 가치의 차이를 용인하면서 사회적 화합을 도모하려는 정책적 전략이 점차 애호되어간다는 점이다. 융합사회에서는 개인이나 집단의 정체성과 이해관계가 이전의 산업사회, 정보사회에 비해 가변적이고

〈그림 11-4〉 융합사회의 메가트렌드: 거시적 차원

권력형태	소유적 권력(Possessive Power)에서 규정적 권력(Definitional Power)으로
시대적 성격	배분의 시대(Age of Distribution)에서 배합의 시대(Age of Combination)로
사회갈등	점유적 갈등(Conflict of Appropriation)에서 소통적 갈등(Conflict of Communication)으로
정책방향	조정(Reconciliation)에서 조율(Alignment)로

불안정한 만큼 갈등이 상황에 따라 즉흥적으로 발흥할 개연성이 높다. 이때 융합적 경향이 어느 한쪽의 이해관계를 침해하는 것으로 여겨질 경우 갈등은 증폭될 것이나, 당사자 모두에게 도움이 되는 것으로 인식될 경우 조화로운 융합의 길이 열릴 것으로 본다. 따라서 융합사회에서는 상생적 가치를 통한 공동체적 발전을 도모할 수 있는 정책적 조율에 진력하는 일이 긴요하다고 본다(〈그림 11-4〉 참조).

3) 미시적 차원

(1) 인간관계: “연결에서 소속으로”

자크 아탈리(Jacques Attali)는 21세기 인류를 “디지털 유목민”이라고 규정한 바 있다. 디지털 유목민은 시·공간의 제약을 받지 않고 정보기술과 통신망을 이용하여 정보의 소재지를 찾아 유랑하는 사람들을 말한다. 전통적 유목민은 혈연, 권위, 문화적 가치관 등에 근거해 부족을 형성하였으나, 오늘날의 디지털 유목민은 특정한 지역, 혈연, 종교 등에 한정되지 않고 개인의 취향, 관심, 생활양식 등에 따라 새로운 소속

집단을 구성한다. 미셸 마페졸리(Michel Maffesoli)는 이러한 현상을 '신(新) 부족주의'(*Neo-Tribalism*)로 개념화한다. 그의 신부족주의론에 의하면, 현대인들은 국지적 집단들로 얽혀 있는데, 이들 소집단은 선택적 친화성(*elective affinity*)에 따라 유동하는 감정적 공동체에 다름 아니라는 것이다(김무경, 2007). 따라서 융합시대에는 인간관계는 궁극적으로 연결을 넘어선 소속을 지향하게 된다.

실제로 최근 성행하는 페이스북 등의 소셜 네트워크 사이트 내에는 소셜 게임, 팬 페이지, 그룹, 어플리케이션, 사진, 관심사가 기입된 프로필 창, 친구 네트워크 등 소속적 욕구 충족을 위한 활동들이 넘쳐난다. 소속감은 새로운 부족 형성을 향한 잠재적인 유대(*latent tie*)의 원천에 해당한다. 잠재적 유대관계는 유대가 가능하나 아직 사회적으로 활성화되지는 않은 관계를 의미하는 것인즉, 이는 개인들 스스로가 서로 연결망을 구축할 수 있는 새로운 미디어가 출현했을 때 활성화한다(Haythornthwaite, 2005). SNS에서 공통의 친구나 관심사의 공유 등 자신을 나타내는 광범위한 정보를 포함하는 것은 소속을 향한 잠재적 유대 맺기를 권장하기 위한 방안들로서, 이들은 '약한 관계'(*weak ties*)로서의 교량형(*bridging*) 사회자본의 형성 기반이 된다(Ellison et al., 2010).

소속 관계의 또 다른 사례로는 유사사회적 관계(*para-social relationship*)를 들 수 있다. 사람들이 텔레비전이나 영화 주인공 혹은 연예인들에게 느끼는 감정에 기반한 인간관계가 유사사회적 관계로 지칭된다. 이 용어는 많은 TV 시청자들이 텔레비전에 등장하는 인물에 대해 느끼는 친밀감을 설명하기 위해 1956년에 처음 도입된 것이다(Horton &

Wohl, 1956). SNS가 나오기 이전의 유사사회적 관계는 일방향적이어서 팬은 연예인에 대해 연결감을 느끼지만 연예인은 아무것도 느낄 수 없었다. 그러나 SNS 시대에 들어서면서 유사사회적 관계의 메커니즘이 질적으로 변화하고 있다. 즉, SNS를 통해 유명인과 클릭 한 번에 친구를 맺고 팬들도 스타와 직접 대화를 나눌 수 있는 소통의 플랫폼이 구축되면서 관계는 일방향적 수준을 넘어 양방향-다방향적으로 확장되고 있는데, 이는 곧 사회적 명사 혹은 유명인과의 공감대에 의존하는 소속적 욕구의 증식을 반영하는 증거라고 할 수 있다(석승혜 외, 2013).

(2) 자아(형성) : "경면자아에서 화면자아로"

네트워크에 연결된 현대적 자아는 다변화하는 사회환경에 다각도로 대응하려는 다면적 형태를 취하게 된다. 이러한 경향은 개인의 정체성을 이루는 '성의 중성화 논제'나 그것이 사이보그로 설명된다는 대너 해러웨이(Dana Haraway)의 '사이보그 정체성론' 혹은 가상세계가 제공하는 무한하고도 자유로운 복제가능성으로 자아에 대한 시각이 날로 복합적 · 이질적 · 유연적으로 분자화한다는 셰리 터클(Sherry Turkle)의 '유연 자아론'(*flexible self*) 등에서 널리 찾아볼 수 있다. 뿐만 아니라 그러한 경향은 현실세계의 내 모습을 벗어나 인터넷 네트워크 속에서 또 다른 나의 분신을 나타내려는 아바타 열풍에서도 직시할 수 있다(김연순, 2009). 현대사회의 친밀성(*intimacy*)을 세계의 지구촌화 경향과 일상생활의 집약화 경향의 틈새에서 형성되는 복합적 관계의 소산으로 간주하는 앤서니 기든스(Anthony Giddens)도 융합시대로 접어들어 지구적인 것과 일상적인 것의 변증법적 관계가 심화될수록 개인의 선택적 권리가 강화되어 자아를 임의적으로 구축할 수 있는 자의성이 높아간다고 말한다(Giddens, 1991). 그렇다면 임의적 자아는 무엇을 통해 구축된다고 할 수 있겠는가?

일찍이 사회심리학자 찰스 호튼 쿨리(Charles Horton Cooley)는 개인은 경면, 즉 거울로 상징되는 주변 사람들의 눈에 비친 자신의 모습에 근거해 자아를 형성해 나간다는 경면자아론(*looking-glass self theory*)을 제시한 바 있다. 그에 의하면, "나는 내가 생각하는 내가 아니고 타인이 생각하는 나도 아니라, 타인이 생각한다고 생각하는 나"라는 것이다(Cooley, 1902). 하지만 그의 경면자아론은 융합시대에 들어서면서 대폭 수정되어야 할 것 같다.

오늘날 사람들은 스스로의 모습을 타인이라는 거울에 비친 대로 생각지 않고, 오히려 SNS, 인터넷, 스마트폰과 같은 스크린상의 자기노출을 통해 축조하고 있기 때문이다. 단순한 거울이 아니라 각종 스크린이 매개하는 자아정체성은 더 이상 일관적이고 안정적인 형태가 아닌, 훨씬 다채롭고 역동적인 형태로 구현된다(Turkle, 2003). 더구나 '포토샵'(뽀샵)과 같이 주어진 현실을 있는 그대로 비추는 것이 아니라 실제 모습들을 취사선택하고 임의적으로 변형시킬 수 있는 정보통신 스크린이 사회화 과정에 영향력을 배가하면서, 오프라인 세계의 현실원리(*reality principle*)보다 온라인 세계의 환상원리(*fantasy principle*)에 의거한 자아 형성이 보다 성행할 것으로 전망된다(김문조 외, 2008).

(3) 존재양식: "자연적 형태에서 증강적 형태로"

2011년 7월, 구글(Google)의 에릭 슈미트(Eric Schmidt) 회장은 '증강인류'(*augmented humanity*)의 시대를 선언하였다.[3] 증강인류란 증강현실에 비견할 수 있는 개념으로, 스마트폰을 통해 접속 가능한 방대한 정보를 마치 자신의 머릿속에 있는 것처럼 활용하여 기존의 생물학적 한계를 뛰어넘어 초능력에 가깝도록 감각과 지능을 극대화한 인류를 일컫는다. 슈미트 회장은 스마트폰이 음성을 인식하여 자동으로 번역하여 통화 상대자에게 들려주고, 카메라로 명소를 촬영하면 그 장소에 대한 정보를 자동으로 보여주며, 글을 촬영하면 자동으로 문자를 인식하여 번역해주는 등 스마트폰 기술의 발달에 따른 새로운 증강인류의 생활양식에 대한 구체적인 비전을 제시하였다. 즉, 정보통신망이나 소프트웨어의 발달과 함께 개인이 자신의 역량을 임의로 확장하여 증강자아로 도약하는 세상이 되어간다는 것이다.

개인이 자신의 소속 집단을 자의적으로 옮기거나 다면적으로 참여하면서 살아가는 융합시대에 접어들면서 자아 확장의 가능성은 현저히 높아질 것으로 본다. 물론 일시적이고 유동적인 집단의 경우에도 구성원들을 하나로 결속시키려는 독특한 분위기나 감정적인 유대가 엄존하는 것이 사실이나, 기술혁신 및 사회혁신을 통해 정보와 지식 혹은 인맥 검색이나 관계 맺기가 용이해짐에 따라 자아 확장의 기회는 날로 커질 전망이다.

---

3) 2011년 7월 19일 일본 도쿄에서 열린 '구글 모바일 혁명'(Google Mobile Revolution) 행사에서 슈미트 회장은 스마트폰의 음성인식 및 자동번역 기능을 직접 시연하며 증강인류의 개념을 제시하였다(〈조선비즈〉, 2011. 7. 20.).

자아 확장을 위해 개인은 소셜 네트워크 서비스에서 자신이 원하는 친구를 자의적으로 선택할 수 있다. 그러한 모임은 더 이상 규약과 통제의 공동체가 아니다. 자신이 원해서 택한 공동체임과 동시에 수시로 접속해 자기의 목표를 달성할 수 있는 임의적 자아실현의 현장인 것이다. 공동체가 자신이 원하는 바를 충족시켜주지 못하면 언제든 그것을 떠날 수 있다. 다른 공동체로 접속할 수 있는 기회가 상시적으로 주어져 있기 때문이다. 하지만 자아의 역량이 최대치에 달하는 최대 자아는 접속하는 사람의 수가 많다고 좋은 것만은 아니다. 연결고리가 과다하면 인간관계가 도구적, 상업적, 피상적인 방향으로 흐를 개연성이 높기 때문이다. 증강자아를 위한 소통공동체의 적정 인원은 사회적 자본의 양대 목표인 통합성과 연계성에 의해 조건화되는 것으로, 그 최적점을 찾는 것이 최대 자아를 향한 융합시대의 긴요한 생애전략의 하나가 될 것으로 본다(유승호, 2012).

(4) 정책방향: "삶의 질에서 삶의 의미로"

소셜 네트워크의 확산으로 자기노출과 개방성의 토대가 날로 공고화하고 있다. 그에 따라 소통이 사회생활의 필수 요건이나 미덕으로 간주되는 소통만능 시대가 도래하고 있다. 그 결과, 생활수준이나 삶의 질과 같은 측면보다 나와 생각과 느낌을 함께하는 사람들과의 공감에 기반한 '삶의 의미'(*meaning of life*) 향상이 핵심적 생활관심사(*central life interest*)로 대두하고 있다.

물론 소통 기반이 갖추어졌다고 해서 모든 문제가 해소되는 것은 아니다. 아직도 온라인과 오프라인의 분리가 여전하고, 젊은 층과 노년

〈그림 11-5〉 융합사회의 메가트렌드: 미시적 차원

인간관계	연결(Connectivity)에서 소속(Inclusion)으로
자아(형성)	경면자아(Looking-Glass Self)에서 화면자아(Looking-Screen Self)로
존재양식	자연적 형태(Natural Form)에서 증강적 형태(Augmented Form)로
정책방향	삶의 질(Quality of Life)에서 삶의 의미(Meaning of Life)로

층이 각기 다른 미디어에 의존하며 별도의 삶을 살아가는 것이 국내외의 보편적 현황이기 때문이다. 트위터 사용자들의 경우만 보더라도 유사한 성향을 지닌 사람들만 모여 그들끼리 소통하며 지내는 등, 세대나 계층을 뛰어넘는 수평적 토론이나 개방형 혁신을 통한 삶의 의미 실현은 아직 요원한 실정이다. 개방사회에 이르기 위해서는 미디어 사용양식의 차이를 극복하는 일이 우선적으로 요청된다. 하지만 삶의 의미란 기본적으로 향유 기회가 주어졌을 때 그것을 적절히 활용할 수 있는 개인의 역량과 직결된 것인 만큼, 융합적 자산을 십분 활용할 수 있는 인적 자본의 개발 방안이 적극 모색되어야 한다고 본다.

위키피디아나 하프라이프(Half-Life) 같은 것들은 유저들이 경험과 지식을 지속적으로 피드백 받을 수 있도록 설계되어 있다. 위키피디아에서는 각자가 가진 지식을 백과사전에 업데이트함으로써 모두가 함께 백과사전을 만들어나가는 흥미로운 경험에 동참할 수 있으며, 하프 라이프에서는 게임의 전체적인 제작 프로세스에 직접 관여하거나 게임의 원 자료라고 할 수 있는 캐릭터부터 스토리, 플레이 방법, 인터페이스 등에 대하여 광범위한 변형을 시도할 수 있다. 이처럼 지식이나 정보가 소수에게 독점되지 않고 쌍방향 커뮤니케이션을 통해 만들어지는 공유와 참여가 실질적으로 이루어지고, 융합적 아비투스가 집단지성을 구축하여 형성된 집단지성이 집단창조의 경지로 이어질 때 새로운 생활목표인 삶의 의미 진작이 실현될 수 있으리라 본다(〈그림 11-5〉 참조).

제12장

맺음말:
포용적 융합사회를 향하여

문명은 접근 방법에 따라 상이한 방식으로 이해되어왔다. 그들을 대변해온 진보적/퇴행적 문명론과 문명화과정론은 각기 문명 변화의 전환성과 연속성을 강조한다. 이 책에서는 그러한 속성들을 종합적으로 포괄할 수 있는 문명 패러다임론을 정립한 후, 그에 준거해 인류 역사를 미분화 단계, 분화 단계 및 탈분화 단계로 유형화하고 탈분화 융합사회의 특성과 함의를 중점적으로 논구하였다.

융합문명 시대에 인간관계는 다양화 · 복잡화 · 경량화 · 다양화되어가며, 인간 이외의 생명체나 죽은 사물들까지 융합문명기의 중요한 '행위자'로 등재되고 있다. 더구나 미디어 철학자 노베르트 볼츠(Norbert Bolz)가 언급하듯, 현대사회는 복잡성 · 우연성 · 가공성 등이 뒤얽혀 서로 분리 불가능한 통합적 존재로 간주될 수 있으리만큼 상호 연관관계를 높여가고 있다(Bolz, 2009). 흘러넘치는 지식정보나 옵션들로 과

부하가 걸려 모종의 결합이 요청되는 우리 사회의 모습이 바로 그러한 언설을 뒷받침한다.

이처럼 초개방적 상황하에 혁신적 재구성이 진행되는 융합문명기에는 새로운 혼돈과 불화의 위험이 도처에 도사리고 있는 만큼, 융합적 불확실성을 읽어내는 방식과 더불어 그것을 제어할 수 있는 사회질서의 회복 방안이 진지하게 모색되어야 할 것이다. 혼돈과 불화라는 융합적 문제를 해소할 수 있는 대처방안의 기본원리로는 다원화되어가는 융합사회의 조류에 동참하되, 공존의 유대 속에 은폐된 불평등 관계를 혁파해 융합적 질서를 확보할 수 있는 적극적 자세가 필요하다(김우창, 1992; Sennett, 2013). 그를 위해서는 "차이를 인정하고, 무관심을 극복하는"(*Accepting difference, rejecting indifference*) 포용성을 바탕으로 하는 융합적 마인드의 연마가 선행되어야 하리라 본다.

모든 형태의 문명은 자체적인 구성원리를 지니며, 그에 걸맞은 제도, 생활양식, 스타일, 의식 등의 변화를 요한다. 따라서 인류 문명의 전환기마다 혁명적 변화를 이끌어갈 수 있는 새로운 인간형이 요구되어왔다. 융합문명은 사회체계의 인적·물적 자원들을 효율적으로 동원하고 엮어낼 수 있는 적극적 호혜성을 담지한 '증여적 인간형'을 호명한다.

적극적 호혜성은 이타성과는 구별되는 새로운 상호성 원리를 전제로 한다. 상호성 원리가 존중되는 사회는 인간의 이기적인 욕망을 적절히 억제해 사회적 신뢰를 높여간다. 그러나 융합시대가 요구하는 인간형은 이타성에 의거한 소극적 의미에서의 호혜적 인간형이 아니라 보다 적극적 의미로서의 '증여적 인간형'이다. 공리적인 조건에 부합하는 경우에만 호혜성이 작동하는 소극적 호혜성을 넘어서는 적극적 호혜성은

〈표 12-1〉 융합문명 시대의 사회발전 비전

	통합사회 Integrated Society	화합사회 Harmonious Society
성격	동질적	이질적
동력	분화적 전문성	융합적 포용성
발전양식	단선적	다중공선적
메타포	제창(Unison)	합창(Chorus)
세계관	우주계(Universe)	다중계(Multiuniverse)

대가나 보수를 전제하지 않는 선제적 증여 행위를 기본으로 한다. 따라서 적극적 호혜성은 상호성 원리를 바탕으로 하는 종전의 도구주의적 논리와는 변별되는 개인과 사회의 상생의식에 근거한 '베풂'(*giving*)의 논리로 구성된다.

이러한 베풂, 즉 증여 행위는 사사로운 호의(好意)에 의해 추동되는 선행에 한정된 것이 아니다. 그것은 '존중'을 절실히 요하는 융합적 사회현실에 부응한 새로운 사회윤리로서, 거기에는 다음과 같은 일련의 속성이 내재해 있다. 첫째, 그것은 정치, 경제, 법, 종교 제도 등 사회적 삶의 모든 차원들을 포괄한다는 점에서 종합적이다. 둘째, 그것이 집단적 의례를 통해 실현될 경우, 해당 집단을 전체성 속에서 그물망처럼 복잡한 관계로 귀속시킨다. 하지만 가장 중요한 속성은 그것이 이윤 확충이라는 공리적 목표를 넘어 단순한 사회적 통합이 아닌 화합사회를 지향하는 초(超)합리적 행위로 귀결된다는 점이다(〈표 12-1〉 참조). 전반적 생활 여건은 개선되고 있으나 유동성과 불확실성이 증대하는 현대사회에서 증여의 가치가 날로 크게 부각되는 것은 바로 이러한 특성 때문이다.

단편적 현상으로서의 융합은 융합문명 시대에만 찾아볼 수 있는 것은 아니다. 융합현상은 과거에도 간단없이 존재해왔다. 하지만 디지털 기술의 발달에 의해 인간과 인간, 인간과 자연, 그리고 인간과 사물을 동시적으로 포섭하는 융합은 이전의 그것과는 질적으로 판이한 양상을 보인다. 디지털 기술력을 바탕으로 한 미디어 융합은 기술적·매체적 발전을 넘어 사회구성원들 간의 미시적 상호작용뿐만 아니라 거시적 사회구조의 변화를 추동하고 있으며, 그 파장은 우리의 의식과 심층적 욕구체계에까지 심대한 변화의 압력을 가하고 있다. 따라서 디지털시대의 융합문명은 모든 옛것의 전면적 재편을 요구한다. 이처럼 지난날의 지배적 사유, 규범, 이념 및 가치관은 융합시대에 들어서면서 해체적 결합을 통해 새로운 것들로 재구성되어야 할 상황에 놓여 있는바, 이 벅찬 과업을 온전히 수행하기 위해서는 융합이라는 문명사적 도전을 숙지할 수 있는 종합적 지식체계로서의 '융합학'(*convergentology*), 아울러 그러한 통찰을 적절히 전수하고 내면화할 수 있는 융합교육 및 새로운 응전을 위한 융합적 정책개발 및 실천전략의 모색이 절실하다고 본다.

참고문헌

강홍렬 외(2006), 《메가트렌드 코리아》, 한길사.

권정숙(2008), "패션에 표현된 네오젠더 개념의 특성 연구", 〈한국패션디자인학회지〉 8권 2호, 37~58.

김남옥(2012), "고도 기술시대의 몸에 관한 사회학적 연구", 고려대학교 박사학위 논문.

김대호(2004), "컨버전스 시대의 디지털 콘텐츠", in 유재천 외, 《디지털 컨버전스》, 커뮤니케이션북스.

김동광(2003), "과학과 대중의 새로운 관계를 위하여", in Lewenstein, B., 《과학과 대중이 만날 때》, 김동광 옮김, 궁리.

김동욱 외(2012), 《다가온 미래 스마트 라이프》, 삼인.

김무경(2007), 《자연 회귀의 사회학: 미셸 마페졸리》, 살림출판사.

김문조(1999), 《과학기술과 한국사회의 미래》, 고려대학교 출판부.

______(2005a), "IT 기반 사회의 미래 전망: '잡종사회'의 출현과 후속적 동향", 〈한국사회학〉 39권 6호, 1~23.

______(2005b), "IT와 새로운 사회질서의 형성", 정보통신정책연구원.

______(2007), "과학기술사회론: 학문적 발전과정 및 전망", 〈한국사회〉 8권 2호, 5~32.

______(2008), "정보사회의 미래와 통신정책의 새로운 패러다임", 정보통신정책연구원.

______(2010), "융합문명의 도전과 응전", 정보통신정책연구원.

______(2011a), "Dialectics of Risk, Security and Surveillance in a High-Tech Society", 〈사회와 이론〉 19호, 373~391.
______(2011b), "융합시대의 미디어 정책: 목표와 방향", 〈담론 201〉 14권 3호, 5~28.
김문조・김종길(2006), 《디지털 한국사회의 이해》, 집문당.
______(2007), "기술시대의 사회갈등: 진단과 대응", 〈담론 201〉 10권 3호, 47~74.
김문조・박형준(2012), "불확실성의 시대, 불안한 한국인", 〈사회와이론〉 21권 2호, 611~643.
김문조 외(2008), "한국사회의 메타트렌드와 신사업모형", KT 경영연구소.
______(2011), "미디어 융합과 사회질서의 재구성", 정보통신정책연구원.
김민환(2002), 《한국언론사》, 나남.
김선욱(2005), "하버마스 언어철학의 전체론적 특성", 〈사회와 철학〉 10호, 65~89.
김성국(2005), 《21세기 한국 메가트렌드 2 - 21세기 한국사회의 구조적 변동》, 민음사.
김연순(2009), 《기계인간에서 사이버휴먼으로》, 성균관대학교출판부.
김영주(2004), 《방송통신 융합시대의 미디어 규제》, 한국언론재단.
김우창(1992), 《심미적 이성의 탐구》, 솔.
김은지・이정욱(2004), "퓨전 디자인에 대한 해석의 연구: 열림의 커뮤니케이션 수용 및 해석과정에 대한 고찰", 〈한국실내디자인학회지〉 13권 2호, 10~19.
김종길(2008), 《사이버트렌드 2.0》, 집문당.
김종래(2005), 《CEO 징기스칸》, 삼성경제연구소.
김주원(2011), "스마트 정부 구현을 위한 협업 활성화 전략", 〈IT정책연구시리즈〉 15호, 한국정보화진흥원.
김지은 외(2009), "디지털 의류의 기술 개발 동향", 〈전자통신동향분석〉 24권 5호, 20~29.
김홍중(2007), "발터 벤야민의 파상력(破像力) 연구", 〈경제와 사회〉 73호, 269~296.
김환석(2006), 《과학사회학의 쟁점들》, 문학과지성사.

남춘호(2005), “지식정보사회의 경력과 생애과정”, 정보통신정책연구원.

류석진 · 조희정(2009), “디지털 컨버전스 환경에서의 정치제도와 시민사회 변화 연구”, 정보통신정책연구원.

매일경제 세계지식포럼 사무국(2012), 《다보스포럼, 자본주의를 버리다》, 매일경제신문사.

민경배(2004), “사이버 공간의 논객과 폐인에 대한 사회학적 고찰”, 2004년도 한국사회학회 전기사회학대회 발표문.

민병원(2005), 《복잡계로 풀어내는 국제정치》, 삼성경제연구소.

박유리(2012), “스마트 시대가 여는 새로운 시장”, in 김동욱 외, 《다가온 미래 스마트 라이프》, 삼인.

배식한(2000), 《인터넷, 하이퍼텍스트 그리고 책의 종말》, 책세상.

석승혜 외(2013), “유명인 매개 네트워크(Celebrity-Mediated Network)가 사회자본에 미치는 영향에 대한 연구”, 〈사이버커뮤니케이션 학보〉 30권 1호, 93~143.

송태현(2005), 《상상력의 위대한 모험가들: 융, 바슐라르, 뒤랑 - 상징과 신화의 계보학》, 살림출판사.

유승호(2012), 《당신은 소셜한가?: 소셜미디어가 바꾸는 인류의 풍경》, 삼성경제연구소.

유재천 외(2005), 《디지털 컨버전스》, 커뮤니케이션북스.

윤성이 · 김용철(2009), “디지털 컨버전스 환경에서 정치 거버넌스의 변화”, 정보통신정책연구원.

윤영수 · 채승병(2005), 《복잡계 개론》, 삼성경제연구소.

윤평중(1997), 《푸코와 하버마스를 넘어서》, 교보문고.

이규정 외(2010), “인터넷중독의 예방과 해소를 위한 법제 정비 방향”, 한국정보화진흥원.

이재열(2006), “지역사회 공동체와 사회적 자본”, 〈지역사회학〉 8권 1호, 33~67.

이정현(1999), “디지털 미디어와 커뮤니케이션혁명”, in LG 커뮤니카토피아 연구소 편, 《정보혁명 생활혁명 의식혁명》, 백산서당.

이정환(2008), “주목할 만한 웹 2.0 아이디어 40가지”, Available at: http://www.leejeonghwan.com/media/archives/001014.html

이종관 외(2011), “컨버전트 시대의 인간 실존 양상에 대한 인문학적 성찰”, 정보통신정책연구원.

이현아(2007), “우리는 토론을 통해 이성적 상호성에 도달할 수 있는가 - 하버마스의 심의민주주의론에 관한 일고찰”, 〈한국정치학회보〉 41권 4호, 69~90.

이호규·전영란(2010), “디지털 컨버전스의 커뮤니케이션 이론적 의미와 문화적 특성”, 정보통신정책연구원.

정대성(2006), “하버마스 철학에서의 상호주관성 개념의 의미”, 〈해석학연구〉 17호, 185~212.

정충식(2012), 《미래정부론》, 대영문화사.

정호근(1994), “하버마스의 담론이론”, 〈철학과 현실〉 23호, 144~160.

조남재(2005), “정보기술과 기업경쟁력”, 정보통신정책연구원.

최병두(2002), 《근대적 공간의 한계》, 삼인.

최양수(2005), “정보화시대의 문화변동”, 정보통신정책연구원.

한상진(1996), “언술검증과 비판이론”, 〈사회비평〉 15호, 나남.

한진만·박천일 외(2002), 《방송론》, 커뮤니케이션북스.

함인희(2003), “사회구조적 변화와 가족의 적응”, 〈사회연구〉 3호, 11~40.

홍명희(2005), 《상상력과 가스통 바슐라르》, 살림출판.

홍성욱(2006), 《생산력과 문화로서의 과학기술》, 문학과지성사.

황주성 외(2009), “디지털 컨버전스 기반 미래연구(I) 총괄보고서”, 정보통신정책연구원.

Adorno, T. W. & Horkheimer, M. (2001), 《계몽의 변증법》, 김유동 옮김, 문학과지성사.

Alkind, D. (1999), 《변화하는 가족 : 새로운 가족 유대와 불균형》, 이동원 외 옮김, 이화여자대학교출판부.

Amin, A. (ed.) (1994), *Post-Fordism: A Reader*, Blackwell.

Appiah, K. (2009), 《세계시민주의: 이방인들의 세계를 위한 윤리학》, 실천철학연구회 옮김, 바이북스.

Attali, J. (2000), 《21세기 사전》, 편혜원·정혜원 옮김, 중앙 M&B.

______(2005), 《호모노마드: 유목하는 인간》, 이효숙 옮김, 웅진씽크빅.

Austin, J. L. (1970), *How to Do Things with Words*, Oxford University Press.

Bachelard, G. (2013), 《대지 그리고 휴식의 몽상》, 조영란 옮김, 문학동네.

Baeyer, H (2007), 《과학의 새로운 언어, 정보》, 전대호 옮김, 승산.

Baudrillard, J. (1994), *Simulacra and Simulation (The Body, In Theory: Histories of Cultural Materialism)*, University of Michigan Press.

______(1999), 《소비의 사회》, 이상률 옮김, 문예출판사.

______(2001), 《시뮬라시옹》, 하태환 옮김, 민음사.

Baudrillard, J. & Lotringer, S. (1996), *Conspiracy of Art: Manifestos, Interviews, Essays*, MIT Press.

Bauman, Z. (2008), 《쓰레기가 되는 삶들》, 정일준 옮김, 새물결.

______(2009), 《액체근대》, 이일수 옮김, 강.

Beck, U. (1999), 《아름답고 새로운 노동세계》, 홍윤기 옮김, 생각의 나무.

______(2002), "The Cosmopolitan Society and its Enemies", *Theory, Culture & Society 19* (1/2), 17~44.

______(2006), 《위험사회: 새로운 근대성을 향하여》, 홍성태 옮김, 새물결.

Bell, D. (2002), 《정보화사회의 구조》, 이동만 옮김, 한울.

______(2006), 《탈산업사회의 도래》, 김원동 · 박형신 옮김, 아카넷.

Beniger, J. (1986), *The Control Revolution*, Harvard University Press.

Benjamin, W. [2010(1936)], *The Work of Art in the Age of Mechanical Reproduction*, Prism Key Press.

Berlin, I. (2006), 《이사야 벌린의 자유론》, 박동천 옮김, 아카넷.

Blaut, J. M. (2008), 《역사학의 함정, 유럽중심주의를 비판한다》, 박광식 옮김, 푸른숲.

Blumer, H. (1969), *Symbolic Interactionism: Perspective and Method*, Prentice-Hall.

Bolter, D. & Grusin, R. (2006), 《재매개: 뉴미디어의 계보학》, 이재현 옮김, 커뮤니케이션북스.

Bolz, N. (2000), 《구텐베르크-은하계의 끝에서: 새로운 커뮤니케이션 상황들》, 윤종석 옮김, 문학과지성사.

______(2009), 《세계를 만드는 커뮤니케이션》, 윤종석 옮김, 한울아카데미.

Braverman, H. (1989), 《노동과 독점자본》, 이한주 · 강남훈 옮김, 까치.

Buchanan, M. (2010), 《사회적 원자》, 김희봉 옮김, 사이언스북스.

Callon, M. (2003), *Do Economists Make Markets?: On the Performativity of Economics*, Princeton University Press.

Callon, M. & Law, J. (1988), "Engineering and Sociology in a Military Aircraft Project: A Network Analysis of Technological Change", *Social Problems 35* (3), 284~297.

Capra, F. (1984), *The Turning Point: Science, Society, and the Rising Culture*, Bantam.

_____ (2004), 《생명의 그물》, 김용정 · 김동광 옮김, 범양사.

_____ (2007), 《새로운 과학과 문명의 전환》, 구윤서 · 김용정 · 이성범 옮김, 범양사.

Carr, B. (ed.) (2007), *Universe or Multiverse?*, Cambridge University Press.

Carr, N. (2011), 《생각하지 않는 사람들》, 최지향 옮김, 청림출판.

Castells, M. (2001), 《정보도시: 정보기술의 정치경제학》, 최병두 옮김, 한울아카데미.

_____ (2003), 《네트워크 사회의 도래》, 김묵한 외 옮김, 한울아카데미.

_____ (2006), *Mobile Communication and Society: A Global Perspective*, The MIT Press.

_____ (2009), 《네트워크 사회: 비교문화적 관점》, 박행웅 옮김, 한울아카데미.

Cooley, C. (1902), *Human Nature and the Social Order*, C. Scribner's Sons.

Crook, S. (1998), "Minotaurs and Other Monsters: Everyday Life in Recent Social Theory", *Sociology 32* (3), 523~540.

Crossley, N. (2004), "On Systematically distorted communication: Bourdieu and the socio-analysis of publics", in N. Clossley & J. M. Roberts (eds.), *After Habermas: New Perspectives on the Public Sphere*, Blackwell.

Crosswhite, J. (2001), 《이성의 수사학》, 오형엽 옮김, 고려대학교 출판부.

Crouch, C. (2008), 《포스트민주주의》, 이한 옮김, 미지북스.

Cutcliffe, S. (2000), *Ideas, Machines, and Human Values: An Introduction to Science, Technology, and Society Studies*, Rowman & Littlefield Publishers.

Dahlberg, L. (2005), "The Habermasian Public Sphere: Taking difference seriously", *Theory and Society* 34(2), 111~136.

Davies, P. (2004), "Multiverse Cosmological Models", *Modern Physics Letter* A19, 727~744.

De Giorgi, A. (2006), *Rethinking the Political Economy of Punishment*, Ashgato Pub.

de Waal, M. (1996), "November 2019? An Essay on the Experience of the Millennial City", Available at: http://www.mw.dds.nl/november2019/stad7.htm

Deleuze, G. & Guattari, F. (1994), 《앙띠 오이디푸스: 자본주의와 정신분열증》, 최명관 옮김, 민음사.

Drucker, P. (1999), 《자본주의 이후의 사회》, 이재규 옮김, 한국경제신문.

Durand, G. (2007), 《상상력의 인류학적 구조들》, 진형준 옮김, 문학동네.

Durham, M. & Kellner, D. (1991), *Media and Cultural Studies: Keyworks*, Wiley-Blackwell.

Elias, N. (1998), 《사회학이란 무엇인가》, 최재현 옮김, 나남.

______(2002), 《문명화 과정 1》, 박미애 옮김, 한길그레이트북스.

Elizabeth, M. & Debra, D. (1998), "The Utility of Home Computers and Media Use: Implications of Multimedia and Connectivity", *Journal of Broadcasting & Electrinic Media* 42(4), 435~456.

Ellison, N., Steinfield, C., & Lampe, C. (2010), "Connection Strategies: Social Capital Implications of Facebook-enabled Communication Practices", *New Media & Society* 13(6), 873~892.

Ellul, J. (2009), *Money and Power*, Wipf & Stock Publishers.

Engensberger, H. M. (1993), *Aussichten auf den Bürgerkrieg*, Suhrkamp.

Englisch, G. (2002), 《잡 노마드사회》, 이미옥 옮김, 문예출판사.

Faubion, J. (ed.) (1999), *Aesthetics, Method, and Epistemology* (*Essential Works of Foucault, 1954~1984, Vol. 2*, The New Press.

Featherstone, M. (1991), *Consumer Culture and Postmodernism*, Sage.

Fidler, R. (2002), 《미디어모포시스》, 조용철 옮김, 커뮤니케이션북스.

Gere, C. (2006), 《디지털 문화: 튜링에서 네오까지》, 임산 옮김, 루비박스.

Gibson, W. (2005), 《뉴로맨서》, 김창규 옮김, 황금가지.
Giddens, A. (1991), *Modernity and Self-Identity: Self and Society in the Late Modern Age*, Stanford University Press.
_____(1997), 《포스트모더니티》, 이윤희·이현희 옮김, 민영사.
_____(2004), 《노동의 미래》, 신광영 옮김, 을유문화사.
Gilder, G. (2000), *TELECOSM: How Infinite Bandwidth will Revolutionize Our World*, The Free Press.
Gillmor, D. (2008), 《우리가 미디어다》, 김승진 옮김, 이후.
Graham, M. (2008), "Warped Geographies of Development: The Internet and Theories of Economic Development", *Geography Compass* 2(3), 771~789.
Habermas, J. (1988), *Theory and Practice*, Beacon Press.
_____(1989), *Vorstudien und Ergaenzungen zur Theorie des kommunikativen Handelns*, Suhrkamp.
_____(1996), *Der Philosphische Diskurs der Moderne*, Suhrkamp.
_____(2006), 《의사소통행위이론: 행위합리성과 사회합리화》, 장춘익 옮김, 나남.
Hardt, M. & Negri, A. (2008), 《다중: 제국이 지배하는 시대의 전쟁과 민주주의》, 조정환·정남영 옮김, 세종서적.
Harvey, D. (1990), *The Condition of Postmodernity*, Blackwell.
_____(1991), "Flexibility: Threat or Opportunity?", *Socialist Review* 21(1), 65~77.
_____(2003), 《포스트모더니티의 조건》, 구동회 옮김, 한울.
Haythornthwaite, C. (2005), "Social Networks and Internet Connectivity Effects", *Information, Communication & Society* 8(2), 125~147.
Heilbroner, R. (1959), *The Future as History*, Harper & Row.
Hoggett, P. & Thompson, S. (2002), "Toward a Democracy of the Emotion", *Constellations* 9(1), 106~126.
Horton, D. & Wohl, R. (1956), "Mass Communication and Para-social Interaction", *Journal for the Study of Interpersonal Processes* 19, 215~229.
Horx, M. (2004), 《미래는 '불면증에 걸린 좀비'들의 세상이다》, 백종유 옮김,

청림출판.
Hughes, T. (2008), 《테크놀로지, 창조와 욕망의 역사》, 김정미 옮김, 플래닛미디어.
Huntington, P. S. (2009), 《문명의 충돌》, 이희재 옮김, 김영사.
Ihde, D. (1998), 《기술철학》, 김성동 옮김, 철학과 현실사.
Ito, M. (2005), "Mobile Phones, Japanese Youth and the Re-placement of Social Contact", *Computer Supported Cooperative Work 31*, 131~148.
James, W. (1896), "The Will to Believe", Available at: http://www.mnsu.edu/philosophy/THE%20WILL%20TO%20BELIEVE%20.pdf
Jenkins, H. (2008a), 《컨버전스 컬처》, 김동신·김정희원 옮김, 비즈앤비즈.
______(2008b), 《팬, 블로거, 게이머: 참여문화에 대한 탐색》, 정현진 옮김, 비즈앤비즈.
Jenkins, H. et al. (ed.) (2002), *Hop on Pop: The Politics and Pleasures of Popular Culture*, Duke University Press.
Jensen, R. (2002), 《드림소사이어티》, 서정환 옮김, 한국능률협회.
Jonas, H. (2005), 《기술의학윤리》, 이유택 옮김, 솔.
Kaufmann, A. (2006), 《법철학》, 김영환 옮김, 나남.
Kaulbach, F. (1992), 《칸트: 비판철학의 형성과정과 체계》, 백종현 옮김, 서광사.
Kellner, D. (1989), *Jean Baudrillard: From Modernism to Postmodernism and Beyond*, Polity Press.
Kim, M. C. & Kim, J. K. (2001), "Digital Divide: Conceptual Discussions and Prospect", *The Human Society and the Internet: Internet-Related Socio-Economic Issues, Lecture Notes in Computer Science Volume 2105*: 78~91.
Kitchin, R. (1998), *Cyberspace: The World in the Wires*, John Wiley.
Krieken, R. (2001), "Norbert Elias and Process Sociology", in Ritzer, G. and B. Smart (eds) (2001), *Handbook of Social Theory*, Sage.
Latour, B. (1987), *Science in Action: How to Follow Scientist and Engineers Through Society*, Harvard University Press.
______(1993), *We Have Never Been Modern*, Harvard University Press.
______(2012), 《브뤼노 라투르의 과학인문학 편지》, 이세진 옮김, 사월의 책.

Lievrouw, L. (1998), "Our Own Devices: Heterotopic Communication, Discourse and Culture in the Information Society", *The Information Society 14*(2), 83~96.

Lombardo, T. (2001), *Doorways to the Future: Methods, Theories, and Themes*, The 1st Books Library.

Luhmann, N. (1997), 《사회체계이론》, 박여성 옮김, 한길사.

Lyotard, J. F. (1992), 《포스트모던의 조건》, 유정완 외 옮김, 민음사.

Macrone, M. (2005), 《지식 속의 지식 80가지》, 이충호 옮김, 스테디북.

Mann, S., Nolan, J., & Wellman, B. (2003), "Sousveillance: Inventing and Using Wearable Computing Devices for Data Collection in Surveillance Environments", *Surveillance & Society 1*(3), 331~355.

Manovich, L. (2002), *The Language of New Media*, MIT Press.

Marcuse, H. (1996), 《에로스와 문명 : 프로이트 이론의 철학적 탐구》, 김인환 옮김, 나남.

Martin, H. & Schumann, H. (2003), 《세계화의 덫 : 민주주의와 삶의 질에 대한 공격》, 강수돌 옮김, 영림카디널.

Marx, K. (2005), 《자본론 I》, 김수행 옮김, 비봉출판사.

Maturana, H. & Varela, F. (1980), *Autoposeisis and Cognition: The Realization of the Living*, D. Reidel.

Maturana, H. (1988), "Ontology of Observing: The Biological Foundations of Self-Consciousness and the Physical Domain of Existence", Available at: http://ada.evergreen.edu/~arunc/texts/cybernetics/oo/old/oo.pdf

McLuhan, M. (2001), 《구텐베르크 은하계》, 임상원 옮김, 커뮤니케이션북스.

______(2011), 《미디어의 이해: 인간의 확장》, 김상호 옮김, 커뮤니케이션북스.

Missika, J. L. (2007), 《텔레비전의 종말》, 최서현 옮김, 베가북스.

Morse, M. (1998), *Virtualities: Television, Media Art, and Cyberculture* (*Theories of Contemporary Culture*), Indiana University Press.

Mouffe, C. (2006), 《민주주의의 역설》, 이행 옮김, 인간사랑.

Münch, R. (1982), *Theorie des Handelns. Zur Rekonstruktion der Beitrage von Talcott Parsons, Emile Durkheim und Max Weber*, Suhrkamp.

Nicholson, J. (2005), "Flash! Mobs in the Age of Mobile Connectivity", The

Fibreculture Journal issue 6. Available at: http://six.fibreculture-journal.org/fcj-030-flash-mobs-in-the-age-of-mobile-connectivity/

NSF Report. (2002), Converging Technologies For Improving Human Performance. Available at: http://www.wtec.org/ConvergingTechnologies/Report/NBIC_report.pdf

Palfrey, J. & Gasser, U. (2008), *Born Digital: Understanding the First Generation of Digital Natives*, Basic Books.

Parker, S. (2002), 《현대사회와 여가》, 이연택 외 옮김, 일신사.

Patokorpi, E. & Tétard, F. (2006), "From Mobility to True Nomadicity and Ubiquity: Discussing Fluidity, Metaspaces, Micromobility, and Multiple-Profiling", in W. Huang et al. (eds.), *Global Mobile Commerce: Strategies, Implementation and Case Studies*, Idea Group Reference.

Penn, M. J. & Zalesne, E. K. (2007), 《마이크로트렌드》, 안진환 · 왕수민 옮김, 해냄.

Pink, D. A. (2006), *A Whole New Mind: Why Right-Brainers Will Rule the Future*, Riverhead Trade.

Piore, M. and Sable, C. (1984), *The Second Industrial Divide: Possibilities for Prosperity*, Basic Books.

Pongs, A. (ed.) (2003), *In welcher Gesellschaft leben wir eigenlich? Band 1 & Band 2*, Dilemma.

Poster, M. (1995), *The Second Media Age*, Polity.

Postman, N. (2001), 《테크노폴리: 기술에 정복당한 오늘의 문화》, 김균 옮김, 민음사.

Prozorov, S. (2007), *Foucault, Freedom and Sovereignty*, Ashgate Publishing.

Putnam, R. D. (2000), *Bowling Alone: The Collapse and Revival of American Community*, Simon & Schuster.

Rifkin, J. (1996), 《노동의 종말》, 이영호 옮김, 민음사.

______(2003), 《소유의 종말》, 이희재 옮김, 민음사.

______(2006), 《바이오테크시대》, 전영택 · 전병기 옮김, 민음사.

Riley, M. W. et al. (1988), *Social Structures & Human Lives: Social Change and the Life Course*, Sage.

Roderick, R. (1992), 《하버마스의 사회사상》, 김문조 옮김, 탐구당.

Rosa, H. & Scheuerman, W. (2010), *High-Speed Society: Social Acceleration, Power, and Modernity*, Penn State University Press.

Roszak, T. (2005), 《정보의 숭배》, 정주현·정연식 옮김, 현대미학사.

Rowe, G. & Frewer, L. (2005), "A Typology of Public Engagement Mechanism", *Science, Technology & Human Values 30*(2), 251~290.

Sacks, J. (2007), 《차이의 존중: 문명의 충돌을 넘어서》, 임재서 옮김, 말글빛냄.

Said, E. W. (2007), 《오리엔탈리즘》, 박홍규 옮김, 교보문고.

Schiller, H. (1996), *Information Inequality: The Deeping Social Crisis in America*, Routledge.

Schumpeter, J. (1939), *Business Cycle: A Theoretical, Historical and Statistical Analysis of the Capitalistic Process*, McGraw Hill.

Sennett, R. (2002), 《신자유주의와 인간성의 파괴》, 조용 옮김, 문예출판사.

______(2010), 《장인: 현대문명이 잃어버린 생각하는 손》, 김홍식 옮김, 21세기북스.

______(2013), 《투게더: 다른 사람들과 함께 살아가기》, 김병화 옮김, 현암사.

Shirky, C. (2008), 《새로운 사회와 대중의 탄생: 끌리고 쏠리고 들끓다》, 송연석 옮김, 갤리온.

Snow, C. P. (1996), 《두 문화》, 오영환 옮김, 민음사.

Steuer, J. (1992), "Defining Virtual Reality: Dimensions Determining Telepresence", *Journal of Communication 42*(4), 73~93.

Tapscott, D. (1997), *Growing Up Digital: the Rise of the Net Generation*, McGraw-Hill Inc.

Thompson, J. B. (1995), *The Media and Modernity: A Social Theory of the Media*, Stanford University Press.

Toffler, A. (1971), *Future Shock*, Bantam.

______(2002), 《제3의 물결》, 전희직 옮김, 혜원출판사.

______(2006), 《부의 미래》, 김중웅 옮김, 청림출판.

Toulmin, S. (1997), 《코스모폴리스: 근대의 숨은 이야기 거리들》, 이종흡 옮김, 경남대학교 출판부.

Toynbee, A. (1987), *A Study of History*, Oxford University Press.

Turkle, S. (2003), 《스크린 위의 삶》, 최유식 옮김, 민음사.
______(2008), *Falling for Science, Objects in Mind*, MIT Press.
Virilio, P. (2007), 《동력의 기술》, 배영달 옮김, 경성대 학교출판부.
Warnier, J. P. (2008), 《문화의 세계화》, 주형일 옮김, 한울.
Weber, M. (2000), 《프로테스탄티즘 윤리와 자본주의 정신》, 박성수 옮김, 문예출판사.
Weber, M. (2002), "직업으로서의 학문" in 《'탈주술화' 과정과 근대: 학문, 종교, 정치》, 전성우 옮김, 나남.
White, H. C. (2002), *Markets from Networks*, Princeton.
Winge, T. (2006), "Costuming the Imagination: Origins of Anime and Manga Cosplay", *Mechademia 1*, 65~76.
Wittel, A. (2001), "Toward a Network Sociality", *Theory, Culture & Society 18*(6), 51~76.
Wittgenstein, L. (2006a), 《철학적 탐구》, 이영철 옮김, 책세상.
______(2006b), 《확실성에 관하여》, 이영철 옮김, 책세상.
Wrong, D. (1999), *The Oversocialized Conception of Man*, Transaction Publishers.
Wuketits, F. (2008), 《진화는 진화한다: 다윈에서 리처드 도킨스까지》, 이은희 옮김, 도솔.
Žižek, S. (2009), 《시차적 관점》, 김서영 옮김, 마티.

吉永良正(1997), 《복잡계란 무엇인가》, 주명갑 옮김, 한국경제신문사.
齋藤環(2005), 《폐인과 동인녀의 정신분석》, 김영진 옮김, 황금가지.
川野洋(2008), 《컴퓨터 예술의 탄생: 컴퓨터의 예술적 잠재성에 대한 탐구와 도전》, 진중권 옮김, 휴머니스트.

"KT, 일과 가정의 조화 … 자녀 있는 직원 주 3일은 재택근무", 〈중앙일보〉, 2013. 3. 15.
"스마트폰, 초능력 인간을 만든다", 〈조선비즈〉, 2011. 7. 20.
"우리는 이미 실제-가상 오가는 '유목적 생활인'", 〈한겨레〉, 2008. 1. 25.

찾아보기 (용어)

ㄴ

ㄷ

ㄹ~ㅁ

ㅂ

ㅅ

ㅇ

ㅈ

ㅊ

ㅋ

ㅌ

ㅍ

ㅎ

기타

찾아보기(인물)

ㄱ~ㄴ

ㄷ~ㅁ

ㅂ~ㅅ

ㅇ

ㅈ

ㅊ~ㅌ

ㅍ~ㅎ